岩波講座　基礎数学

定数係数線型偏微分方程式

監修

小平邦彦

編集

岩堀長慶
河田敬義
*藤田　宏
*小松彦三郎
田村一郎
服部晶夫
飯高　茂

岩波講座　基礎数学

解 析 学(II) v

定数係数線型偏微分方程式

金　子　　晃

岩 波 書 店

目　　次

第6章 特性初期値問題

付録 代数的準備

序

本講は，線型偏微分方程式論の基礎的事項を解説する．主として定数係数の方程式を扱ってはいるが，できる限り変数係数の場合に一般化できるような書き方を選んだので，本講座の“線型偏微分方程式論における漸近的方法”と合わせて読まれれば変数係数の方程式に対しても一通りの概念把握が得られるであろう．逆に定数係数方程式の代表的理論である Ehrenpreis-Palamodov の基本原理などは本講では触れられていない．議論の見通しを良くするため必ずしも歴史的経緯にとらわれず，最近の視点をも大幅に取り入れた．特に関数解析的なとらえ方をなるべく避け，偏微分方程式論自身が浮かび出るよう工夫したつもりである．予備知識としては微積分の他に関数論の初歩を仮定している．Lebesgue 積分は既知に越したことはないが，本講の程度では Riemann 積分でも十分間に合う．超関数 (distribution) とその Fourier 変換は初めの二つの章で相当詳しく準備されている．これらの章では偏微分方程式論の基本的道具がほとんどすべて顔を出すので，初学者は本論の一部と思って読んで戴きたい．

昔から偏微分方程式の書物では Laplace 方程式 $\triangle u=\partial^2 u/\partial x_1{}^2+\cdots+\partial^2 u/\partial x_n{}^2=0$ (楕円型)，波動方程式 $\square u=\partial^2 u/\partial t^2-\triangle u=0$ (双曲型)，熱方程式 $\partial u/\partial t-\triangle u=0$ (放物型) と順に解説されることに相場が決っていた．本講もその枠を出ない．ただし本講の目標は偏微分方程式の書物がこのような枠組をとることの必然性を明らかにすることにある．本講座の“数理物理に現われる偏微分方程式”においてこれらの方程式の持つ諸性質の物理的視点からの説明を学ばれた読者は，本講においてそれらが純数学的立場からどのように解釈されるかを見られるであろう．近代偏微分方程式論は，このように方程式の性質の説明を数学者の自前にしようとした Hadamard の自覚に源を発する．これを集大成したのは Petrovskii である．方程式に含まれる偏微分記号を形式的文字でおき換えて得られる特性多項式の代数幾何学的性質によって，その方程式の解の性質を統制するという彼の考えは今後も指導理念であり続けることだろう．

第1章　超　関　数

§1.1　線型偏微分方程式

本講では線型の偏微分方程式を扱う．例えば

$$\frac{\partial}{\partial x_1}u(x)-a(x)\frac{\partial^2}{\partial {x_2}^2}u(x)-b(x)\frac{\partial^2}{\partial {x_3}^2}u(x)+c(x)u(x)=f(x)$$

は2階の線型偏微分方程式である．係数 $a(x), b(x), c(x)$ および右辺の $f(x)$ は既知の関数で，$u(x)$ が求める未知関数である．2階とは方程式に含まれる $u(x)$ の偏微分の最高の階数が2であることを示す．線型とは方程式が $u(x)$ およびその導関数たち $\partial u(x)/\partial x_1$, $\partial^2 u(x)/\partial {x_2}^2$, $\partial^2 u(x)/\partial {x_3}^2$ について1次式であることを意味する．偏微分の記号を

$$D_1=\frac{1}{i}\frac{\partial}{\partial x_1},\quad \cdots,\quad D_n=\frac{1}{i}\frac{\partial}{\partial x_n} \tag{1.1}$$

と略記する．$n=1$ のときは $D=(1/i)d/dx$ である．（虚数因子 $1/i$ がついているのは慣習による．その理由は計算の便宜のためということだが，本講の程度ではかえって計算を煩わしくする面もある．ここでは専門書を読むとき混乱しないよう，敢えてこの記号を使い，慣れてもらうことにする．なお本講では特に断わらぬ限り関数はすべて複素数値とする．複素数値の関数 $f(x)=g(x)+ih(x)$ に対する微積分は実部 $g(x)$ と虚部 $h(x)$ に分けて計算すればよい．例えば $\partial f(x)/\partial x_1=\partial g(x)/\partial x_1+i\partial h(x)/\partial x_1$．微積分の教科書にある諸公式はすべてそのまま複素数値の関数に対して拡張されることが容易に確かめられる.）さらに，関数の独立変数も誤解の恐れがない限りしばしば書くのを省略する．例えば上に挙げた方程式は

$$iD_1u+aD_2{}^2u+bD_3{}^2u+cu=f$$

と略記されるわけである．

一般の **m 階線型偏微分方程式**は

$$p(x,D)u=f \tag{1.2}$$

と書かれる．ここに $p(x,D)$ は x の関数を係数とする微分 D_j の多項式で**線型偏微分作用素**と呼ばれる．その一般形は，

$$p(x,D)=\sum_{|\alpha|\leqq m}a_\alpha(x)D^\alpha \tag{1.3}$$

のように書かれる．ここに $\alpha=(\alpha_1,\cdots,\alpha_n)$ は**多重添数**で，$|\alpha|=\alpha_1+\cdots+\alpha_n$ であり

$$D^\alpha=D_1^{\alpha_1}\cdots D_n^{\alpha_n}=\left(\frac{1}{i}\frac{\partial}{\partial x_1}\right)^{\alpha_1}\cdots\left(\frac{1}{i}\frac{\partial}{\partial x_n}\right)^{\alpha_n}$$

である．x に関する偏微分であることを明示したいときは D_x^α のように記す．これに合わせて抽象的記号 D も D_x と記す．微分の階数が最大の項を集めた

$$p^0(x,D)=\sum_{|\alpha|=m}a_\alpha(x)D^\alpha \tag{1.4}$$

を $p(x,D)$ の**主部**という．もちろん $p^0(x,D)$ の係数の中に恒等的には0でないものが存在すると仮定している．一般に主部は方程式の解の性質に最も強い影響をもつ．これは，主部が最高階の微分を集めたものであることから当然予想されることである．

右辺の関数 $f(x)\equiv 0$ のとき (1.2) は**斉次方程式**と呼ばれ，そうでないときは**非斉次方程式**と呼ばれる．$p(x,D)$ が線型であることの効果は次のように現われる：(1.2)に二つの解 u_1,u_2 があれば，その差 $u=u_1-u_2$ は斉次方程式 $p(x,D)u=0$ を満たす．また斉次方程式にいくつかの解 $u_1,\cdots,u_N$ があればその1次結合 $c_1u_1+\cdots+c_Nu_N$ も同じ斉次方程式を満たす．この性質は**重畳の原理**と呼ばれ，有限和の代わりに無限級数でも，パラメータに関する積分でも同様に成り立つ．実際の応用では $u_1,u_2,\cdots$ として最も簡単で基本的な解が用いられるわけである．例えば波動方程式

$$-D_t^2u+D_1^2u+D_2^2u+D_3^2u=0 \tag{1.5}$$

を考える．(ここでは慣例により独立変数に t, $x=(x_1,x_2,x_3)$ を用いたので，対応する微分の記号も $D_t=(1/i)\partial/\partial t$ および (1.1) を併用した.) 実パラメータ τ, $\xi=(\xi_1,\xi_2,\xi_3)$ が $\tau^2-\xi_1^2-\xi_2^2-\xi_3^2=0$ を満たせば，指数関数 $\exp i(\tau t+\xi_1x_1+\xi_2x_2+\xi_3x_3)$ はこの方程式の解である．これは物理で平面波と呼ばれるものに相当する．(実は τ,ξ は複素数でもよい．そのような波は物体の影に現われる.) これを用いて

$$\int_{\tau^2-\xi_1^2-\xi_2^2-\xi_3^2=0} \exp i(\tau t+\xi_1 x_1+\xi_2 x_2+\xi_3 x_3)\cdot c(\tau,\xi)d\mu \tag{1.6}$$

のようなものを作れば同じ方程式の解がいくらでも得られる．ここに $d\mu$ は超曲面 $\tau^2-\xi_1{}^2-\xi_2{}^2-\xi_3{}^2=0$ 上の適当な面積要素であり，積分は x に関する偏微分と順序交換できる程度の良い収束をするものとする．このような解は進行方向と振動数の異なる多くの平面波を干渉させた結果を表わすものと解釈される．

この例からもわかるように偏微分方程式は常微分方程式と異なり無限に多くの1次独立な解を持つ．m 階の線型常微分方程式の一般解は m 個の任意定数を含んでおり，それらを与えれば一つの解が定まったが，m 階の線型偏微分方程式の一般解は (独立変数の一つ少ない) 任意関数を m 個含んでいる．(最も簡単な方程式 $D_1{}^m u=0$ については章末の問題の1参照．一般の状況は上の例から次のように推察される：(1.6) において τ,ξ に関する積分を全空間で行なえば4変数 t,x の一般の関数が得られ(Fourier 変換)，また超平面 $\tau=0$ の上で行なえば独立変数の一つ少ない (x の) 関数が得られる．実際に積分の行なわれる曲面 $\tau^2-\xi_1{}^2-\xi_2{}^2-\xi_3{}^2=0$ は超平面 $\tau=0$ に2重に射影されるので (1.6) で表わされる解はそのような関数を二つ自由に含んでいると考えられる.) 実際には一般解などは求められないのが普通なので，m 個の任意関数をどのように与えたら解が一意に決まるかを定性的に調べることが問題とされる．

方程式 (1.2) の係数がすべて定数か，解析関数か，あるいは C^∞ 級の関数(すなわち何回でも微分可能な関数) かに応じて (1.2) をそれぞれ定数係数，A-係数，あるいは C^∞-係数の線型偏微分方程式と呼ぶ．作用素 (1.3) に対しても同様の形容詞を用いる．これ以外の種類の関数を係数とする方程式は本講では取り扱わない．係数 $a_\alpha(x)$ の微分可能性が少しぐらい落ちても議論に変化はないが，それがある限度以上に悪くなると偏微分方程式自身の構造とは別の種類の問題が生じてくる．方程式の係数に滑らかさを要求することは，その方程式によって記述される法則の滑らかさを要求するのと同等である．実際この要求は十分広い範囲の応用に関して満たされるのである．

これに対しわれわれは関数 f や u の滑らかさについては大変寛大な態度をとる．それは次のような理由による．まず実際問題として，たとえ法則が滑らかであっても，あまり滑らかでない，時には不連続な入力データはしばしば重要な具体的意味を持つ．さらに，一歩譲って初等微積分の範囲では合理的と思われる程度の滑らかさを持ったデータに限っても，解は必ずしもその範囲では存在するとは限らない．例えば波動方程式 (1.5) に付加条件

$$(1.7)\quad u(0, x_1, x_2, x_3) = 0, \qquad (iD_t u)(0, x_1, x_2, x_3) = (1-|x|^2)\sqrt{|1-|x|^2|}$$

を合わせたものを考える．ここに $|x|=(x_1{}^2+x_2{}^2+x_3{}^2)^{1/2}$ とおいた．この付加条件は**初期条件**と呼ばれるもので，第4章で詳しく調べられるが，特にこの条件の下に (1.5) の解は高々一つしかないことがわかる．故に章末の問題の4により $u=\{|1-(t-|x|)^2|^{5/2}-|1-(t+|x|)^2|^{5/2}\}/10|x|$ がそのただ一つの解であることがわかる．この関数は t 軸上の2点 $P^\pm=(\pm 1, 0, 0, 0)$ を除けば C^2 級，すなわち2階までの偏導関数がすべて連続であることが初等的に確かめられる．故に，そこでは u は普通の意味でもとの方程式の解となっている．ところが $P^\pm$ においては u は C^2 級でない．実際 $|x|=0$ とおけば $u(t, 0, 0, 0)=t(1-t^2)\sqrt{|1-t^2|}$ であり，これは $t=\pm 1$ において2回微分可能ではない．故に初等的な観点に固執すれば，解はそこまで存在しないと考えなければならない．しかし実際にはこの解 u は $P^\pm$ においてもなお同じ方程式により表わされる現象を記述している．これは初期データ (1.7) に含まれた球面 $|x|=1$ 上の弱い特異性が円錐に沿って伝わり，ちょうどレンズで太陽光線を集めたときのように $P^\pm$ に**焦点**として結像し，微分可能性に影響を与えるほどの強い特異性となって現われたのだと解釈される．

上の例で得た解 u を $P^\pm$ の十分小さい近傍で修正し，全体として C^2 級の関数 v を作ろう．$f=(D_t{}^2-D_1{}^2-D_2{}^2-D_3{}^2)v$ とおけば，これは到る所連続な関数で，$w=u-v$ は**初期値問題**

$$\begin{cases} (-D_t{}^2+D_1{}^2+D_2{}^2+D_3{}^2)w = f, \\ w(0, x_1, x_2, x_3) = (D_t w)(0, x_1, x_2, x_3) = 0 \end{cases}$$

のただ一つの解となる．上の考察により，この問題には $P^\pm$ を含めて普通の意味で方程式を満たすような解は存在しないことがわかる．u に m 階の偏微分作用素を施したら f になるのだから，u は f よりも m 回だけ高い微分可能性を持つはずだという素朴な常識は精密な修正を俟って初めて成立するのである．

われわれは初等微積分で Newton-Leibniz 式の微分や Riemann 積分の間の相互関係がしっくりゆかぬ病的な例を沢山習う．偏微分方程式の考察にこれらを継承するのは愉快なことではない．そこで以下われわれは関数が安心して何回で

も微分できるように関数の概念を拡張する．これによって微積分の演算は円滑となり線型偏微分方程式論は見通しの良いものとなる．それはちょうど代数学者が方程式を解くために次第に数の概念を拡張し，遂に複素数にまで到達したのに似ている．

§1.2 超関数

以上の目的のために関数の概念を拡張するのに最も直接的な方法は，連続関数の形式的な導関数 $D^\alpha f$ のたぐいをすべて仲間に入れて，このようなものの有限和を**超関数**と呼ぶことである．これにさらに形式的に微分演算を施すのに何の問題もないし，C^∞ 級の関数 $\varphi(x)$ をこれに掛けることも **Leibniz の公式**を先取りすれば定義できる．例えば1変数のとき $\varphi(x)\cdot Df(x)=D(\varphi(x)\cdot f(x))-(D\varphi(x))\cdot f(x)$ であり，一般に

$$\varphi\cdot D^\alpha f=\sum_{\beta\leqq\alpha}(-1)^{|\beta|}\frac{\alpha!}{(\alpha-\beta)!\beta!}D^{\alpha-\beta}(D^\beta\varphi\cdot f) \tag{1.8}$$

となる．ここに $\alpha!=\alpha_1!\cdots\alpha_n!$ 等であり，$\beta\leqq\alpha$ は $\beta_1\leqq\alpha_1$, $\cdots$, $\beta_n\leqq\alpha_n$ を意味する．和はこのような β のすべてに渉る．(1.8) の右辺の各項は確かに連続関数の形式的導関数だから，これにより上の意味の超関数が定まる．ただこの方法の難点は見掛け上異なる二つの超関数が実質的には等しいことがあり得るということである．例えば f が1変数の C^1 級関数なら $Df=g$ は連続関数で，$D^{m+1}f$ と $D^m g$ は当然同じ超関数と思うべきである．具体的な例についてこのような判定に困ることはないにしても，一般に二つの異なる表式が同一の超関数を表わすかどうかの抽象的判定基準を与えるのはめんどうで，このとらえ方をそのまま数学的に精密化しようとすれば実在感を損なう形式論に陥る．

そこで第2の導入法を考える．超関数は連続関数をさらに微分したものだから，各点での値によってこれを定めることは到底期待できない．しかし定積分の存在くらいは期待できるかもしれない．そこで (1.8) において $\varphi(x)$ は C^∞ 級のみならず，ある有界な集合の外では恒等的に0であるとしてみる．ここで後の便を考えて二，三の言葉を用意しておこう．まず連続関数 $\varphi(x)$ に対しその**台**を $\varphi(x)$ の値が0でないような点の集合 $\{x\in\boldsymbol{R}^n\,|\,\varphi(x)\neq 0\}$ の閉包と定義し，$\mathrm{supp}\,\varphi$ と記す．次に $\boldsymbol{R}^n$ の有界閉集合のことを簡単のため**コンパクト**な集合と呼ぶことにする．

台がコンパクトな C^∞ 級の関数を C_0^∞ **級の関数**と略称する．そのような関数の例は今では大概の微積分の教科書に載っているが，例えば1変数のとき

$$(1.9)\quad \varphi(x)=\begin{cases}0, & |x|\geqq b,\\ 1/[1+\exp\{(b^2-x^2)^{-1}-(x^2-a^2)^{-1}\}], & a<|x|<b,\\ 1, & |x|\leqq a\end{cases}$$

などがある．これを各変数について作って掛け合わせるか，あるいはこの式で x^2 を $x_1{}^2+\cdots+x_n{}^2$ に代えれば多変数の場合の例が作れる．(C_0^∞ としたのは横着するためで，(1.8) 式で使用するには $C_0^{|\alpha|}$ 級，すなわち台がコンパクトで $|\alpha|$ 階以下の各偏導関数が連続なら十分である．それなら高校生にも容易に例が作れる.) さて，(1.8) 式において φ を C_0^∞ 級の関数とし，全空間上の定積分をとってみよう．右辺の項のうちで全体に D が一つでも掛かっているものはその変数について形式的に不定積分できるが，このとき両端の値は0に違いないから，結局そのような項に対する積分値は0となるであろう．故に

$$(1.10)\qquad \int_{R^n}\varphi\cdot D^\alpha f dx=\int_{R^n}(-1)^{|\alpha|}D^\alpha\varphi\cdot f dx$$

という1項だけが残る．(以下混乱の恐れがない限り n 次元体積要素 $dx_1\cdots dx_n$ を dx と略記する.) これは連続関数に対する普通の積分だから有限確定値を持つ．φ をいろいろ動かしてこの積分値をすべて調べあげたら超関数 $D^\alpha f$ が決定できるであろうというのである．実際 $g=D^\alpha f$ が普通の連続関数となる場合には，任意の C_0^∞ 級関数 φ について $\int g\cdot\varphi dx=0$ から $g\equiv 0$ が従うことは初等微積分の問題である．(なお，章末の問題の7参照.)

そこで今抽象的に T なる対象を考え，C_0^∞ 級関数 φ をほうり込む毎にある値 $\langle T,\varphi\rangle$ が観測されるとする．(独立変数を特に表記したいときはこれを $\langle T(x),\varphi(x)\rangle_x$ のように記す.) 上の積分値の場合から類推してこれに次の二つの仮定をおく：

D1　線型性　φ,ψ が C_0^∞ 級関数で λ,μ が複素数のとき

$$\langle T,\lambda\varphi+\mu\psi\rangle=\lambda\langle T,\varphi\rangle+\mu\langle T,\psi\rangle.$$

D2　連続性　C_0^∞ 級関数の列 $\varphi_j\,(j=1,2,\cdots)$ および φ の台は一定のコンパクト集合 K に含まれ，各 α につき $D^\alpha\varphi_j$ は $D^\alpha\varphi$ に一様収束するとする(以下このことを単に“試験関数の意味で $\varphi_j\to\varphi$”あるいは“$\mathcal{D}(\boldsymbol{R}^n)$ において $\varphi_j\to$

φ" と称す). このとき $\langle T, \varphi_j\rangle \to \langle T, \varphi\rangle$.

このとき T を Schwartz の **distribution** (分布) という. この言葉は確率論からの類比であるが, 日本では慣習的に**超関数**と意訳されている. 現今これは正確には "局所有限階の超関数" と言うべきであるが本講では簡単のため単に超関数と呼ぶことにする. φ は試験関数と呼ばれる. 試験関数の全体を $\mathcal{D}(\boldsymbol{R}^n)$ と書く. これは複素数体上のベクトル空間になる. 観測値を $\langle T, \varphi\rangle$ と書いたのは T がこのベクトル空間 $\mathcal{D}(\boldsymbol{R}^n)$ の**双対空間**の元であるとの認識による. 双対空間におけるベクトル演算として, 二つの超関数の1次結合が定義される. すなわち T, S を二つの超関数, λ, μ を複素数とするとき $\lambda T+\mu S$ は観測値 $\langle \lambda T+\mu S, \varphi\rangle = \lambda\langle T, \varphi\rangle + \mu\langle S, \varphi\rangle$ を与える超関数のことである. 超関数の全体を $\mathcal{D}'(\boldsymbol{R}^n)$ で表わす. これは上の演算で複素数体上のベクトル空間となる. さて, 上で形式的に導入された超関数 $T=D^\alpha f$ を Schwartz の意味で超関数とみなすには (1.10) 式の右辺でその観測値 $\langle T, \varphi\rangle$ を定義してやればよい. この値が D1, D2 を満たすことは明らかである. 特に微分が少しも掛っていないとき, $\langle f, \varphi\rangle$ は関数の間でよく使われる普通の内積と一致する. 観測値が常に等しい二つの超関数は定義により同一のものとみなされる. 見かけが異なっていても実質的に等しいはずの二つの形式的超関数は, この意味で確かに同一の超関数を定めることが, 今度は普通の部分積分を用いて確かめられる.

形式的部分積分を用いた上の考察を敷衍して, 一般に超関数 T の**微分** D_jT が観測値 $\langle T, -D_j\varphi\rangle$ を与える超関数として定義される. この観測値が再び D1, D2 を満たすことも容易にわかる. 超関数に対しては微分の順序変更は自由である. 実際 C^∞ 級関数 φ に対しては順序変更が自由だから

$$\langle D_jD_kT, \varphi\rangle = \langle D_kT, -D_j\varphi\rangle = \langle T, D_kD_j\varphi\rangle = \langle T, D_jD_k\varphi\rangle$$

であり, これを逆にたどれば $\langle D_kD_jT, \varphi\rangle$ を得るから $D_jD_kT=D_kD_jT$ となる. 故に一般に導関数 $D^\alpha T$ が確定した意味を持ち, その観測値は $\langle T, (-1)^{|\alpha|}D^\alpha\varphi\rangle$ である. この特別な場合として, 連続関数 f をこの意味で微分して得られる超関数 $D^\alpha f$ は (1.10) 式の右辺を観測値として持つことになる. 特に f が $C^{|\alpha|}$ 級なら, (1.10) 式は実際に $\int D^\alpha f\cdot\varphi dx$ から普通の部分積分によって得られるから, 超関数の意味での導関数 $D^\alpha f$ は初等微積分の意味の普通の導関数 $D^\alpha f$ と一致することがわかる.

次に超関数 T と C^∞ 級関数 χ との**積** χT とは，試験関数 φ に対し $\langle T, \chi\varphi\rangle$ なる観測値を与える超関数のことと定める．T が普通の連続関数 f なら確かに $\langle \chi f, \varphi\rangle = \langle f, \chi\varphi\rangle$ だからこの定義は自然である．以上の諸定義により(1.8)式は超関数に対する等式として正当化されたことに注意しよう．以上の諸定義はまた C^∞-係数の線型偏微分作用素 $p(x, D)$ を超関数 T に施すことを可能にする．$p(x, D)T$ の観測値は $\langle p(x, D)T, \varphi\rangle = \langle T, {}^t p(x, D)\varphi\rangle$，ここに $p(x, D)$ が (1.3) のとき ${}^t p(x, D)$ は

$$
{}^t p(x, D) = \sum_{|\alpha| \leqq m} (-1)^{|\alpha|} D^\alpha a_\alpha(x) \cdot \tag{1.11}
$$

で与えられる微分作用素で，$p(x, D)$ の**双対作用素**と呼ばれる．この式において $D^\alpha a_\alpha(x)\cdot$ は先に $a_\alpha(x)$ を掛け，次にその結果に微分 D^α を施す作用素を意味する．肩に t をつけたのは転置行列との類比であり，(1.11) は実際それと同じ形式的手続き ${}^t(AB) = {}^t B {}^t A$ により導かれる．もちろん Leibniz の公式を用いて(1.11) を (1.3) のように係数が後から作用する形に書き直すこともできる．

さて，連続関数 f を具体的にとって，まず1変数の場合に少し例を調べてみよう．

例 1.1 Heaviside 関数 $\theta(x) = 0\ (x \leqq 0)$，$= 1\ (x > 0)$．これは19世紀の末に工学者 Heaviside が記号計算(演算子法)のために導入したもので，電気のスイッチを入れた瞬間の変化を理想的に表わすものと思える．積分値 $\int \theta(x)\varphi(x)dx$ をそのまま観測値として与えることもできるが，約束に従い連続関数 $f(x)$ として $x^+ = \max\{x, 0\}$ をとれば $\theta = iDf = f'(x)$．実際，任意の試験関数 φ に対し

$$
\left\langle \frac{d}{dx} f, \varphi \right\rangle = -\int_0^\infty x \cdot \frac{d}{dx}\varphi(x)dx = \int_0^\infty \varphi(x)dx = \int_{-\infty}^\infty \theta(x)\varphi(x)dx
$$

である．この例における $\theta(x)$ のように，任意のコンパクト集合上で(広義)積分が絶対収束するような関数を局所可積分な関数という．このような関数 g についてはわざわざ連続関数 f を用いて $g = D^\alpha f$ と表示しなくとも $\langle g, \varphi\rangle = \int g\varphi dx$ で直接超関数と見なせるわけである．

例 1.2 Dirac のデルタ関数 $\delta(x)$．一般固有関数の正規化のために物理学者 Dirac が導入したもので $\langle \delta, \varphi\rangle = \varphi(0)$ で定義される．これは例1.1の f を用いて $\delta = (iD)^2 f = f''(x)$ で与えられる：

$$\langle (iD)^2 f, \varphi\rangle = \int_0^\infty x\cdot\frac{d^2}{dx^2}\varphi(x)\,dx = \int_0^\infty -\frac{d}{dx}\varphi(x)\,dx = \varphi(0).$$

したがって $\delta=iD\theta=\theta'$ である．θ は $x\neq 0$ では普通の意味で微分できてその結果は 0 だが，$x=0$ では微分係数は $+\infty$ となる．故に直観的には $\delta(x)$ は $x\neq 0$ のとき 0 で $x=0$ のとき $+\infty$ となり，そのため $\varphi(x)\delta(x)$ を全空間で積分すると値 $\varphi(0)$ が得られるというわけである．特に $\varphi(x)$ を原点の近傍で 1 に等しいように選ぶことにより $\int_{-\infty}^{\infty}\delta(x)dx=1$ と想像される．δ は単位質量を持つ質点，あるいは単位点電荷などとして具体的応用に現われる．

例 1.3　Cauchy の主値．積分 $\int x^{-1}\varphi(x)dx$ は一般に Riemann 式広義積分として収束しないが，対称極限

$$\lim_{\varepsilon\downarrow 0}\int_{|x|\geq\varepsilon}\frac{\varphi(x)}{x}dx = \int_{-R}^{R}\frac{\varphi(x)-\varphi(0)}{x}dx$$

は有限確定値となる．(ここに $\mathrm{supp}\,\varphi\subset\{|x|<R\}$ とした.) これを観測値として与える超関数を p. v. $1/x$ と書き，$1/x$ の主値 (principal value) と呼ぶ．p. v. $1/x=(iD)^2(x\log|x|-x)$ であり，$x\neq 0$ では p. v. $1/x=1/x$.

例 1.4　発散積分の有限部分．数学者 Hadamard が波動方程式の基本解 ($\Box E=\delta$ の解 E) を表現するために発明したもので，種々の関数に対して定義できる．例えば $x\leqq 0$ のとき 0, $x>0$ のとき $1/x$ で定義される関数を $\theta(x)/x$ と略記するとき，広義積分 $\int(\theta(x)/x)\varphi(x)dx$ はもはやどのように極限をとっても収束しない．そこで開き直って，発散する部分を捨ててしまおうというのである．この例では積分 $\int_\varepsilon^\infty(\varphi(x)/x)dx$ の発散の主部は $-\varphi(0)\log\varepsilon$ であり，これを引き去った残りは有限な値となる:

$$\lim_{\varepsilon\downarrow 0}\left\{\int_\varepsilon^\infty\frac{\varphi(x)}{x}dx+\varphi(0)\log\varepsilon\right\}.$$

この観測値を与える超関数を f. p. $\theta(x)/x$ と書き，$\theta(x)/x$ の有限部分 (finite part) と呼ぶ．f. p. $\theta(x)/x=(iD)^2\{\theta(x)(x\log|x|-x)\}$ であり，これは $x\neq 0$ ではもとの関数 $\theta(x)/x$ に等しい．同様に f. p. $\theta(x)/x^2$ は

$$\lim_{\varepsilon\downarrow 0}\left\{\int_\varepsilon^\infty\frac{\varphi(x)}{x^2}dx-\frac{\varphi(0)}{\varepsilon}+\varphi'(0)\log\varepsilon\right\}$$

で定まる超関数であり，$(iD)^3\{\theta(x)(x\log|x|-2x)\}$ に等しい．したがって f. p. $\theta(x)/x^2=-iD\{\text{f. p. }\theta(x)/x+\delta(x)\}$．このように値が有界でなく広義積分も存在

しないような関数も超関数とみなせるのであるが，それには何らかの工夫が必要であり，有限部分の考え方はその一つの方法を与えるものである．——

多変数超関数の例を作るための準備として連続性の仮定 D2 を吟味しておこう．これは形式的超関数(1.10)に対しては明らかに成り立っているため，今までは気にならなかった．理論的に必要なだけであるから次のような形にいい換えておくのが便利である．(実はこのいい換えは D2 と同値である．第2章章末の問題の3参照．一様収束が嫌いならこれを連続性の定義とすることもできる．)

補題 1.1 T は独立変数 x の超関数とし，$\varphi(x,\lambda)$ は $\boldsymbol{R}^N$ の開集合 Λ を動く C^∞ 級パラメータ $\lambda=(\lambda_1,\cdots,\lambda_N)$ を含む試験関数とする．すなわち，$\varphi(x,\lambda)$ は直積型の開集合 $\boldsymbol{R}^n\times\Lambda$ で定義された $n+N$ 変数 (x,λ) の C^∞ 級関数であって，コンパクト集合 $L\subset\Lambda$ を任意にとるとき $\operatorname{supp}\varphi\cap(\boldsymbol{R}^n\times L)$ は $\boldsymbol{R}^{n+N}$ のコンパクト集合となるものとする．このとき λ の関数 $\langle T(x),\varphi(x,\lambda)\rangle_x$ は C^∞ 級であって

$$D_\lambda{}^\beta\langle T(x),\varphi(x,\lambda)\rangle_x=\langle T(x),D_\lambda{}^\beta\varphi(x,\lambda)\rangle_x.$$

さらに，$L\subset\Lambda$ をパラメータ空間のコンパクトな積分領域とするとき

$$\int_L\langle T(x),\varphi(x,\lambda)\rangle_x d\lambda=\left\langle T(x),\int_L\varphi(x,\lambda)d\lambda\right\rangle_x.$$

証明 $F(\lambda)=\langle T(x),\varphi(x,\lambda)\rangle_x$ とおく．これがまず連続であることを見よう．$\lambda\to\lambda^{(0)}$ とすれば，明らかに独立変数 x の試験関数の意味で $\varphi(x,\lambda)\to\varphi(x,\lambda^{(0)})$ だから，仮定 D2 により $F(\lambda)\to F(\lambda^{(0)})$．(厳密にいえば D2 においては試験関数の収束列に対する T の連続性しか仮定されていない．故に上の証明において $\lambda\to\lambda^{(0)}$ の代わりに $\lambda^{(0)}$ に収束する任意の部分列 $\lambda^{(k)}\to\lambda^{(0)}$ を取り出し，極限がいつでも一定値であることを注意した後に上の結論を導かねばならぬ．しかし連続変数に関する極限を列に関する極限で代用するこの論法は初等微積分でおなじみなので以後一々この種の断わりをしない．) 次に $\boldsymbol{e}_j$ を第 j 座標軸の単位ベクトル，すなわち第 j 成分だけが1で他は0の $\boldsymbol{R}^N$ のベクトルとすれば，独立変数 x の試験関数の意味で，$h\to0$ のとき

$$\frac{\varphi(x,\lambda+h\boldsymbol{e}_j)-\varphi(x,\lambda)}{h}\longrightarrow\frac{\partial}{\partial\lambda_j}\varphi(x,\lambda)$$

だから，T の線型性と連続性より

$$\frac{F(\lambda+he_j)-F(\lambda)}{h}=\left\langle T(x), \frac{\varphi(x,\lambda+he_j)-\varphi(x,\lambda)}{h}\right\rangle_x \longrightarrow \left\langle T(x), \frac{\partial}{\partial\lambda_j}\varphi(x,\lambda)\right\rangle_x,$$

すなわち，$F(\lambda)$ は λ_j につき偏微分可能で，その結果 $\langle T(x), \partial\varphi(x,\lambda)/\partial\lambda_j\rangle_x$ はすでに示したところにより連続関数となる．これを繰返せば補題の前半を得る．後半は定積分の Riemann 式近似和 $\sum_k \varphi(x,\lambda^{(k)})\Delta\lambda^{(k)}$ が分割を細かくしたとき独立変数 x の試験関数の意味で極限 $\int_L \varphi(x,\lambda)d\lambda$ に収束することに注意すれば，T の線型性と連続性とを用いて

$$\left\langle T(x), \lim\sum_k \varphi(x,\lambda^{(k)})\Delta\lambda^{(k)}\right\rangle = \lim\left\langle T(x), \sum_k \varphi(x,\lambda^{(k)})\Delta\lambda^{(k)}\right\rangle$$
$$=\lim\sum_k \langle T(x), \varphi(x,\lambda^{(k)})\rangle\Delta\lambda^{(k)} = \int_L \langle T(x), \varphi(x,\lambda)\rangle d\lambda$$

よりわかる．∎

さて，最も簡単な多変数超関数の例は1変数の超関数を多変数と見なしたものである：$\delta(x_1)$ など．混乱を避けるためもとの1独立変数を t で表わせば，形式的超関数 $D_t{}^m f(t)$ から $D_1{}^m f(x_1)$ が得られ，1変数超関数 $T(t)$ から‘多変数’の超関数 $T(x_1)$ が観測値

$$\langle T(x_1), \varphi(x)\rangle_x = \left\langle T(t), \int_{R^{n-1}} \varphi(t,x')dx'\right\rangle_t = \int \langle T(t), \varphi(t,x')\rangle_t dx'$$

により導入される．ここに $x'=(x_2, \cdots, x_n)$ であり dx' は $n-1$ 次元体積要素 $dx_2 \cdots dx_n$ の略記である．第2の等号は補題1.1による．内積を積分記号におき換えてみればこの定義が直観的に理解されるであろう．

次に，変数変換を用いて，例えば $\delta(x_1)$ から $\delta(x_1-x_2{}^2)$ などが得られる．これを説明しよう．$F: \boldsymbol{R}^n \to \boldsymbol{R}^n$ を C^∞ 級の**変数変換**とする．すなわち，$x\in\boldsymbol{R}^n$ に $y\in\boldsymbol{R}^n$ を対応させる写像 $y=F(x)$ は1対1可逆でその各成分 $F_j(x)$ は C^∞ 級の関数であり，Jacobi 行列式 $\det dF=\det(\partial F_j/\partial x_k)$ は各点で0と異なるとする．超関数 $T(y)$ に $y=F(x)$ を代入した結果 $T(F(x))$ は観測値

$$(1.12)\qquad \langle T(F(x)), \varphi(x)\rangle_x = \langle T(y), \varphi(F^{-1}(y))|\det dF^{-1}|\rangle_y$$

により定められる．ここに $x=F^{-1}(y)$ は F の逆写像であり，この定義は多重積分の変数変換公式からの類比である．$T(y)=D_y{}^\alpha f(y)$ なら，$T(F(x))$ は $D_y{}^\alpha$ を偏微分の変数変換公式により D_x で表わしそれを $f(F(x))$ に施したものと一致す

る．よく使われる変数変換として，相似拡大 $T(\varepsilon x)$ $(\varepsilon>0)$，および平行移動 $T(x-a)$ $(a\in \boldsymbol{R}^n)$ がある．これらは形を見ただけで明らかであって，観測値を用いて定義するのはかえってまわりくどい．例えば $\langle\delta(x-a),\varphi(x)\rangle=\langle\delta(x),\varphi(x+a)\rangle=\varphi(a)$．さて，最初に述べた例では，変数変換を $y_1=x_1-x_2^2$, $y_2=x_2$, …, $y_n=x_n$ と定めれば

$$\langle\delta(x_1-x_2^2),\varphi(x)\rangle_x=\langle\delta(y_1),\varphi(y_1+y_2^2,y_2,\cdots,y_n)\rangle_y$$
$$=\int_{\boldsymbol{R}^{n-1}}\varphi(y_2^2,y_2,\cdots,y_n)dy_2\cdots dy_n=\int_{x_1-x_2^2=0}\varphi(x)dx_2\cdots dx_n.$$

一般に $df=(\partial f/\partial x_1,\cdots,\partial f/\partial x_n)$ が $f(x)=0$ なる点 x では決して零ベクトルとならぬような実数値 C^∞ 級関数 $f(x)$ に対し $\delta(f(x))$ が同様にして定義できる．直観的には $\langle\delta(f(x)),\varphi(x)\rangle=\int_{f(x)=0}\varphi(x)dx$ であるが，面積要素 dx は曲面 $f(x)=0$ だけでは決まらないので注意を要する．実際 c を 0 でない実数とすれば $\delta(cf(x))=c^{-1}\delta(f(x))$ となる．

さて，こうして導入された超関数たち $T_1(x_1),\cdots,T_n(x_n)$ の**積** $T=T_1(x_1)\cdots T_n(x_n)$ を作れば，ある程度もっともらしい多変数超関数の例となる．$T_j(x_j)=D_j^{m_j}f_j(x_j)$ $(j=1,\cdots,n)$ ならこの積は $D_1^{m_1}\cdots D_n^{m_n}(f_1(x_1)\cdots f_n(x_n))$ となるべきである．故に観測値は，例えば

$$(1.13)\quad \langle T,\varphi\rangle=\langle T_n(x_n),\cdots,\langle T_2(x_2),\langle T_1(x_1),\varphi(x)\rangle_{x_1}\rangle_{x_2}\cdots\rangle_{x_n}$$

と定めればよい．この式において，まず最初の $\langle T_1(x_1),\varphi(x)\rangle_{x_1}$ では，$\varphi(x)$ は1変数 x_1 の試験関数であって残りの $x_2,\cdots,x_n$ は C^∞ 級パラメータと見なすのである．補題1.1によりこの結果は $x_2,\cdots,x_n$ の C^∞ 級関数で，しかも明らかに台はコンパクトだから，次の $T_2(x_2)$ に対し ($x_3,\cdots,x_n$ を C^∞ 級パラメータとして含む) x_2 の試験関数となることが許される．こうして帰納的に上の定義が意味を持つ．この T に対し D1, D2 を確かめることができる．容易にわかるように supp $T=$supp $T_1\times\cdots\times$supp T_n である．(supp の意味については p. 20 を見よ.) また，もしも試験関数 φ が積 $\varphi_1(x_1)\cdots\varphi_n(x_n)$ の形なら明らかに

$$\langle T,\varphi\rangle=\langle T_1(x_1),\varphi_1(x_1)\rangle_{x_1}\cdots\langle T_n(x_n),\varphi_n(x_n)\rangle_{x_n}$$

であり，この値は変数の順序に無関係である．このような積の形の試験関数は十分たくさんあるので，一般に超関数 T はこれらに対する観測値だけで定まる(章末の問題の11参照)．故に上の定義(1.13)において変数の順序をどう変えても

同じ超関数が得られる.

以上の構成法を真似すれば，2種類の n 変数 x, y の超関数 $f(x), g(y)$ から積 $f(x)g(y)$ を作ることができ，したがってさらに変数変換 $x \mapsto x-y$ を行なうことにより $2n$ 変数の超関数 $f(x-y)g(y)$ を定義することができる．これの観測値は

$$(1.14)\quad \langle f(x-y)g(y), \varphi(x,y)\rangle_{x,y} = \langle g(y), \langle f(x), \varphi(x+y,y)\rangle_x\rangle_y = \langle f(x), \langle g(y), \varphi(x+y,y)\rangle_y\rangle_x$$

である．この積は後に非常に重要となる．

さて，多変数超関数の例を具体的に作ってみよう．積 $\delta(x_1)\cdots\delta(x_n)$ を n 変数のデルタ関数といい，1変数と同じ記号 $\delta(x)$ で表わす．この観測値は積の定義により

$$\langle\delta(x), \varphi(x)\rangle = \langle\delta(x_n), \cdots, \langle\delta(x_1), \varphi(x)\rangle_{x_1}\cdots\rangle_{x_n} = \varphi(0, \cdots, 0) = \varphi(0).$$

つまり，形式的に1変数と全く同じ式で与えられる．連続関数の形式的微分による表示は1変数のものを掛け合わせて得られる：

$$(1.15)\quad \delta(x) = (iD_1)^2\cdots(iD_n)^2(x_1{}^+\cdots x_n{}^+) = iD_1\cdots iD_n(\theta(x_1)\cdots\theta(x_n)).$$

これを見るとデルタ関数は角ばっているようだが，実は同時に球対称でもある．歴史的には次の表示の方が重要な役を果たした．

$$(1.16)\quad \delta(x) = \begin{cases} \triangle(|x|^{2-n}/c_n(2-n)), & n \neq 2, \\ \triangle(\log|x|)/2\pi, & n = 2. \end{cases}$$

ここに $\triangle = (\partial/\partial x_1)^2 + \cdots + (\partial/\partial x_n)^2$ は Laplace 作用素であり，$|x| = (x_1{}^2 + \cdots + x_n{}^2)^{1/2}$，また $c_n = 2\pi^{n/2}/\Gamma(n/2)$ は $n-1$ 次元単位球面の面積である．$n=2$ のときは定数を調節後，極限をとって $|x|^{2-n}/(2-n) = \log|x|$ と考えればこれを別に扱わずにすむ．$\triangle$ のベキを上げればもっと滑らかな関数で表示することもできる：

$$(1.17)\quad \delta(x) = \triangle^m(|x|^{2m-n}/c_{n,m}).$$

ここに $c_{n,m} = c_n \cdot 2^{m-1}(m-1)!(2m-n)(2m-2-n)\cdots(2-n)$ である．ただし $c_{n,m}$ の因子に0が現われたらそれを $1/\log|x|$ でおき換える．これは先の規約と同じである．これらの式の証明は章末の問題の5にゆずる．

これまで連続関数の形式的導関数という見方と，積分値の拡張である観測値を与える暗箱(black box)的見方の二つで超関数の説明を進めて来た．二つの見方にはそれぞれ長短があり，互いに相補うべきものである．さらにこれらと相補うべき超関数の第3の把らえ方として，滑らかな関数の極限とする見方がある．例

えば，歴史的に重要なものに $\varepsilon\downarrow 0$ のとき

(1.18) $$(4\pi\varepsilon)^{-n/2}e^{-x^2/4\varepsilon}\longrightarrow\delta(x),$$

(1.19) $$\frac{\Gamma((n+1)/2)}{\pi^{(n+1)/2}}\frac{\varepsilon}{(x^2+\varepsilon^2)^{(n+1)/2}}\longrightarrow\delta(x)$$

がある．ここに $x^2=x_1{}^2+\cdots+x_n{}^2$ である．これらの極限の意味は以下において次第に明らかにされてゆく(正確な定義は次章§2.1で与えられる)が，例えば $n=1$ のときにこれらの関数のグラフを描いてみれば，それらが $\varepsilon\downarrow 0$ のときデルタ関数に近づいてゆくさまが目に見えるであろう．さらに一般に $\chi(x)$ を滑らかな関数で $\int\chi(x)dx=1$ を満たすものとすれば，$\varepsilon\downarrow 0$ のとき

(1.20) $$\frac{1}{\varepsilon^n}\chi\left(\frac{x}{\varepsilon}\right)\longrightarrow\delta(x)$$

であり，上はこの特別な場合である．

極限の概念を究極まで推し進めると**佐藤の超関数**が得られる．今まで考察して来た超関数は微分という操作に関しては閉じているが，線型偏微分方程式の解の境界値をとる操作(第5章参照)では閉じておらず，線型偏微分方程式論を見通し良くまとめる上でそれが障害となる．本講では紙数の都合で佐藤の超関数は用いられないが，その考え方の一部は取り入れられている．

§1.3 局 所 性

この節では超関数に関してやや精密な抽象論を行なう．今までは関数の定義域を特に指定せず，関数はすべて $\boldsymbol{R}^n$ 全体で定義されているものとして話を進めて来た．実際にはある開集合 U の上だけで定義された連続関数 f というものがあるわけである．このとき形式的超関数 $D^\alpha f$ は U の上だけで定義されている．超関数 T についてその**定義域**が U であるとは，観測値 $\langle T,\varphi\rangle$ が $\operatorname{supp}\varphi\subset U$ なる試験関数 φ に対してのみ定義されていることをいう．もちろん，このような試験関数の全体 $\mathcal{D}(U)$ に対しては D1, D2 が成り立っているものとし，その際 D2 における試験関数列の収束 $\varphi_j\to\varphi$ の定義で $K\subset U$ とする．(コンパクト集合 K が開集合 U に含まれているとき，K は U の境界から離れていることに注意せよ．一般に $\boldsymbol{R}^n$ の部分集合 V についてその閉包 $\bar{V}$ が他の集合 U の内部に含まれるコンパクト集合となるとき，V は U にコンパクトに含まれるといい $V\Subset U$ と記

す．ここでも $K\subset U$ の代わりに $K\Subset U$ と記せば境界から離れているという感じが出るであろう.）さて，関数の定義域は人為的に制限することができる．U 上で定義された形式的超関数 $D^\alpha f$ を U の開部分集合 V に制限するには，連続関数 f を V に制限しさえすればよい．U を定義域とする超関数 T を V に**制限**するには，試験関数として $\operatorname{supp}\varphi\subset V$ なるもののみを採用し，それ以外の観測値を忘れてしまえばよい．この制限を $T|_V$ と記す．$T|_V$ の定義域は V である．

U_1 を定義域とする超関数 T_1 と U_2 を定義域とする超関数 T_2 とが $U_1\cap U_2$ 内の開集合 V 上で一致するとは $T_1|_V=T_2|_V$ なることをいう．これはていねいにいえば，台が V に含まれるような試験関数に対して T_1 と T_2 は同じ観測値を与えるということである．特に $T|_V=0$ かどうかが意味を持つ．右辺の 0 は値ではなく，定数値関数である．このとき T は V において 0 であるという．同様に $T|_V$ が V 上のある連続関数 f（により $\int f\cdot\varphi dx$ で定まる超関数）に等しいとき，T は V で連続であるという．さらにこの f が C^∞ 級なら T は V で C^∞ 級，この f が解析関数なら T は V で解析的であるという．

U を定義域とする超関数の全体の作る集合を $\mathscr{D}'(U)$ で表わす．これは複素数体上のベクトル空間となる．ベクトル演算は $\mathscr{D}'(\boldsymbol{R}^n)$ のときと同様に定義される．さらに U 上の関数概念として，U で定義された連続関数の全体 $C(U)$，同じく C^m 級関数の全体 $C^m(U)$，同じく C^∞ 級関数の全体 $C^\infty(U)$，同じく解析関数の全体 $A(U)$ などの記号を用いる．これらは次々に $\mathscr{D}'(U)$ の次第に小さい部分ベクトル空間となっている．

U 上の超関数に対しても微分や，U 上の C^∞ 級関数との積が定義できる．観測値の定義式は $\boldsymbol{R}^n$ 全体で定義された超関数の場合にすでに与えたものと同じでよい．さて，これらの演算に関して重要な性質はその局所性である．例えば初等微積分において関数の各階の微分係数は考えている点の無限に近くでの関数の状態だけで定まり，遠くの方の関数の状態からは影響を受けなかった．超関数の微分についても同様の性質がある．それは次の二つの命題で表現される：

H1　各 U に対し $T\in\mathscr{D}'(U)$ ならば $D^\alpha T\in\mathscr{D}'(U)$.

H2　$T\in\mathscr{D}'(U)$, $V\subset U$ とすれば $\mathscr{D}'(V)$ の元として $(D^\alpha T)|_V=D^\alpha(T|_V)$.

V を考えている点の十分小さい近傍と考えればこれが局所性を表現していることが理解されよう．C^∞ 級関数による積や超関数同士の和についても制限に関して同様の命題が成り立つことが直ちに確かめられる．故にこれらの演算の組み合わせとして，線型偏微分作用素 $p(x, D)$ は**局所作用素**として超関数に働く．微分方程式とは局所的な法則を表わす言葉である．局所的な法則が次々とつながって種々の大域的現象を繰り広げるさまは興趣が尽きないものである．

さて，連続関数，C^∞ 級関数，解析関数などは制限に関して次の二つの基本的性質を持っている．開集合 U はいくつかの（一般には無限個の）開集合 $U_\lambda \subset U$, $\lambda \in \Lambda$ で覆われているとする：$U = \bigcup_{\lambda \in \Lambda} U_\lambda$. ここに Λ は添え字の集合である．いま，開集合 V 上で定義されたある種類の関数の全体を $F(V)$ なる記号で表わすとき，

F1 $f \in F(U)$ が各 λ について $f|_{U_\lambda} = 0$ を満たせば $f \equiv 0$.

F2 各 λ について $f_\lambda \in F(U_\lambda)$ が与えられ，それが任意の $\lambda, \mu \in \Lambda$ に対して $f_\lambda|_{U_\lambda \cap U_\mu} = f_\mu|_{U_\lambda \cap U_\mu}$ を満たしていれば，$f \in F(U)$ で各 λ について $f|_{U_\lambda} = f_\lambda$ となるものが存在する．

ある種類の関数がこの二つの性質を持つとき，その種類の関数は局所化できる，あるいは**層**をなすという．上に挙げた種類の関数は層をなすわけである．これに反し，U 上の絶対積分可能な関数の全体 $L_1(U)$ は U を動かすとき層をなさない．一方 U に含まれる任意のコンパクト集合の上で絶対積分可能な関数を U 上の局所可積分関数というが，この全体 $L_{1,loc}(U)$ は U を動かすとき層をなす．

定理 1.1 超関数は層をなす．——

この証明のために次の補題を準備する．

補題 1.2 $C^\infty(U)$ の元 χ_λ, $\lambda \in \Lambda$ を次の諸性質を持つように選ぶことができる：各 λ について $\operatorname{supp} \chi_\lambda \subset U_\lambda$, かつ各点 $x \in U$ のある近傍 V をとれば $\operatorname{supp} \chi_\lambda \cap V \neq \phi$ なる添え字 λ の個数は高々有限であり，$\sum_{\lambda \in \Lambda} \chi_\lambda(x) = 1$. ——

この性質を持つ $\{\chi_\lambda\}$ を U の被覆 $\{U_\lambda\}$ に関する**1の分解**と呼ぶ．

証明 どんな形かわからない開集合 U_λ の被覆は扱いにくいので，正 n 方体より成る被覆を仲介に用いることを考えよう．$\boldsymbol{R}^n$ の点のうち座標が $1/2^k$ の整数倍のものを集めて作った格子を L_k とする．$k = 1, 2, \cdots$. いま k を一つ固定し，L_k の各点を中心として一辺の長さ $3/2^{k+1}$ の閉じた正 n 方体を作る．例えば，原点を中心とするものは

$$\{x \in \boldsymbol{R}^n \mid |x_1| \leqq 3/2^{k+2}, \cdots, |x_n| \leqq 3/2^{k+2}\}$$

である．$\boldsymbol{R}^n$ はこれらの正 n 方体で覆われる．重なるところもできるが，その数

は高々 2^n 個である．各 k に対しこのような正 n 方体を作る．さて，まず $k=1$ に対しこれらの正 n 方体のうちで少なくとも一つの U_λ にすっぽり含まれるものを全部取り出し，それを $V_{1l}\,(l=1,2,\cdots)$ としよう．次に $k=2$ に対しこれらの正 n 方体のうちで少なくとも一つの U_λ にすっぽり含まれ，しかもすでに選ばれた V_{1l} のどれにも完全には含まれないものを $V_{2l}\,(l=1,2,\cdots)$ とする．この操作を繰返して正 n 方体の集まり $\{V_{kl}\}$ を作る．明らかに $\bigcup_{k,l} V_{kl}=U$ であり，しかも U の任意の点 x を中心として十分小さい球を描けば，それは V_{kl} のうちの有限個としか交わらない．

さて，各 V_{kl} に対し，ちょうどこれを台とする C_0^∞ 級関数 ψ_{kl} を (1.9) 式の関数の積を用いて作る．(原点を適当にずらして $b=3/2^{k+2}$ ととる．a は任意でよい.) 上の考察により $\psi=\sum_{k,l=1}^{\infty}\psi_{kl}$ は局所的に有限和となり，U 上の正値 C^∞ 級関数を定める．故に $\chi_{kl}=\psi_{kl}/\psi$ とおけば，これは ψ_{kl} と同じ台を持ち $\sum_{k,l=1}^{\infty}\chi_{kl}=1$ となる．

最後に，正 n 方体 V_{kl} のおのおのを $V_{kl}\subset U_\lambda$ なる一つの U_λ に分配する．いま U_λ の方を一つ固定し，これに分配されたこれら正 n 方体の全体を $V_j^\lambda\,(j=1,2,\cdots)$ とする．上で作った V_j^λ に台を持つ C_0^∞ 級関数を χ_j^λ と書こう．このとき $\chi_\lambda=\sum_{j=1}^{\infty}\chi_j^\lambda$ も局所的に有限和であって，$C^\infty(U)$ の元となり，$\mathrm{supp}\,\chi_\lambda\subset U_\lambda$ が確かめられる．$\sum_{\lambda\in\Lambda}\chi_\lambda$ は $\sum\chi_{kl}$ を適当に並べ換えて括弧でくくったものだからやはり局所的に有限和であって 1 に等しい．▮

この種の証明が苦手な読者は 2 次元の図を描きながら何をやっているのかを把握されたらよい．要するに方眼紙を用いて U_λ の近似図形を描いたのである．

定理 1.1 の証明　まず F1 を示す．試験関数 $\varphi\in\mathcal{D}(U)$ をとる．$\mathrm{supp}\,\varphi$ の各点を中心とする十分小さい球は有限個の $\mathrm{supp}\,\chi_\lambda$ としか交わらないから，Heine-Borel の定理により結局 $\mathrm{supp}\,\varphi$ と交わる $\mathrm{supp}\,\chi_\lambda$ の総数も有限である．故に，$\langle T,\varphi\rangle=\left\langle T,\sum_\lambda\chi_\lambda\varphi\right\rangle$ において右辺は実際には有限和となり，T の線型性により $\sum_\lambda\langle T,\chi_\lambda\varphi\rangle$ と変形できる．$\mathrm{supp}\,\chi_\lambda\varphi$ は U_λ のコンパクト集合だから仮定により $\langle T,\chi_\lambda\varphi\rangle=\langle T|_{U_\lambda},\chi_\lambda\varphi\rangle=0$．故に $\langle T,\varphi\rangle=0$，したがって $T\equiv 0$ が示された．

次に F2 を示す．$\varphi\in\mathcal{D}(U)$ に対し U 上の超関数 T を観測値

$$\langle T,\varphi\rangle=\sum_\lambda\langle T_\lambda,\chi_\lambda\varphi\rangle$$

で定義する．この和も実際は有限和である．これが線型性を満たすことは明らか

である．連続性を確かめよう．$\mathcal{D}(U)$ において $\varphi_j \to \varphi$ とすれば，明らかに $\mathcal{D}(U_\lambda)$ において $\chi_\lambda\varphi_j \to \chi_\lambda\varphi$ であり，しかも実際にはこれらの列は有限個の λ を除き恒等的に 0 に等しい．故に

$$\langle T, \varphi_j\rangle = \sum_\lambda \langle T_\lambda, \chi_\lambda\varphi_j\rangle \longrightarrow \sum_\lambda \langle T_\lambda, \chi_\lambda\varphi\rangle = \langle T, \varphi\rangle.$$

以上で T が超関数であることがわかった．最後に，λ を固定して $T|_{U_\lambda} = T_\lambda$ を確かめよう．$\varphi \in \mathcal{D}(U_\lambda)$ をとる．各 μ について $\operatorname{supp} \chi_\mu\varphi \subset U_\lambda \cap U_\mu$ であり，したがって仮定 $T_\mu|_{U_\lambda \cap U_\mu} = T_\lambda|_{U_\lambda \cap U_\mu}$ により $\langle T_\mu, \chi_\mu\varphi\rangle = \langle T_\lambda, \chi_\mu\varphi\rangle$ が成り立つ．よって

$$\langle T, \varphi\rangle = \sum_\mu \langle T_\mu, \chi_\mu\varphi\rangle = \sum_\mu \langle T_\lambda, \chi_\mu\varphi\rangle = \left\langle T_\lambda, \sum_\mu \chi_\mu\varphi \right\rangle$$
$$= \langle T_\lambda, \varphi\rangle. \qquad \blacksquare$$

いま証明した定理は超関数という関数の拡張概念が，各点での値は考えられないにしても，通常の関数と同じように安心して切ったり貼ったりできると主張しているのである．

T を U で定義された超関数とする．U の開部分集合 V, W に対して $T|_V = 0$ かつ $T|_W = 0$ なら定理 1.1 により $T|_{V \cup W} = 0$ である．故に T が 0 になるところを全部集めれば，$T|_V = 0$ なる最大の開部分集合 $V \subset U$ が存在することがわかる．この補集合 $U \setminus V$ を超関数 T の**台**と呼び $\operatorname{supp} T$ と記す．T が連続関数 f より定まる超関数のとき，$\operatorname{supp} T$ は $\operatorname{supp} f$，すなわち集合 $\{x \in U \mid f(x) \neq 0\}$ の U における閉包に等しい．台という言葉は建物の土台から得る印象による．同様に $T|_{V'}$ が C^∞ 級となるような最大の開部分集合 V' が存在することがわかるが，その補集合 $U \setminus V'$ を T の **C^∞-特異台**と呼び C^∞-sing. supp T と記す．また $T|_{V''}$ が解析関数となるような最大の開部分集合 V'' に対し，その補集合 $U \setminus V''$ を T の **A-特異台**と呼び A-sing. supp T と記すことにする．これらは定義により U の閉集合である．

例えば，$\operatorname{supp} \delta = \{0\}$ であり，C^∞-sing. supp δ, A-sing. supp δ もともに $\{0\}$ に等しい．また $\operatorname{supp} \theta = \{x \in \boldsymbol{R} \mid x \geqq 0\}$ であり，C^∞-sing. supp $\theta = A$-sing. supp $\theta = \{0\}$．同様に supp p. v. $1/x = \boldsymbol{R}$，C^∞-sing. supp p. v. $1/x = A$-sing. supp p. v. $1/x = \{0\}$ である等々．一方 (1.9) 式で与えられる $\varphi(x)$ については，その台は閉区間 $[-b, b]$，C^∞-特異台は空集合，A-特異台は 4 点 $\{\pm a, \pm b\}$ より成る．

偏微分や積，一般に線型偏微分作用素は超関数に働いた結果，その台を増やさない．これはこれらの作用素が局所性を持つことの言い換えである．偏微分作用素の係数が C^∞ 級なら C^∞-特異台も増やさないし，係数が解析的なら A-特異台も増やさぬことも明らかであろう．また χ を C^∞ 級の関数とするとき，積の定義から明らかに $\operatorname{supp}\chi T\subset\operatorname{supp}\chi\cap\operatorname{supp}T$ が成り立つ．逆の包含関係が必ずしも成り立たぬことは $x\delta(x)\equiv 0$ よりわかる．

超関数が局所性を持つことから，$T_\lambda\in\mathscr{D}'(U)$ の無限和 $\sum_\lambda T_\lambda$ は，もし U の各点においてその十分小さい近傍が $\operatorname{supp}T_\lambda$ の有限個としか交わらなければ，収束のことを問題にせずに定義できる．実際，その観測値は $\left\langle\sum_\lambda T_\lambda,\varphi\right\rangle=\sum_\lambda\langle T_\lambda,\varphi\rangle$ であり，右辺は有限和である．このとき $\sum_\lambda T_\lambda$ は**局所有限和**であるという．定理1.1の証明から次のことがわかる．

系 T を U 上の超関数，U_λ, $\lambda\in\Lambda$ を U の開部分集合より成る被覆とする．このとき $\{U_\lambda\}$ に関する1の分解 $\{\chi_\lambda\}$ を用いて $T=\sum_\lambda\chi_\lambda T$, $\operatorname{supp}\chi_\lambda T\subset U_\lambda$ と局所有限和に分解される．——

この事実を普通“超関数の層は華麗である”と称する．この性質は大変便利なものであって，超関数がその取り扱い上一意接続性を持つ解析関数ではなく人為的変更が自由な C^∞ 級関数に似ていることを示唆している．

特に U 上の超関数 T について，$\operatorname{supp}T\Subset U$ ならば，$\operatorname{supp}T$ 自身 $\boldsymbol{R}^n$ のコンパクト集合となる．このような T はコンパクトな台を持つといわれる．このとき T を U の外側へ0で延長することにより，T は $\boldsymbol{R}^n$ 全体で定義されていると思うことができる．実際，U の開部分集合 $V_1\Subset U$ で $\operatorname{supp}T$ を含むものを選び，$V_2=U\setminus\operatorname{supp}T$ とおけば，U の被覆 V_1, V_2 ができる．これに上の系を適用することにより $\operatorname{supp}\chi_1\subset V_1$, $\operatorname{supp}\chi_2\subset V_2$ なる1の分解を用いて $T=\chi_1T+\chi_2T$ と分解できるが，$\operatorname{supp}\chi_2\cap\operatorname{supp}T=\phi$ だから $\chi_2T\equiv 0$. 故に任意の試験関数 $\varphi\in\mathscr{D}(\boldsymbol{R}^n)$ に対し観測値 $\langle T,\varphi\rangle=\langle\chi_1T,\varphi\rangle$ として $\langle T,\chi_1\varphi\rangle$ を指定してやれば T が $\mathscr{D}'(\boldsymbol{R}^n)$ の元に拡張される．もちろんこの拡張により T の台は変わらない．χ_1 は $\operatorname{supp}T$ のある近傍で恒等的に1に等しいことも注意しておこう．逆にこのような関数 χ に対しては必ず $T=\chi T$ が成り立つことも直ちにわかる．上の系はこのような関数 χ がいつでも作れることをも主張しているのである．

§1.4　積　分

コンパクトな台を持つ超関数 T に対しては**定積分** $\int_{R^n} T dx$ を定義することができる．C_0^∞ 級関数 χ を $\mathrm{supp}\, T$ のある近傍で恒等的に1に等しいように選べば $\int_{R^n} T dx = \int_{R^n} \chi T dx$ だから後者を既知の値 $\langle T, \chi \rangle$ と解釈すればよい．この値はもちろん χ の選び方によらない．この定積分の定義は例1.2で述べた $\int \delta(x) dx = 1$ の解釈を一般化したものである．特に，T がコンパクトな台を持つ超関数 S の導関数 $D_j S$ の形をしていれば $\int D_j S dx = 0$. 実際これは $\langle D_j S, \chi \rangle = \langle S, -D_j \chi \rangle$ に等しいが，χ を $\mathrm{supp}\, S$ の近傍で1に等しく選んでおけば $D_j \chi$ はそこで恒等的に0となるからである．これにより，(1.8)式を用いた(1.10)式の発見的導入の過程は超関数の演算として今や完全に正当化された．

さて，φ を C^∞ 級の関数とすれば φT は再びコンパクトな台を持つから，定積分 $\int_{R^n} \varphi T dx$ が存在する．この値を $\langle T, \varphi \rangle$ とも書く．これは普通，コンパクトな台を持つ超関数に対しては必ずしも台がコンパクトでない試験関数 φ に対しても観測値が得られると解釈されている．T 自身の積分値は $\langle T, 1 \rangle$ である．これらの観測値は次の意味で連続である：台がコンパクトとは限らない試験関数列 $\varphi_j \in C^\infty(\boldsymbol{R}^n)$ の収束 $\varphi_j \to \varphi$ とは各階の導関数 $D^\alpha \varphi_j$ が $D^\alpha \varphi$ に広義一様収束することとする．このとき $\langle T, \varphi_j \rangle \to \langle T, \varphi \rangle$.（広義一様収束とは任意のコンパクト集合の上で一様収束することをいう．実際には φ_j, φ は $\mathrm{supp}\, T$ のある近傍で定義され，そこで各 $D^\alpha \varphi_j$ が $D^\alpha \varphi$ に一様収束していれば十分である.）

もう少し一般にして，$T \in \mathcal{D}'(U)$ の観測値 $\langle T, \varphi \rangle$ は $\mathrm{supp}\, T \cap \mathrm{supp}\, \varphi$ がコンパクトとなるような $\varphi \in C^\infty(U)$ に対して定義できることにしておくと都合が良い．このとき積 φT はコンパクトな台を持つから，$\int \varphi T dx$ をもって観測値 $\langle T, \varphi \rangle$ と定めるのである．この値は φ に関して自然な連続性 $\langle T, \varphi_j \rangle \to \langle T, \varphi \rangle$ を持つ．ただしここで，このような試験関数列の収束 $\varphi_j \to \varphi$ とは，ある閉集合 $K \subset U$ で $\mathrm{supp}\, T \cap K$ がコンパクトとなるようなものが存在し，$\mathrm{supp}\, \varphi_j \subset K$ かつ各階偏導関数 $D^\alpha \varphi_j$ が $D^\alpha \varphi$ に U 上広義一様収束（すなわち U に含まれる任意のコンパクト集合の上で一様収束）することと定める．このような一般の観測値に対しても部分積分に相当する(1.10)式が成立するのは明らかであろう．

$D \Subset U$ を有界な領域とする．$T \in \mathcal{D}'(U)$ の台が D の境界に達していても定積分 $\int_D T dx$ を定義できる場合がある．例えば，積分領域 D の境界の近傍で T

が普通の連続関数ならよい．これは次のように解釈するのが簡単で実用的である：$\chi(x)$ を D の**定義関数**とする．すなわち $x\in D$ のとき $\chi(x)=1$，$x\notin D$ のとき $\chi(x)=0$．このとき，仮定により積 χT の意味が局所的に確定する．すると上の定積分は $\int_{R^n}\chi T dx$ に等しいはずであるが，後者はすでに定義したコンパクトな台を持つ超関数の定積分である．これにより，例えば $a<0<b$ とすれば $\int_a^b[\mathrm{f.p.}\,\theta(x)/x^2]dx$ などが意味を持つこととなる．この値は，φ を区間 $[a,b]$ の近傍で1に等しい C_0^∞ 級の関数として定義により

$$\int_a^b[\mathrm{f.p.}\,\theta(x)/x^2]dx=\left\langle \mathrm{f.p.}\frac{\theta(x)}{x^2},\varphi(x)\right\rangle-\left\langle\frac{\theta(x-b)}{x^2},\varphi(x)\right\rangle$$
$$=\lim_{\varepsilon\downarrow 0}\left\{\int_\varepsilon^\infty\frac{\varphi(x)}{x^2}dx-\frac{\varphi(0)}{\varepsilon}+\varphi'(0)\log\varepsilon\right\}-\int_b^\infty\frac{\varphi(x)}{x^2}dx$$
$$=\lim_{\varepsilon\downarrow 0}\left\{\int_\varepsilon^b\frac{dx}{x^2}-\frac{1}{\varepsilon}\right\}=-\frac{1}{b}.$$

これに反し，$\int_0^1\delta(x)dx$ などは意味が確定しない．

次に T は直積型の開集合 $U'\times \boldsymbol{R}^{n-k}$ 上の超関数とする．ここに $x'=(x_1,\cdots,x_k)$，$x''=(x_{k+1},\cdots,x_n)$ と変数を分けた．$U'\subset\boldsymbol{R}^k$ は始めの k 変数の空間における開集合である．U' のコンパクト部分集合 K' を任意にとるとき $\mathrm{supp}\,T\cap(K'\times\boldsymbol{R}^{n-k})$ が $\boldsymbol{R}^n$ のコンパクト部分集合となるならば，T は x'' 変数についてコンパクトな台を持つという．このとき T を変数の一部 x'' について定積分することができる．結果 $\int_{R^{n-k}}Tdx''$ は U' 上の変数 x' の超関数となる．その観測値は $\varphi(x')\in\mathcal{D}(U')$ に対し

$$\left\langle\int Tdx'',\varphi(x')\right\rangle_{x'}=\int\left\{\int Tdx''\right\}\varphi(x')dx'=\int T\varphi dx=\langle T,\varphi\rangle$$

と予想される．ここで $\langle\ ,\ \rangle_{x'}$ は変数 x' の超関数の観測値を表わすものとした．仮定により $\mathrm{supp}\,T\cap\mathrm{supp}\,\varphi$ は $\boldsymbol{R}^n$ のコンパクト集合となるから，最後の値をもって定義とするのは意味がある．例として n 変数デルタ関数 $\delta(x)$ をとろう．$\int_{R^{n-k}}\delta(x)dx''=\delta(x')$ となる．これは試験関数 $\varphi(x')\in\mathcal{D}(\boldsymbol{R}^k)$ を用いて次のように確かめられる：

$$\left\langle\int_{R^{n-k}}\delta(x)dx'',\varphi(x')\right\rangle_{x'}=\langle\delta(x),\varphi(x')\rangle=\varphi(0)=\langle\delta(x'),\varphi(x')\rangle_{x'}.$$

この種の積分と微分との交換も自由である．いま x' 変数に関する一つの偏微分を D'^{α} とすれば，観測値を比較して

$$\begin{aligned}\left\langle D'^{\alpha}\int Tdx'', \varphi(x')\right\rangle_{x'} &= \left\langle \int Tdx'', (-1)^{|\alpha|}D'^{\alpha}\varphi(x')\right\rangle_{x'} \\ &= \langle T, (-1)^{|\alpha|}D'^{\alpha}\varphi(x')\rangle \\ &= \langle D'^{\alpha}T, \varphi\rangle \\ &= \left\langle \int D'^{\alpha}Tdx'', \varphi(x')\right\rangle_{x'}\end{aligned}$$

故に $D'^{\alpha}\int Tdx''=\int D'^{\alpha}Tdx''$．また多次元の積分を重積分に分解することも自由である．例えば T がコンパクトな台を持つとき，積分 $\int_{R^n}Tdx$ の値はすぐ上に定義された意味での変数の一部に関する積分の反復 $\int_R\cdots\int_R Tdx_1\cdots dx_n$ と等しい．実際，$\mathrm{supp}\, T$ は直積型のコンパクト集合 $K_1\times\cdots\times K_n$ に含まれているとし，$\chi_j(x_j)$ をそれぞれ K_j の近傍で1に等しい1変数の C_0^{∞} 級関数とすれば，$\chi(x)=\chi_1(x_1)\cdots\chi_n(x_n)$ に対し

$$\begin{aligned}\int_{R^n}Tdx &= \langle T, \chi\rangle = \langle \chi_1 T, \chi_2\cdots\chi_n\rangle = \left\langle \int_R Tdx_1, \chi_2\cdots\chi_n\right\rangle_{x_2,\cdots,x_n} \\ &= \left\langle \chi_2\int_R Tdx_1, \chi_3\cdots\chi_n\right\rangle_{x_2,\cdots,x_n} = \left\langle \int_R\left\{\int_R Tdx_1\right\}dx_2, \chi_3\cdots\chi_n\right\rangle_{x_3,\cdots,x_n}\end{aligned}$$

等々である．この操作において変数の順序に特に意味はないから，重積分の順序が自由に変えられることも同時にわかった．一方変数変換 $y=F(x)$ に対しては通常の関数の場合と同じ公式

$$\int T(y)dy = \int T(F(x))|\det dF|dx$$

等が成り立つことが§1.2の定義からわかる．つまり関数の概念を超関数まで拡張した結果，諸種の計算手続きが，初等微積分学においては頭痛の種であったものまで含めて，まったく形式通りに自由に行なえることとなったのである．

この節の最後に積分の重要な例としてたたみ込みについて調べよう．S, T を $\boldsymbol{R}^n$ 上の二つの超関数とし，いずれか一方はコンパクトな台を持つとする．このとき§1.2で示されたように積 $S(x-y)T(y)$ が定義できるが，容易にわかるようにこの超関数は y についてコンパクトな台を持つ．故に積分

(1.21) $$\int S(x-y)T(y)dy$$

が定義される．これを S と T のたたみ込みといい，$S*T$ で表わす．この演算の性質を詳しく調べるため，まず S の方を C_0^∞ 級の関数 φ にとってみる．すると積分の定義から明らかに

$$\varphi*T(x)=\langle T(y),\varphi(x-y)\rangle_y$$

となるが，ここで $\varphi(x-y)$ は C^∞ 級パラメータ x を含む独立変数 y の試験関数となっている．故に補題1.1により $\varphi*T$ は x の C^∞ 級関数で $D^\alpha(\varphi*T)=(D^\alpha\varphi)*T$ となることがわかる．

また T の台がコンパクトで φ が勝手な C^∞ 級関数のときには，$\mathrm{supp}\,T$ の近傍で1に等しい C_0^∞ 級の関数 χ を補助に用いて $\langle T(y),\chi(y)\varphi(x-y)\rangle_y$ と書き直してみれば，やはり $\varphi*T$ が C^∞ 級の関数となることがわかる．

次に一般の積分(1.21)を考察する．まず形式的にやってみる．変数変換 $X=x$, $Y=x-y$ を導入すれば

$$S*T=\int S(Y)T(X-Y)dY=\int T(X-Y)S(Y)dY=T*S.$$

したがって積分記号下で微分することにより

(1.22) $$D^\alpha(S*T)=(D^\alpha T)*S=T*D^\alpha S.$$

同様に三つの超関数 R, S, T が与えられ，そのうちの二つがコンパクトな台を持てば $(R*S)*T=R*(S*T)$．これらの形式的演算は今まで述べてきた一般的原理により試験関数を用いてそれぞれ正当化できるわけだが，超関数 $S*T$ の観測値を調べる方が厳密な証明としては手早い．積分と積の定義を思い出して

(1.23)
$$\begin{aligned}\langle S*T,\varphi\rangle &=\left\langle\int S(x-y)T(y)dy,\varphi(x)\right\rangle_x\\ &=\langle S(x-y)T(y),\varphi(x)\rangle_{x,y}\\ &=\langle T(y),\langle S(x),\varphi(x+y)\rangle_x\rangle_y\\ &=\langle S(x),\langle T(y),\varphi(x+y)\rangle_y\rangle_x,\end{aligned}$$

ここで x と y を書き変えれば逆にたどって $\langle T*S,\varphi\rangle$ に戻る．微分に関する公式もこの式から容易に確かめられる．さらに，この式からまた

(1.24) $$\mathrm{supp}\,S*T\subset\mathrm{supp}\,S+\mathrm{supp}\,T$$

がわかる．右辺は $\mathrm{supp}\, S$ のある元と $\mathrm{supp}\, T$ のある元のベクトル和として得られる点全体から成る $\boldsymbol{R}^n$ の部分集合を表わす．特に，S, T がともにコンパクトな台を持てば，$S*T$ の台もコンパクトとなる．同様に1の分解を用いて

$$(1.25)\quad C^\infty\text{-sing. supp}\, S*T \subset C^\infty\text{-sing. supp}\, S + C^\infty\text{-sing. supp}\, T$$

が確かめられる．

たたみ込みの最も簡単かつ重要な例は $\delta*T=T$ である．この式は T が C^∞ 級関数なら直ちにわかる．一般の T についての厳密な証明はやはり上の観測値の式から得られる．これと (1.22) とから

$$(D^\alpha\delta)*T = \delta*D^\alpha T = D^\alpha T$$

を得る．したがって (1.22) は結合律の特別な場合に帰する．以上の主張のうち体裁の良い部分をまとめれば次のようになる．

定理 1.2　コンパクトな台を持つ $\boldsymbol{R}^n$ 上の超関数の全体はたたみ込み $*$ に関し単位元 δ を持つ可換な $\boldsymbol{C}$-代数となる．微分作用素の多項式環 $\boldsymbol{C}[D]$ は $\boldsymbol{C}[D]\delta$ の形でその部分 $\boldsymbol{C}$-代数となっている．——

次の補題は後に使用するための準備であるが，先に紹介した(1.18)～(1.20)の極限をある意味で正当化するものである．

補題 1.3　m は非負整数または ∞ とする．$f(x)$ は $\boldsymbol{R}^n$ 上の C^m 級関数，また $\varphi(x)$ は C_0^∞ 級で $\int_{\boldsymbol{R}^n}\varphi(x)dx=1$ を満たすとき，C^∞ 級関数 $[(1/\varepsilon^n)\varphi(x/\varepsilon)]*f$ は $C^m(\boldsymbol{R}^n)$ において f に収束する(すなわち，m 階以下の各偏導関数が f の対応する偏導関数に広義一様収束する)．f の各偏導関数が有界なら φ は台がコンパクトでなくても絶対積分可能なら同じ結論が成り立つ．

証明

$$\begin{aligned}\left[\frac{1}{\varepsilon^n}\varphi\left(\frac{x}{\varepsilon}\right)\right]*f(x) &= \int_{\boldsymbol{R}^n} f(y)\varphi\left(\frac{x-y}{\varepsilon}\right)\frac{dy}{\varepsilon^n}\\ &= f(x)\int_{\boldsymbol{R}^n}\varphi\left(\frac{x-y}{\varepsilon}\right)\frac{dy}{\varepsilon^n} - \int_{\boldsymbol{R}^n}(f(x)-f(y))\varphi\left(\frac{x-y}{\varepsilon}\right)\frac{dy}{\varepsilon^n}\end{aligned}$$

において第1項の積分は仮定より1に等しい．また第2項の絶対値は，$\mathrm{supp}\,\varphi\subset\{|x|\leqq r\}$ とすれば

$$\leqq \sup_{|x-y|\leqq\varepsilon r}|f(x)-f(y)|\int\left|\varphi\left(\frac{x-y}{\varepsilon}\right)\right|\frac{dy}{\varepsilon^n},$$

ここで第2因子は定数 $\int|\varphi(y)|dy$ に等しく，また第1因子は x をコンパクト集合 K に限るときそこでの $f(x)$ の一様連続性から ε とともに0に近づく．$D^\alpha\cdot\{[(1/\varepsilon^n)\varphi(x/\varepsilon)]*f\}=[(1/\varepsilon^n)\varphi(x/\varepsilon)]*D^\alpha f$ だから各偏導関数についても同様である．φ の台が有界でない場合は第2項をさらに $|x-y|\leqq\sqrt{\varepsilon}$ と $|x-y|\geqq\sqrt{\varepsilon}$ に分けて評価する．$|x-y|\leqq\sqrt{\varepsilon}$ の部分はすぐ上と同様である．$|x-y|\geqq\sqrt{\varepsilon}$ の部分は $|f(x)|\leqq M$ とすれば $\varphi(z)$ の積分が絶対収束することから

$$\leqq\int_{|x-y|\geqq\sqrt{\varepsilon}}2M\left|\varphi\left(\frac{x-y}{\varepsilon}\right)\right|\frac{dy}{\varepsilon^n}=\int_{|z|\geqq1/\sqrt{\varepsilon}}2M|\varphi(z)|dz\longrightarrow0\quad(\varepsilon\to0).\ \blacksquare$$

§1.5　階数と構造定理

形式化の総仕上げとして，任意の超関数が局所的には始めに導入した形式的超関数 $D^\alpha f$ と同じものであることを示そう．さて，超関数の中には C^∞ 級のみならず C^m 級の試験関数に対して観測値を与えるものがある．例えば，θ や δ は C^0 級，すなわち連続な試験関数に対して観測値が意味を持つし，p. v. $1/x$ は C^1 級，f. p. $\theta(x)/x^2$ は C^2 級の試験関数に対して観測値がそれぞれ同じ定義式で与えられる．しかもそれらの観測値は試験関数をそこまで拡張しても連続である．このことを説明しよう．一般にコンパクトな台を持つ C^m 級の関数のことを C_0^m 級の関数と略称する．台が U に含まれる C_0^m 級の関数の全体を $\mathcal{D}^m(U)$ と記し，その収束列 $\varphi_j\to\varphi$ を次のように定義する：U に含まれるコンパクト集合 K が存在して $\operatorname{supp}\varphi_j\subset K$，かつ $|\alpha|\leqq m$ なる各階の導関数 $D^\alpha\varphi_j$ が $D^\alpha\varphi$ に一様収束すること．$T\in\mathcal{D}'(U)$ が $\mathcal{D}^m(U)$ の試験関数に対して観測値を与えるというときは，観測値がこの収束列に対して $\langle T,\varphi_j\rangle\to\langle T,\varphi\rangle$ なる連続性を持つことも同時に仮定しているものとする．超関数 T がこの意味で観測値を与えるような $\mathcal{D}^m(U)$ のうち最小の m を T の**階数**と呼ぶ．このような有限の m が存在しなければ T の階数は ∞ と定める．

T の階数が m 以下かどうかの判定は C_0^∞ 級の試験関数だけでできる．すなわち，$\operatorname{supp}\varphi_j\subset K$ かつ $|\alpha|\leqq m$ なる各偏導関数 $D^\alpha\varphi_j$ が0に一様収束するような列 $\varphi_j\in\mathcal{D}(U)$ について必ず $\langle T,\varphi_j\rangle\to0$ となるならば，T の階数は m 以下である．何となれば，任意の $\varphi\in\mathcal{D}^m(U)$ に対し，列 $\varphi_j\in\mathcal{D}(U)$ を $\mathcal{D}^m(U)$ において $\varphi_j\to\varphi$ となるようにとる．(そのような列は，たとえばたたみ込みの補題1.3と(1.24)

を用いて必ず作ることができる.) 仮定により $\langle T, \varphi_j\rangle$ は Cauchy 列となるから，この極限として観測値 $\langle T, \varphi\rangle$ を定めることができる．この値は近似列 φ_j の選び方によらぬことも明らかである．さらに $\varphi^k \to \varphi$ を $\mathcal{D}^m(U)$ の収束列とすれば，$\varphi_j{}^k \to \varphi^k$ とそれぞれを $\mathcal{D}(U)$ の元で近似することにより，各 k について $\langle T, \varphi_j{}^k\rangle \to \langle T, \varphi^k\rangle$. すなわち，任意の ε に対し $j \geqq j(k, \varepsilon)$ とすれば $|\langle T, \varphi_j{}^k\rangle - \langle T, \varphi^k\rangle| \leqq \varepsilon$. 一方，このような j の中から適当に番号 j_k を選んで $\mathcal{D}^m(U)$ において $\varphi_{j_k}{}^k \to \varphi\ (k \to \infty)$ とできるから，k が十分大きければ

$$
\begin{aligned}
&|\langle T, \varphi\rangle - \langle T, \varphi^k\rangle| \\
&\quad \leqq |\langle T, \varphi\rangle - \langle T, \varphi_{j_k}{}^k\rangle| + |\langle T, \varphi_{j_k}{}^k\rangle - \langle T, \varphi^k\rangle| \leqq 2\varepsilon.
\end{aligned}
$$

つまり，上で拡張した観測値は連続性を持っている．

定理 1.3　任意の超関数は局所的に有限の階数を持つ．特にコンパクトな台を持つ超関数は有限の階数を持つ．

証明　局所的に有限の階数を持つとは，各点の十分小さな近傍への制限が有限の階数を持つことをいう．$T \in \mathcal{D}'(U)$ とし，$\chi \in \mathcal{D}(U)$ を任意にとるとき χT が有限の階数を持つことを示そう．すると χ が恒等的に1に等しいところでは χT は T と等しいから，そこへ T を制限すれば明らかに有限階となる．さて，背理法により，任意の m に対し χT は $\mathcal{D}^m(U)$ を試験関数として許容しないと仮定する．上の注意により，$\varphi_j{}^m \in \mathcal{D}(U)$ で，$\mathcal{D}^m(U)$ において0に収束するにもかかわらず $\langle \chi T, \varphi_j{}^m\rangle$ は0に収束しないものが存在する．$\mathrm{supp}\,\varphi_j{}^m \subset \mathrm{supp}\,\chi$ と仮定して一般性を失わない．0に一様収束とは最大値が0に収束することであったから，適当な部分列をとり定数倍を調節することにより

$$
\max_{|\alpha| \leqq m} \sup_{x \in U} |D^\alpha \varphi_j{}^m(x)| \leqq \frac{1}{j},
$$

$$
|\langle T, \varphi_j{}^m\rangle| \geqq 1
$$

と仮定することができる．各 m についてこのような列をつくり，$\varphi_j = \varphi_j{}^j$ とおけば，第1の条件から $\mathcal{D}(U)$ において $\varphi_j \to 0$. 一方第2の条件から $|\langle T, \varphi_j\rangle| \geqq 1$ となり，超関数の連続性の仮定に反する．▌

階数 m の超関数に対し補題 1.1 が次のように拡張される．証明は同様である．

補題 1.4　T の階数は m 以下とし，$\varphi(\chi, \lambda)$ は $\boldsymbol{R}^n \times \Lambda$ 上の C^m 級関数で x につきコンパクトな台を持つとする．このとき，λ の関数 $\langle T(x), \varphi(x, \lambda)\rangle_x$ は連続

であって，コンパクト集合 $L \subset \Lambda$ に対し

$$\int_L \langle T(x), \varphi(x, \lambda) \rangle_x d\lambda = \left\langle T(x), \int_L \varphi(x, \lambda) d\lambda \right\rangle_x$$

が成り立つ．——

階数 m の超関数 T がコンパクトな台を持てば，試験関数を必ずしも台が有界と限らぬ C^m 級の関数にまで拡げることができる．例によって supp T の近傍で 1 に等しい C_0^∞ 級関数 χ を用いればよい．上の補題もそのような場合に拡張できる．

定理 1.4 任意の超関数は局所的に連続関数の導関数 $D^\alpha f$ の形に表わされる．

証明 前定理と同様 T の台はコンパクトとしてよい．すると T は有限な階数 m を持つ．さて，以下簡単のため C^{m-1} 級関数 $(x_1{}^+ \cdots x_n{}^+)^m/(m!)^n$ を $\theta^m(x)$ と略記しよう．ここに $x_1{}^+ = \max\{x_1, 0\}$ 等であった．χ を supp T のある近傍で 1 に等しい C_0^∞ 級の関数とすれば，$\chi T = T$．そこで

$$f(x) = \langle T(y), \chi(y)\theta^{m+1}(x-y) \rangle_y \tag{1.26}$$

とおく．試験関数 $\chi(y)\theta^{m+1}(x-y)$ は x をパラメータと見たとき上の補題の仮定を満たし，したがって f は連続関数となる．一方超関数として $f = \theta^{m+1} * T$．この式は直観的には明らかだが，観測値を調べることにより厳密に確かめることができる：$\varphi \in \mathcal{D}(\boldsymbol{R}^n)$ とすれば，補題 1.4 により

$$\begin{aligned}
\langle f(x), \varphi(x) \rangle &= \int \langle T(y), \chi(y)\theta^{m+1}(x-y) \rangle_y \varphi(x) dx \\
&= \left\langle T(y), \chi(y) \int \theta^{m+1}(x-y)\varphi(x) dx \right\rangle_y \\
&= \left\langle \chi(y)\, T(y), \int \theta^{m+1}(x)\varphi(x+y) dx \right\rangle_y \\
&= \langle T(y), \langle \theta^{m+1}(x), \varphi(x+y) \rangle_x \rangle_y.
\end{aligned}$$

最後の値は (1.23) によれば $\theta^{m+1} * T$ の観測値に等しい．故に (1.22) と (1.15) により

$$(iD_1 \cdots iD_n)^{m+2} f = \{(iD_1 \cdots iD_n)^{m+2}\theta^{m+1}\} * T = \delta * T = T. \qquad ▮$$

こうしてわれわれは始めに導入した形式的超関数と Schwartz の distribution とがほとんど同じものであることを知った．両者の違いは後者を $D^\alpha f$ の形に定義域全体の上で一度に表わすことは一般にはできないというだけのことである．

たとえば $\sum_{k=1}^{\infty} D^k\delta(x-1/k)$ は開区間 $(0, \infty)$ 上の1変数超関数であるが，この区間全体では階数は有限でない．（したがって実軸上の超関数のこの区間への制限とは決してならない．）これは超関数を局所化する（層にする）ための必要によるのであって，形式的超関数と Schwartz の distribution の関係はちょうど§1.3に例として述べた可積分関数 $L_1(U)$ と局所可積分関数 $L_{1,loc}(U)$ との関係と同様である．

系 K は内点を持つコンパクトな凸集合とする．台が K に含まれる超関数は，台が K に含まれる連続関数の導関数の有限和の形に表わされる．

証明 T の階数を m とする．1の分解を用いて T の台を十分細かく分割したものを $T=\sum_{k=1}^{N} T_k$ としよう．各 T_k の階数も m 以下である．図1.1の左下の部分にあたる成分 T_k に前定理の構成法(1.26)を適用し，連続関数 f_k を作る．(1.24)により f_k の台は T_k の台から第1象限に対応する錐に沿って拡がる．もしも図のように $\mathrm{supp}\, f_k$ の浸み出しが始めのうち K の内部に収まっていれば，$\mathrm{supp}\, T_k$ の近傍で1に等しい C_0^∞ 級の関数 χ_k を適当に選んで積 $\chi_k T_k$ を(1.8)式により変形したとき，右辺に現われる各連続関数の台は K に含まれるようにできる．そこで一般に $\theta^{m+1}(x)$ を線型座標変換することにより必要な方向にしかも十分小さい開きで台の浸み出す連続関数を用意する．（デルタ関数は線型座標変換で定数倍しか変わらないことに注意せよ．）これらを用いて各 T_k に上の構成法を適用すれば求める表現が得られる．▌

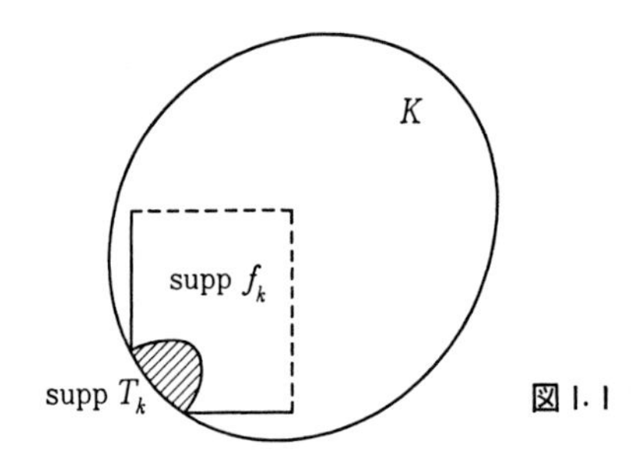

図 1.1

定理 1.5 台が超平面 $x_1=0$ に含まれる超関数 T は残りの変数 $x'=(x_2, \cdots, x_n)$ の超関数 $T_k(x')$ を用いて局所的に $\sum_{k=0}^{m} \delta^{(k)}(x_1)\, T_k(x')$ の形に表わされる．係数 $T_k(x')$ は T により一意に定まる．

証明　1の分解を用いることにより T の台は $x_1=0$ に含まれるコンパクト集合と仮定できる．すると T は有限な階数 m を持つ．C_0^∞ 級の試験関数 $\varphi(x)$ に対し Taylor の定理を適用して

$$\varphi(x)=\varphi_0(x')+x_1\varphi_1(x')+\cdots+x_1^m\varphi_m(x')+\psi(x)$$

と記す．ここに $\varphi_k(x')=(\partial^k\varphi/\partial x_1^k)/k!|_{x_1=0}$ は C_0^∞ 級,

$$\psi(x)=x_1^{m+1}\int_0^1\frac{(1-t)^m}{m!}\frac{\partial^{m+1}}{\partial x_1^{m+1}}\varphi(tx_1,x')dt$$

は x_1^{m+1} で割り切れる C^∞ 級の関数である．$\chi(x_1)$ を1変数 C_0^∞ 級関数で原点の近傍で1に等しいものとすれば，$(1-\chi(x_1/\varepsilon))\chi(x_1)\psi(x)$ は台が超平面 $x_1=0$ から離れており，かつ $\varepsilon\downarrow 0$ のとき $\mathcal{D}^m(\boldsymbol{R}^n)$ において $\chi(x_1)\psi(x)$ に収束することが確かめられる．実際，たとえば x_1 に関する1階偏導関数については

$$\left(1-\chi\left(\frac{x_1}{\varepsilon}\right)\right)\frac{\partial}{\partial x_1}(\chi(x_1)\psi(x))-\frac{1}{\varepsilon}\chi'\left(\frac{x_1}{\varepsilon}\right)\chi(x_1)\psi(x),$$

ここで $\varepsilon\downarrow 0$ とすれば第1項は明らかに $\partial(\chi(x_1)\psi(x))/\partial x_1$ に一様収束する．また第2項は

$$-\varepsilon\cdot\frac{x_1^2}{\varepsilon^2}\chi'\left(\frac{x_1}{\varepsilon}\right)\chi(x_1)\cdot\frac{\psi(x)}{x_1^2}$$

と変形できるから，関数 $t^2\chi'(t)$ が有界なことに注意すれば，0に一様収束することがわかる．故に

$$\langle T,\psi\rangle=\langle T,\chi(x_1)\psi\rangle=\lim_{\varepsilon\downarrow 0}\left\langle T,\left(1-\chi\left(\frac{x_1}{\varepsilon}\right)\right)\chi(x_1)\psi\right\rangle=0,$$

したがって

$$\begin{aligned}\langle T,\varphi\rangle&=\sum_{k=0}^m\langle T,\varphi_k(x')x_1^k\rangle\\&=\sum_{k=0}^m\left\langle\int_{-\infty}^\infty\frac{x_1^k}{k!}T(x)dx_1,\ k!\varphi_k(x')\right\rangle_{x'},\end{aligned}$$

故に $T_k(x')=\int(-1)^k(x_1^k/k!)T(x)dx_1$ とおけば，これは x' の超関数であって上の値は

$$\begin{aligned}&=\sum_{k=0}^m\langle T_k(x'),\langle\delta^{(k)}(x_1),\varphi(x)\rangle_{x_1}\rangle_{x'}\\&=\left\langle\sum_{k=0}^m\delta^{(k)}(x_1)T_k(x'),\varphi(x)\right\rangle\end{aligned}$$

に等しい．故に $T=\sum_{k=0}^{m}\delta^{(k)}(x_1)T_k(x')$．逆に T がこのように表現されているとき，両辺に $x_1{}^k/k!$ を掛けて x_1 につき定積分してみれば，係数 $T_k(x')$ が上で定めたものと一致することがわかる．▌

表現の係数が T により局所的に一意に定まるので，T は定義域全体においても $\sum_{k=0}^{\infty}\delta^{(k)}(x_1)T_k(x')$ と表わされる．この級数はコンパクトな集合の上では有限項で切れるが，一般には無限和となる．また上の証明での T_k の定め方から T の台が超平面 $x_1=0$ 内のコンパクト集合 K に含まれていれば，T_k の台も K に含まれることがわかる．特に

系 原点に台を持つ超関数はデルタ関数の導関数の有限和の形に表わされる．

証明 上の定理を繰返し使えば1変数の場合に帰着される．しかし実は1変数の場合も上の証明に含まれている．▌

構造定理から容易に導かれる補題を一つ準備しておく．

補題 1.5 $V\subset U$ を $\boldsymbol{R}^n$ の二つの開集合とする．V 上の超関数 T が U 全体まで延長可能ならば，$\mathrm{supp}\,\bar{T}\subset\bar{V}\cap U$ なる T の延長 $\bar{T}\in\mathcal{D}'(U)$ が存在する．

証明 簡単のため T の U 全体への一つの延長を同じ文字 T で表わそう．$\{\varphi_\lambda\}$ を正 n 方体の台を持つ C_0^∞ 級関数による U 上の1の分解とする．定理1.4の系により各 $\varphi_\lambda T$ は台が $\mathrm{supp}\,\varphi_\lambda$ に含まれるような有限個の連続関数 $f_{\lambda,\alpha}$ を用いて $\varphi_\lambda T=\sum_\alpha D^\alpha f_{\lambda,\alpha}$ と表わされる．そこで $\chi(x)$ を集合 V の定義関数とすれば，積 $\chi f_{\lambda,\alpha}$ は局所可積分関数として（したがって超関数として）確定し，しかも明らかに $\varphi_\lambda T|_V=\sum_\alpha D^\alpha(\chi f_{\lambda,\alpha})|_V$ である．故に $\bar{T}=\sum_\lambda\sum_\alpha D^\alpha(\chi f_{\lambda,\alpha})$ とおけばよい．▌

注意 開集合は Lebesgue の意味では常に体積が確定しその定義関数は局所可積分となる．しかし初等微積分の意味では必ずしもそうでない．本書で上の補題が使われるのは $\partial V\cap U$ が平面の一部をなす場合だけであるから何の心配もない．

問題

0 本文中で省略されている細かい計算や推論を確認せよ．（以下各章末の問題を解くまえに，このことを実施せよ．）

1 方程式 $D_1{}^m u=0$ の解は一般に $u=\sum_{k=0}^{m-1}x_1{}^k u_k(x_2,\cdots,x_n)$ の形であることを示せ．ここに $u_k(x_2,\cdots,x_n)$ は $n-1$ 変数 $x_2,\cdots,x_n$ の（超）関数である．また，方程式 $D_1{}^m u=f$ は必ず解けることを示し，そのすべての解を求めよ．

[ヒント]　$f=f_++f_-$, $\mathrm{supp}\, f_\pm\subset\{\pm x_1\geqq 0\}$ と分割したとき，超関数 f の一つの不定積分は $\int_{-\infty}^{\infty}\{f_+(y_1, x')\theta(x_1-y_1)-f_-(y_1, x')\theta(y_1-x_1)\}dy_1$ で与えられる．

2　1次元波動方程式 $(-D_1{}^2+D_2{}^2)u=0$ の解は一般に $u=f(x_1+x_2)+g(x_1-x_2)$ の形に表わされる (d'Alembert)．ここに f, g は任意の関数で，超関数でも構わない．

3　n 次元 Laplace 方程式 $\triangle u=-(D_1{}^2+\cdots+D_n{}^2)u=0$ の解で原点に関して球対称，すなわち動径 $r=|x|=(x_1{}^2+\cdots+x_n{}^2)^{1/2}$ だけの関数となるものは，方程式 $-\{D_r{}^2-i((n-1)/r)D_r\}u(r)=0$ を満たすことを示し，このような解をすべて求めよ．

4　n 次元波動方程式 $\square u=(-D_t{}^2+D_1{}^2+\cdots+D_n{}^2)u=0$ の解で，空間の原点を中心とする回転で不変なもの (すなわち時間 t と動径 $r=|x|$ だけの関数) は方程式 $\{-D_t{}^2+D_r{}^2-i((n-1)/r)D_r\}u(t, r)=0$ を満たすことを示せ．$n=3$ のときこの一般解は $u=(f(t+r)+g(t-r))/r$ である．(一般の n に対しては n が奇数のとき $u=(\partial/r\partial r)^{(n-3)/2}\{(f(t+r)+g(t-r))/r\}$，$n$ が偶数のとき $u=(\partial/r\partial r)^{(n-2)/2}\left\{\int_r^{\infty}(f(t+\tau)+g(t-\tau))/\sqrt{\tau^2-r^2}\,d\tau\right\}$.)

5　公式 (1.16), (1.17) を動径に関する部分積分を用いて証明せよ．

[ヒント]　$|x|\neq 0$ なら問題の 3 より (1.16) の右辺が 0 となることが直接確かめられる．

6　$f(\omega)$ は $\boldsymbol{R}^n$ の単位球面 $\boldsymbol{S}^{n-1}=\{r=1\}$ 上の連続関数で，$\int_{S^{n-1}}f(\omega)d\omega=0$ を満たすものとする．$d\omega$ は S^{n-1} 上の面積要素である．このとき超関数 $\mathrm{p.v.}\, f(x/r)/r^n$ を観測値

$$\langle \mathrm{p.v.}\, f(x/r)/r^n, \varphi(x)\rangle=\lim_{\epsilon\downarrow 0}\int_{r\geqq\epsilon}\frac{f(x/r)\varphi(x)}{r^n}dx$$

で定める．この超関数の階数を決め，連続関数の形式的微分で表わせ．(このような f の最も簡単な例は x_j/r $(j=1, \cdots, n)$ である.)

7　Dirichlet 式に定義された関数 $f(x)=0$ $(x\neq 0)$, $=1$ $(x=0)$ は超関数として忠実に解釈することができず，恒等的に 0 なる関数と同一視される．これとデルタ関数とを比較して解析学における関数概念の健全な発展の方向を確かめよ．

8　初等微積分の教科書に載っている $D_1D_2f\neq D_2D_1f$ なる関数 f の例 (たとえば $f(x_1, x_2)=x_1x_2(x_1{}^2-x_2{}^2)/(x_1{}^2+x_2{}^2)$ $((x_1, x_2)\neq(0, 0))$, $f(0, 0)=0$) を超関数論の立場から検討せよ．

9　変数の一部に関する定積分 $\int_{-\infty}^{\infty}\delta(x_1-x_2{}^2)dx_1$ および $\int_{-\infty}^{\infty}\delta(x_1-x_2{}^2)dx_2$ を求めよ．

10　$f(x_1, x_2)=(x_2{}^2-x_1{}^2)/(x_1{}^2+x_2{}^2)^2$ $(0<x_1<1,\ 0<x_2<1)$, $f(x_1, x_2)=0$ (その他) で定まる Dirichlet 式関数 f に対しまず Riemann 積分の意味で $\int_{-\infty}^{\infty}dx_2\int_{-\infty}^{\infty}f(x_1, x_2)dx_1$, $\int_{-\infty}^{\infty}dx_1\int_{-\infty}^{\infty}f(x_1, x_2)dx_2$, $\int_{R^2}f(x_1, x_2)dx_1dx_2$ を調べ，次にそれらを超関数論の立場から検討せよ．

11　任意の試験関数 φ に対し $\varphi_1(x_1)\cdots\varphi_n(x_n)$ の形の関数の有限和で表わされるような試験関数 $\varphi^k(x)$ の列が存在して $\varphi^k(x)\to\varphi$.

[ヒント]　積の形の $C_0{}^\infty$ 級関数 $\psi(x)$ を用いて補題 1.3 による φ の近似 $(1/\varepsilon^n)\psi(x/\varepsilon)*\varphi$ を作り，この積分を Riemann 式近似和でおき換える．

12 開集合 $x>0$ 上の超関数 $\sum_{k=1}^{\infty}\delta(x-1/k)$ は全空間まで延長できる．台が $x\geqq 0$ に含まれるような一つの具体的延長を求めよ．一般に $\{a_k\}$ を 0 に収束する正項数列とするとき $x>0$ 上の超関数 $\sum_{k=1}^{\infty}\delta(x-a_k)$ が全空間に延長できるための条件は何か．

［ヒント］ $\mathrm{f.\,p.}\,\theta(x)/x$ に習え．

13 $q>0$ とする．例 1.4 と同様の方針で 1 変数超関数 $\mathrm{f.\,p.}\,\theta(x)/x^q$ を定義するとき，$q\notin\boldsymbol{Z}$ ならば $(d/dx)[\mathrm{f.\,p.}\,\theta(x)/x^q]=(-q)\,\mathrm{f.\,p.}\,\theta(x)/x^{q+1}$ となる．$q\in\boldsymbol{Z}$ ならばこれにさらに $(-1)^q\delta^{(q)}(x)/q!$ が加わる．

第2章　Fourier 変換

§2.1　極　限

超関数の最も平易な解釈は，それを普通の関数の極限としてとらえるものであろう．これは超越数 π を定義するあらゆる技巧にもまして3.14… が一番普及しているのと似ている．極限の Schwartz による解釈は次のようなものである：$U\subset \boldsymbol{R}^n$ を開集合とするとき超関数の列 $T_k\in\mathcal{D}'(U)$ が $k\to\infty$ のとき超関数 $T\in\mathcal{D}'(U)$ に $\mathcal{D}'(U)$ において収束するとは，任意の試験関数 $\varphi\in\mathcal{D}(U)$ に対し，観測値 $\langle T_k,\varphi\rangle$ が $\langle T,\varphi\rangle$ に収束することと定める．実パラメータ $\varepsilon\to 0$ に関する収束 $T_\varepsilon\to T$ も観測値を用いて同様に定める．(1.18)～(1.20) が $\varepsilon\downarrow 0$ のときこの意味でデルタ関数に収束していることが補題1.3から直ちにわかる．補題1.3自身も次のように拡張される．

補題 2.1　$\psi(x)$ は C_0^∞ 級関数で $\displaystyle\int_{\boldsymbol{R}^n}\psi(x)dx=1$ を満たすとする．任意の超関数 $T\in\mathcal{D}'(\boldsymbol{R}^n)$ に対し $[(1/\varepsilon^n)\psi(x/\varepsilon)]*T$ は $\varepsilon\downarrow 0$ のとき T に収束する．特に，T は C^∞ 級関数の極限として表わされる．

証明　§1.4で示したように $[(1/\varepsilon^n)\psi(x/\varepsilon)]*T$ は C^∞ 級である．試験関数 $\varphi(x)$ をとろう．$\check{\psi}(x)=\psi(-x)$ とおけば，積分順序変更により

$$\left\langle\left[\frac{1}{\varepsilon^n}\psi\left(\frac{x}{\varepsilon}\right)\right]*T,\varphi\right\rangle=\int T(y)dy\int\frac{1}{\varepsilon^n}\psi\left(\frac{x-y}{\varepsilon}\right)\varphi(x)dx$$
$$=\left\langle T,\left[\frac{1}{\varepsilon^n}\check{\psi}\left(\frac{x}{\varepsilon}\right)\right]*\varphi\right\rangle,$$

ここで $\displaystyle\int\check{\psi}(x)dx=1$ だから補題1.3と (1.24) により試験関数として $[(1/\varepsilon^n)\check{\psi}(x/\varepsilon)]*\varphi\to\varphi$．したがって上の極限は $\langle T,\varphi\rangle$ に等しい．∎

超関数の収束の最も簡単な例として双極子がある．実数直線上の点 a にある正電荷 $\delta(x-a)$ と点 $-a$ にある負電荷 $-\delta(x+a)$ の和を双極子という．両者を接近させてゆくと極限において双極子の理想形が得られる．ただしモーメントを一定にするためには距離に反比例して電荷を増やしてゆかねばならぬ．すると

$$\frac{1}{2a}\{\delta(x-a)-\delta(x+a)\}\longrightarrow -\delta'(x),$$

さらに，一般に超関数の微分 $\partial T/\partial x_j$ は差分商の極限である：$h\to 0$ のとき

$$\frac{T(x+h\boldsymbol{e}_j)-T(x)}{h}\longrightarrow \frac{\partial}{\partial x_j}T(x),$$

実際，試験関数 φ に対し

$$\left\langle \frac{T(x+h\boldsymbol{e}_j)-T(x)}{h}, \varphi(x)\right\rangle = \left\langle T(x), \frac{\varphi(x-h\boldsymbol{e}_j)-\varphi(x)}{h}\right\rangle$$

であり試験関数として $(\varphi(x-h\boldsymbol{e}_j)-\varphi(x))/h\to -\partial\varphi/\partial x_j$ だから，上の極限は $\langle T, -\partial\varphi/\partial x_j\rangle = \langle \partial T/\partial x_j, \varphi\rangle$ に等しい．定積分の方は超関数に値が定まらないからそのまま Riemann 式積分の真似はできない．ただしパラメータがある場合は似たことができる．また広義積分の真似も重要で，これはすぐ後で述べる．

超関数の収束は局所性を持っている．すなわち $T_k\to T$ を $\mathcal{D}'(U)$ における超関数の収束列とすれば，任意の開部分集合 $V\subset U$ に対し $T_k|_V\to T|_V$ は明らかに $\mathcal{D}'(V)$ における収束列となる．また逆に $\{U_\lambda\}$ を U の開被覆とし，各 λ について $T_k|_{U_\lambda}$ が $T|_{U_\lambda}$ に $\mathcal{D}'(U_\lambda)$ において収束していれば，T_k は T に $\mathcal{D}'(U)$ において収束する．実際，1の分解を用いて $T_k=\sum_\lambda \chi_\lambda T_k$ と局所有限和に表わせば $\langle T_k, \varphi\rangle = \sum_\lambda \langle T_k|_{U_\lambda}, \chi_\lambda\varphi\rangle$ となり，右辺は有限項を除き0であって残った各項は仮定により対応する極限に収束している．

超関数が普通の関数の極限として $f_k\to T$ と与えられていれば，微分や積分などの演算は極限へゆくまえのわかり易い関数に対して計算すればよい．例えば，微分については

$$\begin{aligned}\langle D^\alpha f_k, \varphi\rangle &= \langle f_k, (-1)^{|\alpha|}D^\alpha\varphi\rangle \\ &\longrightarrow \langle T, (-1)^{|\alpha|}D^\alpha\varphi\rangle = \langle D^\alpha T, \varphi\rangle,\end{aligned}$$

同様に C^∞ 級関数 χ による積についても $\chi f_k\to\chi T$．また f_k の台が変数の一部 $x''=(x_{j+1}, \cdots, x_n)$ について一斉にコンパクト，すなわち，任意のコンパクト集合 $K'\subset \boldsymbol{R}^j$ に対し $\operatorname{supp} f_k\cap(K'\times\boldsymbol{R}^{n-j})$ が $\boldsymbol{R}^n$ の一定のコンパクト集合に含まれるとする．このとき $x'=(x_1, \cdots, x_j)$ の試験関数 $\varphi(x')$ に対し $\boldsymbol{R}^n$ 上の関数として $\operatorname{supp} f_k\cap\operatorname{supp}\varphi$ は一定のコンパクト集合に含まれるから，$\chi(x'')$ をその近傍で1に等しい x'' の C_0^∞ 級関数とすれば $\varphi(x')\chi(x'')\in\mathcal{D}(\boldsymbol{R}^n)$ となり

$$\left\langle \int f_k dx'', \varphi(x') \right\rangle_{x'} = \langle f_k, \varphi(x')\chi(x'') \rangle$$

$$\longrightarrow \langle T, \varphi(x')\chi(x'') \rangle = \left\langle \int T dx'', \varphi(x') \right\rangle_{x'},$$

故に補題2.1により C^∞ 級の関数の演算さえ知っていれば超関数の演算は皆わかることになる．

上の証明はまた f_k 自身が超関数列の場合も通用する．故に次の定理の前半が示された．

定理 2.1　超関数に対し微分作用素や積分の演算は連続に働く．さらにたたみ込みや積も一方を止めたとき他方について連続である：$T_k(x) \to T(x)$ ならば $T_k(x)S(y) \to T(x)S(y)$．また $S(x)$ の台がコンパクトならば $T_k * S \to T * S$.

証明の残り　$\langle T_k(x)S(y), \varphi(x, y) \rangle = \langle T_k(x), \langle S(y), \varphi(x, y) \rangle_y \rangle_x$ であり補題1.1により $\langle S(y), \varphi(x, y) \rangle_y$ は x の試験関数となるから収束の定義より明らかに極限は $\langle T(x), \langle S(y), \varphi(x, y) \rangle_y \rangle_x = \langle T(x)S(y), \varphi(x, y) \rangle$ に等しく，したがって $T_k(x)S(y) \to T(x)S(y)$．同様に (1.23) より $\langle T_k * S, \varphi \rangle = \langle T_k(y), \langle S(x), \varphi(x+y) \rangle_x \rangle_y \to \langle T(y), \langle S(x), \varphi(x+y) \rangle_x \rangle_y = \langle T * S, \varphi \rangle$. ▮

上に与えた超関数の収束のいささか便宜的な定義の意味は次の補題により明らかとなる．

補題 2.2　$T_k \to T$ を超関数の収束列とする．このとき列 T_k の階数は局所的に有界であり，一様収束する連続関数の列 $f_k \to f$ を用いて局所的に $T_k = D^\alpha f_k$, $T = D^\alpha f$ と表示できる．

証明　主張は局所的だから T_k の台は一定のコンパクト集合 K に含まれると仮定できる．U を K の有界な近傍とする．このとき m を十分大きくとれば適当な $\psi \in C^\infty(U)$ と正定数 c, C が存在して

$$(2.1)_\psi \qquad \max_{|\alpha| \leqq m} \sup_{x \in U} |D^\alpha(\varphi - \psi)| \leqq c$$

から

$$(2.2) \qquad |\langle T_k, \varphi \rangle| \leqq C, \qquad k = 1, 2, \cdots$$

が得られることを示そう．背理法による．この主張を否定すれば，まず $m = m_0 = 0$, $\psi = 0$, $c = c_0 = 1$ に対し $(2.1)_0$ を満たし，かつある k_0 について $|\langle T_{k_0}, \varphi_0 \rangle| \geqq 1$ となる $\varphi_0 \in C^\infty(U)$ が存在する．次に $m = m_1 = \max_{k \leqq k_0}(T_k$ の階数$+1)$，$\psi = \varphi_0$ に

対し$(2.1)_{\varphi_0}$を満たし，かつあるk_1について$|\langle T_{k_1}, \varphi_1\rangle|\geqq 2$なる$\varphi_1$が存在する．このことは$c$が何であってもいえる．また$T_k, k\leqq k_0$は$C^{m_1}(U)$上で連続だから，結局$c_1\leqq 1/2$を十分小さくとり定数倍を調節すれば$k\leqq k_0$に対して$|\langle T_k, \varphi_1-\varphi_0\rangle|\leqq 1/2$を同時に仮定することができる(定理1.3の証明参照)．この手続きを繰返せば各jについて$m=m_j\geqq j$, $\psi=\varphi_{j-1}$, $c_j\leqq 1/2^j$に対し$(2.1)_{\varphi_{j-1}}$を満たすが，ある$k_j>k_{j-1}$について$|\langle T_{k_j}, \varphi_j\rangle|\geqq 2^j$かつ$k\leqq k_{j-1}$に対し$|\langle T_k, \varphi_j-\varphi_{j-1}\rangle|\leqq 1/2^j$となる$\varphi_j\in C^\infty(U)\ (j=0,1,2,\cdots)$が帰納的に構成される．すると$\varphi=\varphi_0+\sum_{j=1}^\infty(\varphi_j-\varphi_{j-1})$は各階の導関数も込めて一様収束し$\varphi\in C^\infty(U)$となる．

$$\langle T_{k_j}, \varphi\rangle = \langle T_{k_j}, \varphi_j\rangle+\sum_{l=j}^\infty\langle T_{k_j}, \varphi_{l+1}-\varphi_l\rangle$$

だから

$$|\langle T_{k_j}, \varphi\rangle| \geqq 2^j-\sum_{l=j}^\infty\frac{1}{2^{l+1}},$$

これは数列$\langle T_k, \varphi\rangle$の有界性に矛盾する($\langle T_k, \varphi\rangle$の収束まで仮定する必要がないことに注意)．故に(2.2)を成り立たせるような(2.1)におけるm, ψ, cの存在がわかった．ここでさらに$\psi=0$とすることができる．実際$(2.1)_0$を満たすφに対し$2\varphi=(\psi+\varphi)-(\psi-\varphi)$と書き直せば各項は$(2.1)_\psi$を満たすから，

$$|\langle T_k, \varphi\rangle| \leqq \frac{1}{2}|\langle T_k, \psi+\varphi\rangle|+\frac{1}{2}|\langle T_k, \psi-\varphi\rangle| \leqq \frac{1}{2}(C+C) = C$$

となる．

今証明された主張から直ちに各T_kの階数がm以下であることがわかる．実際$\mathcal{D}^m(U)$において$\varphi_j\to 0$なら$\max_{|\alpha|\leqq m}\sup_{x\in U}|D^\alpha\varphi_j(x)|=\varepsilon_j\to 0\ (j\to\infty)$だから，定数倍を調節すれば各$k$について$|\langle T_k, \varphi_j\rangle|\leqq C\varepsilon_j/c\to 0\ (j\to\infty)$．故に§1.5に述べた方法で各$T_k$の観測値を$\mathcal{D}^m(U)$の試験関数$\varphi$まで，したがって$C^m(U)$の元$\varphi$まで拡げることができる．その際$\varphi$が$(2.1)_0$を満たせば適当な定数$C$に対してやはり(2.2)が成り立つ．なぜなら$K$の近傍で1に等しい$U$内の$C_0^\infty$級関数$\chi$および$\int\psi dx=1$を満たす非負値関数$\psi\in C_0^\infty(\boldsymbol{R}^n)$を用意し，$C^\infty(U)$の元による$\varphi$の近似列$\varphi_j$を$\varphi_j(x)=(1/\varepsilon_j{}^n)\psi(x/\varepsilon_j) * (\chi\varphi)\ (\varepsilon_j\downarrow 0)$で作れば$|\alpha|\leqq m$に対し

$$|D^\alpha\varphi_j(x)| = \left|\int D^\alpha(\chi\varphi)(y)\frac{1}{\varepsilon_j{}^n}\psi\left(\frac{x-y}{\varepsilon_j}\right)dy\right|$$

$$\leqq \sup_{y\in U}|D^\alpha(\chi\varphi)(y)|\int\frac{1}{\varepsilon_j{}^n}\psi\left(\frac{x-y}{\varepsilon_j}\right)dy\leqq c'\sup_{y\in U}|D^\alpha\varphi(y)|,$$

ここに $c'=\max_{|\alpha|\leqq m}\sup_{x\in U}|D^\alpha\chi(x)|$ である．故に $|\langle T_k,\varphi_j\rangle|\leqq c'C$ が成り立ち，$j\to\infty$ の極限においても $|\langle T_k,\varphi\rangle|=|\langle T_k,\chi\varphi\rangle|\leqq c'C$ となる．このことから任意の $\varphi\in C^m(U)$ に対し k について一斉に $|\langle T_k,\varphi\rangle-\langle T_k,\psi\rangle|\leqq\varepsilon$ と近似する $\psi\in C^\infty(U)$ の存在もわかる．

さて，以上の議論を T_k-T に適用しよう．簡単のため初めから $T=0$ としておく．このとき $(2.1)_0$ の m を1だけ増やせば (2.2) の C を0に収束する数列 C_k でおき換えることができることを示そう．実際，もしそうでなければある正定数 C' について

$$\max_{|\alpha|\leqq m+1}\sup_{x\in U}|D^\alpha\varphi_k(x)|\leqq c,$$

$$|\langle T_k,\varphi_k\rangle|\geqq C'$$

なる列 $\varphi_k\in C^{m+1}(U)$ が存在することになる．Ascoli-Arzelà の定理(後の注意参照)により φ_k の中から m 階以下の偏導関数がすべて U 上一様収束する部分列 $\varphi_{k'}\to\varphi$ をとり出すことができる．

$$|\langle T_{k'},\varphi\rangle|\geqq|\langle T_{k'},\varphi_{k'}\rangle|-|\langle T_{k'},\varphi_{k'}-\varphi\rangle|$$

であり，k' が十分大きければ $\varphi_{k'}-\varphi$ は $(2.1)_0$ の右辺を $C'c/2C$ でおきかえたものを満たし，したがってこの式の右辺 $\geqq C'/2$ となる．一方上に注意したように $|\langle T_k,\varphi\rangle-\langle T_k,\psi\rangle|\leqq C'/4\ (k=1,2,\cdots)$ なる $\psi\in C^\infty(U)$ が存在し，したがって $|\langle T_{k'},\psi\rangle|\geqq C'/4$ となる．これは $\langle T_k,\psi\rangle$ が0に収束することと矛盾する．

再び χ を K の近傍で1に等しい U 内の C_0^∞ 級関数とする．以上の準備の下に定理1.4の証明を真似て

$$f_k(x)=\langle T_k(y),\chi(y)\theta^{m+1}(x-y)\rangle_y \tag{2.3}$$

とおこう．$f_k(x)$ は連続関数で $(iD_1\cdots iD_n)^{m+2}f_k=T_k$ であり，

$$\max_{|\alpha|\leqq m}\sup_{x\in U,y\in R^n}|D_y{}^\alpha(\chi(y)\theta^{m+1}(x-y))|\leqq M$$

とすれば

$$|f_k(x)|\leqq MC_k/c\longrightarrow 0.$$ ∎

この補題の逆は明らかであろう．つまり超関数は収束概念に関しても連続関数のそれを形式的に微分したものになっている．

注意　U を有界な開集合とする．U 上の連続関数の列 φ_k は任意の $\varepsilon>0$ に対し k に依らぬ $\delta>0$ が存在して $x, y\in U$, $|x-y|\leqq\delta$ から $|\varphi_k(x)-\varphi_k(y)|\leqq\varepsilon$ が従うとき同程度連続であるという．また k に依らぬ定数 $M>0$ があって $x\in U$ に対し $|\varphi_k(x)|\leqq M$ ならば一様有界であるという．この二つの条件を満たす関数列 φ_k には U 上一様収束する部分列が必ず存在する (Ascoli-Arzelà)．特に各 φ_k が C^1 級で1階の偏導関数がすべて一様有界ならば平均値の定理により φ_k は同程度連続となる．この定理および一様収束と微分の交換可能性に関する Weierstrass の定理を繰返し用いれば上の補題の証明で引用した主張が得られる．

系　$\varphi(x,\lambda)$ は C^∞ 級パラメータ $\lambda\in\Lambda$ を含む試験関数，$T_k\to T$ は超関数の収束列とする．このとき λ の関数 $\langle T_k(x),\varphi(x,\lambda)\rangle_x$ は $\langle T(x),\varphi(x,\lambda)\rangle_x$ に $C^\infty(\Lambda)$ において収束する (すなわち各偏導関数が対応する偏導関数に Λ 上広義一様収束する)．

証明　λ をコンパクト集合 L の中で動かすとき $\varphi(x,\lambda)$ の x に関する台はあるコンパクト集合 K に含まれる．故に K の近傍で上の補題を適用して $T_k=D^\alpha f_k$ を満たす連続関数の一様収束列 $f_k\to f$ をとることができる．すると

$$\langle T_k(x),\varphi(x,\lambda)\rangle_x=\langle f_k(x),(-1)^{|\alpha|}D_x{}^\alpha\varphi(x,\lambda)\rangle_x$$

となり，右辺はコンパクト集合 K 上の連続関数の普通の Riemann 積分である．被積分関数は $x\in K$, $\lambda\in L$ につき一様収束しているから上は L 上一様に $\langle f(x),(-1)^{|\alpha|}D_x{}^\alpha\varphi(x,\lambda)\rangle_x=\langle T(x),\varphi(x,\lambda)\rangle_x$ に収束する．補題 1.1 により λ に関する導関数についても同様である．∎

さて，観測値 $\langle T_k,\varphi\rangle$ が任意の試験関数に対し収束していればその極限を観測値に持つ超関数が存在するであろうか？　この重要な問題は通常，収束の**完備性**という言葉で表現される．

定理 2.2　超関数の収束は完備性を持つ．

証明　$T_k\ (k=1,2,\cdots)$ を超関数の列とし，任意の試験関数 φ に対し観測値の極限 $\langle T_k,\varphi\rangle\to a_\varphi$ が存在するとする．このとき任意の $C_0{}^\infty$ 級関数 χ に対し列 χT_k も同じ性質を持つ．χT_k に極限があることがいえれば超関数の収束の局所性を用いてもとの T_k にも極限があることがわかる．故に T_k の台は一定のコンパクト集合 K に含まれていると仮定して構わない．観測値 a_φ に対し D1, D2 を確かめよう．D1 は明らかである．補題 2.2 の証明より m を十分大きくとれば正定数 c, C が存在して $(2.1)_0$ から (2.2) が従うことがわかる．$\varphi_j\to\varphi$ を試験関数の

収束列とすれば与えられた $\varepsilon>0$ に対し $j(\varepsilon)$ を十分大きくとるとき $j\geqq j(\varepsilon)$ ならば $\varphi_j-\varphi$ は $(2.1)_0$ の右辺を ε でおき換えた式を満たす．故に $|\langle T_k, \varphi_j-\varphi\rangle|\leqq C\varepsilon/c\ (k=1, 2, \cdots,\ j\geqq j(\varepsilon))$．一方仮定により $k\geqq k(j, \varepsilon)$ ならば $|\langle T_k, \varphi_j\rangle-a_{\varphi_j}|\leqq\varepsilon$, $|\langle T_k, \varphi\rangle-a_\varphi|\leqq\varepsilon$. 故に $j\geqq j(\varepsilon)$ をまずとり，これに応じて $k\geqq k(j, \varepsilon)$ を媒介として

$$|a_{\varphi_j}-a_\varphi| \leqq |\langle T_k, \varphi_j\rangle-a_{\varphi_j}|+|\langle T_k, \varphi_j-\varphi\rangle|+|\langle T_k, \varphi\rangle-a_\varphi| \leqq (2+C/c)\varepsilon.$$

故に観測値 $\varphi\mapsto a_\varphi$ は連続となり極限の超関数が定まる．▌

さて本講では超関数論の準備を初等微積分に対する補足という立場を強調しながら進めて来たが，定理1.4や補題2.1，2.2により超関数に対する異和感はもはやなくなったことと思う．故に今後超関数を暗箱の如く扱うのはやめ，それを表わすのにも普通の関数と同じ小文字を常用することにしよう．

本節の最後に極限の応用として超関数の広義積分について述べよう．§1.4では積分変数に関してコンパクトな台を持つ超関数の定積分が必ず存在することを示した．これに対し台が有界でない超関数の定積分は必ずしも存在しない．そこで広義積分に習って C_0^∞ 級切断関数の列 χ_k で次の二つの条件を満たすものを考える．

IP1　ある正数の列 $R_k\uparrow\infty$ および定数 $c>1$ があって $|x|\leqq R_k$ において $\chi_k(x)\equiv1$, $|x|\geqq cR_k$ において $\chi_k(x)\equiv0$.

IP2　χ_k の各偏導関数は一様有界である．すなわち，α のみに依存する正数 C_α があって $|D^\alpha\chi_k(x)|\leqq C_\alpha\ (k=1, 2, \cdots)$.

このような任意の列に対しこの列の選び方によらない一定の極限

$$\lim_{k\to\infty}\int_{R^n}\chi_k(x)f(x)dx \tag{2.4}$$

が存在するとき，超関数 f の**広義積分** $\int_{R^n}f(x)dx$ が存在するということにしよう．このような定積分の値自身は超関数の値と同様あまり有用性はない．しかし被積分関数がパラメータを含んでいるときそのパラメータに関する収束を論ずるのは応用上重要である．$f(x, \lambda)$ を x, λ の超関数とする．λ の試験関数 $\varphi(\lambda)$ に対し

$$\lim_{k\to\infty}\left\langle\int_{R^n}\chi_k(x)f(x, \lambda)dx, \varphi(\lambda)\right\rangle_\lambda \tag{2.5}$$

が χ_k のとり方によらぬ一定の極限値を持つとき広義積分 $\int_{R^n} f(x, \lambda)dx$ は λ の超関数として収束するという．定理2.2によりこのとき極限超関数が確かに存在することに注意しよう．積分の順序交換により (2.5) は

$$\lim_{k\to\infty}\int \chi_k(x)\langle f(x, \lambda), \varphi(\lambda)\rangle_\lambda dx$$

と書き直されるから，これは $\langle f(x, \lambda), \varphi(\lambda)\rangle_\lambda$ が上の意味で広義積分できることと同じである．広義積分もまたパラメータに関する微分と順序を交換できる．これは§1.4の定積分の場合の交換可能性と微分演算の連続性とから直ちにわかる．このとらえ方で多くのあいまいな積分公式を正当化することができる．パラメータは解析学における重要な道具であり，その意義は代数学における文字の導入にも比べられる．

さて，f が普通の関数で $f(x)e^{-\varepsilon|x|}$ が絶対積分可能のときには **Abel 極限**

$$\lim_{\varepsilon\downarrow 0}\int_{R^n} f(x)e^{-\varepsilon|x|}dx \tag{2.6}$$

を考えることができ，これは広義積分よりさらに便利である．$f(x)$ 自身が絶対積分可能なら (2.4) も (2.6) もともに f の積分値を与える．実際 $\chi_k f$ あるいは $fe^{-\varepsilon|x|}$ は任意のコンパクト集合上 f に一様収束するからそこでの積分は極限と交換可能であり，残りの部分は f の絶対積分可能性によりいくらでも小さくできる．これは当り前なことのようだが，これを (2.5) に応用すれば随分役に立つ．すなわち，$f(x, \lambda)$ は $f(x, \lambda)e^{-\varepsilon|x|}$ が λ について一様に x につき絶対積分可能となるような普通の関数であって，任意の試験関数 $\varphi(\lambda)$ に対し $\langle f(x, \lambda), \varphi(\lambda)\rangle_\lambda$ は必ず x の絶対積分可能関数となるならば，Abel 式積分

$$\lim_{\varepsilon\downarrow 0}\int f(x, \lambda)e^{-\varepsilon|x|}dx$$

は (2.5) から定まる λ の超関数．すなわち広義積分 $\int f(x, \lambda)dx$ に (λ の超関数として) 収束する (なお章末の問題の4参照)．ここでさらに $\int f(x, \lambda)dx$ が通常の広義積分として λ につき広義一様に絶対収束すれば，それはもちろん超関数の広義積分と一致する．実際，積分順序の交換ができて $\int \varphi(\lambda)d\lambda\int f(x, \lambda)dx = \int\langle f(x, \lambda), \varphi(\lambda)\rangle_\lambda dx$ だからである．同様に

$$\lim_{\varepsilon\downarrow 0}\int f(x, \lambda)e^{-\varepsilon x^2}dx \tag{2.7}$$

を使うこともできる．ここに $x^2=x_1{}^2+\cdots+x_n{}^2$ の略記である．具体的計算には向かないが e^{-x^2} が整関数，すなわち全空間 $\boldsymbol{C}^n$ で正則な関数に拡張できるので，積分路を複素領域に変形するときなど理論的に便利である．

§2.2 Fourier 変換

まず普通の関数に対する Fourier 変換について復習しておこう．$f(x)$ を $\boldsymbol{R}^n$ 上の絶対積分可能な連続関数とすれば **Fourier 変換**

$$\hat{f}(\xi)=\mathcal{F}[f](\xi)=\int e^{-ix\xi}f(x)\,dx \tag{2.8}$$

は絶対収束し連続関数となる．ここに $x\xi$ は $x_1\xi_1+\cdots+x_n\xi_n$ の略記である．ここでさらに $\hat{f}(\xi)$ も絶対積分可能としよう．例えば $f(x)$ が C^{n+1} 級で $n+1$ 階以下の導関数がいずれも絶対積分可能なら，部分積分により $|\alpha|\leqq n+1$ に対し

$$\xi^\alpha\hat{f}(\xi)=\int(-1)^{|\alpha|}D^\alpha e^{-ix\xi}\cdot f(x)\,dx=\int e^{-ix\xi}D^\alpha f(x)\,dx \tag{2.9}$$

が得られる．ここに $\xi^\alpha=\xi_1{}^{\alpha_1}\cdots\xi_n{}^{\alpha_n}$ の略記である．右辺は仮定により有界だから $|\hat{f}(\xi)|\leqq C(1+|\xi|)^{-n-1}$ が得られ $\hat{f}$ も絶対積分可能となる．$\hat{f}$ から f を復元するには**逆 Fourier 変換**

$$\mathcal{F}^{-1}[F](x)=\frac{1}{(2\pi)^n}\int e^{ix\xi}F(\xi)\,d\xi \tag{2.10}$$

を用いる．これに $F(\xi)=\mathcal{F}[f](\xi)$ を代入して積分の順序変更をするのだが，広義積分が現われるのでその処理をしなければならない．そこで Abel 式に

$$\mathcal{F}^{-1}[F](x)=\lim_{\varepsilon\downarrow 0}\frac{1}{(2\pi)^n}\int_{\boldsymbol{R}^n}e^{ix\xi-\varepsilon\xi^2}F(\xi)\,d\xi$$

と書き直す．これに (2.8) の $F(\xi)=\hat{f}(\xi)$ の式を代入し，ξ に関する積分を先に行なえば

$$=\lim_{\varepsilon\downarrow 0}\int_{\boldsymbol{R}^n}\left\{\frac{1}{(2\pi)^n}\int_{\boldsymbol{R}^n}e^{i(x-y)\xi-\varepsilon\xi^2}d\xi\right\}f(y)\,dy$$

となる．この変形は ξ に関する積分が任意のコンパクト集合上 y につき一様に収束することから正当化できる．定積分 $\int_{-\infty}^{\infty}e^{-t^2}dt=\sqrt{\pi}$ と Cauchy の積分定理による積分路変更を用いて

$$\mathscr{F}^{-1}[e^{-\varepsilon\xi^2}] = \frac{1}{(2\pi)^n} e^{-x^2/4\varepsilon} \int_{\boldsymbol{R}^n} e^{-\varepsilon(\xi - ix/2\varepsilon)^2} d\xi = \frac{e^{-x^2/4\varepsilon}}{(4\pi\varepsilon)^{n/2}} \tag{2.11}$$

が確かめられる(なお章末の問題の5参照). これは(1.18)により $\varepsilon\downarrow 0$ のときデルタ関数に近づくから, 補題1.3により

$$\mathscr{F}^{-1}[F](x) = \lim_{\varepsilon\downarrow 0} \int_{\boldsymbol{R}^n} \mathscr{F}^{-1}[e^{-\varepsilon\xi^2}](x-y) f(y) dy = f(x).$$

以上で**反転公式** $\mathscr{F}^{-1}\mathscr{F}=\mathrm{id}$ (恒等写像)が示された. $\mathscr{F}$ と $\mathscr{F}^{-1}$ は符号と定数因子の違いだけなのでほとんどすべての性質は共通である. 特に $\mathscr{F}\mathscr{F}^{-1}=\mathrm{id}$ が直ちにわかる.

次に試験関数の Fourier 変換がどのような関数になるか調べよう. 関数の増大度を正確に記述するため次の概念を導入する: $\boldsymbol{R}^n$ のコンパクト凸集合 K に対し

$$H_K(\eta) = \sup_{x\in K} x\eta$$

で定まる関数を K の**台関数**と名づける. 例えば $K=\{|x|\leqq R\}$ ならば $H_K(\eta)=R|\eta|$ である. 一般に $t>0$ に対し $H_K(t\eta)=tH_K(\eta)$ という同次性を持つことが定義からわかる. また K の平行移動により $H_{K+\{a\}}(\eta)=H_K(\eta)+a\eta$ と変化する.

補題 2.3 コンパクト凸集合 K に台が含まれる試験関数 $\varphi(x)$ の Fourier 変換 $\tilde{\varphi}(\zeta)$ は ζ の整関数となり次の増大度をもつ: 任意の $N>0$ に対し適当な定数 $C_N>0$ をとれば

$$|\tilde{\varphi}(\zeta)| \leqq C_N(1+|\zeta|)^{-N} \exp(H_K(\mathrm{Im}\,\zeta)). \tag{2.12}$$

証明 $\boldsymbol{C}^n$ 上の多変数 ζ の連続関数が正則とは各変数 ζ_j につき1変数の意味で正則になっていることをいうのであった. さて, $\zeta\in\boldsymbol{C}^n$ に対し Riemann 積分

$$\tilde{\varphi}(\zeta) = \int_{\boldsymbol{R}^n} e^{-ix\zeta}\varphi(x)dx$$

は $\zeta\in\boldsymbol{C}^n$ につき明らかに広義一様収束しているから, $\tilde{\varphi}(\zeta)$ は連続である. しかもこの積分の Riemann 式近似和は ζ の正則関数だから, その一様収束極限 $\tilde{\varphi}(\zeta)$ も正則となる. 複素差分商 $\{e^{-ix(\zeta+he_j)}\varphi(x)-e^{-ix\zeta}\varphi(x)\}/h$ は $h\to 0$ のとき x につき一様に $-ix_je^{-ix\zeta}\varphi(x)$ に収束するから, 積分との順序交換が許され積分記号下で微分することができて

$$\frac{\partial}{\partial\zeta_j}\tilde{\varphi}(\zeta) = \int e^{-ix\zeta}(-ix_j)\varphi(x)dx.$$

これを繰返せば一般に

(2.13) $$D_\zeta{}^\alpha \mathcal{F}[\varphi](\zeta) = \mathcal{F}[(-x)^\alpha \varphi](\zeta)$$

を得る．また (2.9) により

(2.14) $$\zeta^\alpha \mathcal{F}[\varphi](\zeta) = \mathcal{F}[D^\alpha \varphi](\zeta)$$

も成り立つ．これより

$$|\zeta^\alpha||\tilde{\varphi}(\zeta)| \leqq \sup_{x \in K} |e^{-ix\zeta}| \int |D^\alpha \varphi(x)| dx \leqq C_\alpha \exp(H_K(\mathrm{Im}\,\zeta)).$$

α は任意だからこれから (2.12) が得られる．∎

さて，いよいよ台が有界と限らぬ超関数 f の Fourier 変換を計算しよう．広義積分

(2.15) $$\tilde{f}(\xi) = \lim_{k\to\infty} \int e^{-ix\xi} f(x) \chi_k(x) dx$$

が ξ の超関数として収束する条件を調べる．$\varphi(\xi)$ を変数 ξ の試験関数とする．前節の終わりに述べたように $\langle e^{-ix\xi} f(x), \varphi(\xi)\rangle = f(x)\tilde{\varphi}(x)$ の広義積分の値が常に存在すれば，それを観測値とする超関数が求める $\tilde{f}(\xi)$ である．例えば f 自身が絶対積分可能なら積分 (2.8) は ξ につき広義一様に収束するから前節で注意したように (2.15) は普通の Fourier 変換と一致する．さて $\tilde{\varphi}(x)$ は (2.12) により実軸上任意の $N>0$ に対し

(2.16) $$|\tilde{\varphi}(x)| \leqq C_N(1+|x|)^{-N}$$

を満たしている（**急減少**という）から，$f(x)\tilde{\varphi}(x)$ の積分が絶対収束するためにはある正数 M があって

(2.17) $$|f(x)| \leqq C(1+|x|)^M$$

が満たされていれば十分である．このような関数を**緩増加**であるという．このとき $\hat{f}$ が実際どういう超関数になるかを見るため，m を十分大きくとって $f(x) = (1+x^2)^m g(x)$ と絶対積分可能な g を用いて表わせば，(2.14) より

$$\int f(x)\tilde{\varphi}(x) dx = \int (1+x^2)^m g(x) \tilde{\varphi}(x) dx = \int g(x) \mathcal{F}[(1-\triangle)^m \varphi](x) dx$$

$$= \int \tilde{g}(\xi)(1-\triangle)^m \varphi(\xi) d\xi = \langle (1-\triangle)^m \tilde{g}(\xi), \varphi(\xi)\rangle,$$

故に $\tilde{f}(\xi) = (1-\triangle)^m \tilde{g}(\xi)$．つまり積分が絶対収束するように $(1+x^2)^m$ で割っておいて普通の意味で Fourier 変換し，(2.13) 式を想定して結果をその分だけ微

分したのが求める答である．

f が緩増加な連続関数という仮定は強すぎる．実際 $f(x)\tilde{\varphi}(x)$ が絶対積分可能の場合でさえ $f(x^{(k)})$ が任意に与えられた増大の仕方をするような点列 $x^{(k)}\to\infty$ の存在する例をいくらでも作ることができる．しかしそういう例でも f の不定積分を何回かとれば緩増加な連続関数が得られる．そこで一般に緩増加な連続関数 $g_\alpha(x)$ の形式的微分の有限和 $\sum_{|\alpha|\leqq m} D^\alpha g_\alpha(x)$ を**緩増加超関数**と名づけよう．緩増加な連続関数の不定積分は

$$\left|\int_0^{x_1} f(x)\,dx_1\right| \leqq |x_1| \sup_{0\leqq t\leqq x_1} |f(t, x_2, \cdots, x_n)| \tag{2.18}$$

等により再び緩増加な連続関数となるので，上の表現はいつでもただ一つの項にまとめることができる．さて緩増加超関数 $f=D^\alpha g$ に対しては広義積分 $\int f(x)\tilde{\varphi}(x)dx$ は

$$= \lim_{k\to\infty} \langle D^\alpha g(x), \tilde{\varphi}(x)\chi_k(x)\rangle = \lim_{k\to\infty} \langle g(x), (-1)^{|\alpha|} D^\alpha[\tilde{\varphi}(x)\chi_k(x)]\rangle$$

$$= \lim_{k\to\infty} (-1)^{|\alpha|} \sum_{\beta\leqq\alpha} \frac{\alpha!}{\beta!\,(\beta-\alpha)!} \langle g(x), D^\beta\chi_k(x)\cdot D^{\alpha-\beta}\tilde{\varphi}(x)\rangle$$

となる．ここで $\beta=0$ なる項については極限値は

$$\int g(x)\cdot(-1)^{|\alpha|} D^\alpha\tilde{\varphi}(x)\,dx = \int g(x)\mathscr{F}[\xi^\alpha\varphi](x)\,dx$$

$$= \langle \tilde{g}(\xi), \xi^\alpha\varphi(\xi)\rangle = \langle \xi^\alpha\tilde{g}(\xi), \varphi(\xi)\rangle$$

に等しい．残りの項については

$$|\langle g(x), D^\beta\chi_k(x)\cdot D^{\alpha-\beta}\tilde{\varphi}(x)\rangle|$$

$$\leqq \sup_{|x|\leqq cR_k} |g(x)|\cdot \sup |D^\beta\chi_k(x)|\cdot \int_{R_k\leqq|x|\leqq cR_k} |\mathscr{F}[(-\xi)^{\alpha-\beta}\varphi](x)|\,dx$$

$$\leqq C(1+cR_k)^M\cdot C_\beta\cdot C_N(1+R_k)^{-N}\cdot K_n(cR_k)^n$$

だから，$N>M+n$ ととれば $k\to\infty$ のとき 0 に近づく．故に $f=D^\alpha g$ の Fourier 変換は超関数の広義積分の意味で存在して $\xi^\alpha\tilde{g}$ に等しいことがわかった．

ところで不定積分を少し余分にしておけば (2.18) により $f=D^\alpha g$ なる表現において g は C^{n+1} 級でその $n+1$ 階以下の各偏導関数も緩増加な連続関数であると仮定できるから，m を十分大きくとれば $g(x)=(1+x^2)^m h(x)$ と表わして h も $\tilde{h}$ も絶対積分可能にすることができる．故に緩増加超関数はこのような h を用い

て $D^\alpha(x^\beta h(x))$ の形に表わされる超関数の有限和であると思える．上の計算によりこの Fourier 変換は $\xi^\alpha(-D_\xi)^\beta \tilde{h}(\xi)$ となるが，Leibniz の公式 (1.8) を用いて微分と多項式の積の順序を入れ換えれば再び同じ形の式の有限和になる．したがって h に対してすでに示されている反転公式と形式的計算とを用いて逆 Fourier 変換でもとに戻ることが容易にわかる．以上をまとめると

定理 2.3 緩増加超関数 f に対し，その導関数，多項式による積，Fourier 変換，および逆 Fourier 変換はいずれも再び緩増加超関数となり，反転公式 $\mathcal{F}^{-1}\mathcal{F}f=\mathcal{F}\mathcal{F}^{-1}f=f$，$\varphi(\xi)\in\mathcal{D}(\boldsymbol{R}^n)$ に対し Parseval の等式

$$
(2.19)\qquad \begin{cases} \displaystyle\int \mathcal{F}[f](\xi)\varphi(\xi)\,d\xi = \int f(x)\mathcal{F}[\varphi](x)\,dx, \\ \displaystyle\int \mathcal{F}^{-1}[f](\xi)\varphi(\xi)\,d\xi = \int f(x)\mathcal{F}^{-1}[\varphi](x)\,dx, \end{cases}
$$

および関係式

$$
(2.20)\qquad \mathcal{F}[D^\alpha(x^\beta f(x))](\xi) = \xi^\alpha(-D_\xi)^\beta\mathcal{F}[f](\xi)
$$

が成り立つ．(2.19) の右辺は広義積分である．——

緩増加超関数がたまたま普通の関数であっても，それが関数として緩増加，すなわち (2.17) を満たすとは限らぬことは十分注意しておく必要がある．例えば $ie^x\exp(ie^x)$ は $x\to+\infty$ のとき指数的に増大するが，有界な関数 $\exp(ie^x)$ の導関数だから超関数としては緩増加である．この例から広義積分 (2.15) が一般にはそのままでは絶対収束していないことも了解されるであろう．

f が緩増加な普通の関数のときはその Fourier 変換は広義積分の定義で計算するよりも Abel 極限 (2.7) で計算する方が便利なことが多い．例えば Heaviside 関数の Fourier 変換は

$$
\mathcal{F}[\theta](\xi) = \lim_{\varepsilon\downarrow 0}\int_0^\infty e^{-ix\xi-\varepsilon x}dx = \lim_{\varepsilon\downarrow 0}\frac{i}{-\xi+i\varepsilon}
$$

となる．右辺の極限超関数を普通 $i/(-\xi+i0)$ と略記する．(2.20) より

$$
(2.21)\qquad \mathcal{F}[(x^+)^k e^{-\varepsilon x}](\xi) = (-D)^k\frac{i}{-\xi+i\varepsilon} = \frac{i^{k+1}k!}{(-\xi+i\varepsilon)^{k+1}}.
$$

右辺の $\varepsilon\downarrow 0$ のときの極限も $i^{k+1}k!/(-\xi+i0)^{k+1}$ と略記する．微分の連続性によりこれは $(-D)^k[i/(-\xi+i0)]$ にも等しい．

$x'=(x_2,\cdots,x_n)$ とおく．$f(x)$ が $g(x_1)h(x')$ という積の形をしていれば $\tilde{f}(\xi)$

$=\tilde{g}(\xi_1)\tilde{h}(\xi')$ となる．ここに $\xi'=(\xi_2, \cdots, \xi_n)$ であり $\tilde{g}, \tilde{h}$ はそれぞれ1変数および $n-1$ 変数の超関数としての Fourier 変換を表わす．これは各々の積分が絶対収束する場合は指数法則 $e^{-ix\xi}=e^{-ix_1\xi_1}\cdot e^{-ix'\xi'}$ より明らかである．それを各変数ごとに微分したり多項式を掛けたりすれば一般の場合の公式が得られる．例えば $\mathcal{F}[\delta]=1$ と上の計算とから

$$\mathcal{F}[(x_1{}^+)^k\delta(x')](\xi)=\frac{i^{k+1}k!}{(-\xi_1+i0)^{k+1}}.$$

一般に単位ベクトル ω に対し $\delta_\omega(x)$ を半直線 $\{t\omega \mid 0\leqq t<\infty\}$ 上の線積分に対応する超関数とする．すなわち

$$\langle\delta_\omega(x), \varphi(x)\rangle=\int_0^\infty \varphi(t\omega)\,dt,$$

このとき

$$\mathcal{F}[(x\omega)^k\delta_\omega(x)](\xi)=\frac{i^{k+1}k!}{(-\xi\omega+i0)^{k+1}}. \tag{2.22}$$

§2.3 Paley-Wiener 型の定理

Fourier 変換は関数の増大度と滑らかさとを交換する．それは公式(2.20)に端的に現われている．補題2.3もその一つの表現である．ここでこの関係を詳しく調べてみよう．

定理 2.4 (Paley-Wiener) コンパクト凸集合 K に台が含まれる超関数 $f(x)$ の Fourier 変換 $\tilde{f}(\zeta)$ は次の増大度を持つ整関数として特徴づけられる：ある正数 $M>0$ が存在して

$$|\tilde{f}(\zeta)|\leqq C(1+|\zeta|)^M \exp(H_K(\operatorname{Im}\zeta)). \tag{2.23}$$

逆 Fourier 変換については $H_K(\operatorname{Im}\zeta)$ を $-H_K(\operatorname{Im}\zeta)$ でおき換えた主張が成り立つ．

証明 コンパクトな台を持つ超関数に対しては Fourier 変換は定積分 $\int e^{-ix\zeta}\cdot f(x)dx$ で直接計算できるのだが，定理1.4の系によりそれは確かに緩増加超関数でもある．さて，まず K が内点を持つとき同じ系により $f=\sum_{|\alpha|\leqq m} D^\alpha f_\alpha$ と台が K に含まれる連続関数 f_α を用いて表わせば，$\tilde{f}=\sum_{|\alpha|\leqq m}\xi^\alpha\tilde{f}_\alpha$ である．補題2.3の証明と同様各 $\hat{f}_\alpha$ は ζ の整関数となり，しかも

$$|\tilde{f}(\zeta)| \leqq \sum_{|\alpha|\leqq m} |\zeta^\alpha|\cdot|\tilde{f}_\alpha| \leqq \sum_{|\alpha|\leqq m} |\zeta^\alpha|\cdot C_\alpha\cdot\exp(H_K(\mathrm{Im}\,\zeta)),$$

したがって (2.23) が得られる．次に K が内点を持たぬ凸集合なら，それはある超平面に含まれる．それを $x_1=0$ としても一般性を失わない．定理 1.5 を適用して $f(x)=\sum_{k=0}^{m}\delta^{(k)}(x_1)f_k(x')$，$\mathrm{supp}\,f_k\subset K$ と表わせば $\hat{f}(\zeta)=\sum_{k=0}^{m}\zeta_1{}^k\tilde{f}_k(\zeta')$ となる．K が $x_1=0$ に含まれるから定義より明らかに $H_K(\mathrm{Im}\,\zeta)$ は $\mathrm{Im}\,\zeta'$ のみの関数となり，帰納法により求める評価式が得られる．

逆にこの評価を満たす整関数 $F(\zeta)$ は K に台が含まれる超関数の Fourier 像になっていることを示そう．実軸上 $F(\zeta)$ は緩増加な連続関数だから $\tilde{f}=F$ なる緩増加超関数 f は存在する．この f の台が K に含まれることをいえばよい．$x^{(0)}\notin K$ とすれば台関数の定義により $x^{(0)}\eta>0$ かつ $x^{(0)}\eta-H_K(\eta)=\varepsilon>0$ となる単位ベクトル η が存在する．そこで $x^{(0)}$ の近くに $a^{(j)}\eta>0$ となる 1 次独立なベクトル $a^{(j)}\in \boldsymbol{R}^n\ (j=1,\cdots,n)$ を選び，$R(\zeta)=\prod_{j=1}^{n}(a^{(j)}\zeta+i)$ とおけば，$\zeta=\xi+it\eta$ $(t\geqq 0)$ において

$$|R(\zeta)|^2 \geqq \prod_{j=1}^{n}(1+(a^{(j)}\xi)^2) \geqq c(1+\xi^2).$$

故に N を十分大きくとって $G(\zeta)=R(\zeta)^{-N}F(\zeta)$ とおけば $G(\xi)$ の逆 Fourier 変換は絶対収束する積分で計算でき，その結果 $g(x)$ は連続関数となる．さらに，$G(\zeta)$ は $\mathrm{Im}\,\zeta=t\eta\ (t\geqq 0)$ の上で正則で Cauchy の積分定理により絶対収束する積分として積分路を実軸から $\boldsymbol{R}^n+it\eta$ にずらすことができる．

$$\begin{aligned}|g(x)| &= \left|\frac{1}{(2\pi)^n}\int e^{ix(\xi+it\eta)}G(\xi+it\eta)\,d\xi\right| \\ &\leqq C(1+t)^M\exp t(H_K(\eta)-x\eta) \leqq C(1+t)^M\exp(-(\varepsilon-|x-x^{(0)}|)t)\end{aligned}$$

だから，x が $x^{(0)}$ の ε-近傍にあるとき $t\to\infty$ とすれば $g(x)=0$．故にそこで $f(x)=R(D)^N g(x)$ も 0 となる．∎

ここで Fourier 変換とたたみ込みの関係を調べておこう．

定理 2.5 f, g を緩増加超関数とし，どちらか一方はコンパクトな台を持つとする．このとき $f*g$ は緩増加超関数となり $\widetilde{f*g}=\tilde{f}\cdot\tilde{g}$ が成り立つ．特に定理 1.2 の与えるたたみ込みの $\boldsymbol{C}$-代数と (2.23) を満たす整関数が通常の和と積に関して作る $\boldsymbol{C}$-代数とは Fourier 変換により同型となる．

証明 f が緩増加連続関数で g がコンパクトな台 K を持つ連続関数ならば

$$|f*g(x)| = \left|\int f(x-y)g(y)dy\right| \leqq C\sup_{y\in K}|f(x-y)|$$

により $f*g$ も緩増加連続関数である．さらにこのとき $\varphi(\xi)$ を試験関数とすれば Parseval の等式により

$$\langle\widetilde{f*g}(\xi),\varphi(\xi)\rangle = \int f*g(x)\cdot\tilde{\varphi}(x)dx = \int\tilde{\varphi}(x)dx\int f(x-y)g(y)dy.$$

ここで積分 $\int\tilde{\varphi}(x)f(x-y)dx$ は $y\in K$ につき一様に絶対収束するから，上の式で x に関する積分を先にすることができ，再び Parseval の等式より

$$= \int g(y)dy\int\tilde{\varphi}(x)f(x-y)dx = \int g(y)dy\int e^{-iy\xi}\tilde{f}(\xi)\varphi(\xi)d\xi$$

$$= \int\tilde{f}(\xi)\varphi(\xi)d\xi\int e^{-iy\xi}g(y)dy = \int\tilde{f}(\xi)\tilde{g}(\xi)\varphi(\xi)d\xi$$

となる．ここで $f(x-y)$ の x に関する Fourier 変換が $e^{-iy\xi}\tilde{f}(\xi)$ になることを用いた．最後の積分順序変更は被積分関数の台がコンパクトだから§1.4で保障されている．これより $\widetilde{f*g}=\hat{f}\cdot\tilde{g}$．定理1.4の系と(1.22)，(2.20)を用いれば一般の場合もこれから導かれる．▮

さて f が**緩増加な C^∞ 級関数**であるとは，正数 m が存在して f の各偏導関数 $D^\alpha f$ が $C_\alpha(1+|x|)^m$ でおさえられることと定める．また f が**急減少超関数**であるとは急減少(すなわち(2.16)を満たす)連続関数 $g_\alpha(x)$ が存在して $f=\sum_{|\alpha|\leqq m}D^\alpha g_\alpha$ と表わされることとする．同様に f が**指数的減少の超関数**とは，ある $\delta>0$ に対し

$$|g_\alpha(x)| \leqq C_\alpha e^{-\delta|x|} \tag{2.24}$$

を満たす連続関数 $g_\alpha(x)$ をもって $f=\sum_{|\alpha|\leqq m}D^\alpha g_\alpha$ と表わされることとする．次に $\varDelta$ を $\boldsymbol{R}^n$ の開集合とする．一般に

$$\boldsymbol{R}^n+i\varDelta = \{z=x+iy \mid x\in\boldsymbol{R}^n, y\in\varDelta\}$$

の形の複素領域を**柱状領域**という．この上で正則な関数 $f(z)$ が緩増加とは，$\boldsymbol{R}^n+i\varDelta$ の閉包まで込めて連続な $\boldsymbol{R}^n+i\varDelta$ 上の正則関数 $g_\alpha(z)$ で $|g_\alpha(z)|\leqq C_\alpha(1+|z|)^M$ の形の評価を満たすものが存在して $f(z)=\sum_{|\alpha|\leqq m}D^\alpha g_\alpha(z)$ と表わされることをいう．正則関数の不定積分は正則関数として求められるので項は一つにまとめることができる．

定理 2.6 緩増加超関数 f が緩増加 C^∞ 級関数となるためには，f の Fourier 変換 $\hat{f}$ が急減少超関数となることが必要かつ十分である．また，f が実軸を含むある柱状領域で緩増加な正則関数となるためには f が指数的減少超関数であることが必要かつ十分である．

証明 f を緩増加な C^∞ 級関数とする．仮定により M を十分大きくとれば $g(x)=(1+x^2)^{-M-n}f(x)$ は C^∞ 級かつ各階の導関数 $D^\alpha g(x)$ は $C_\alpha'(1+x^2)^{-n}$ でおさえられる．したがって，Fourier 変換 $\xi^\alpha\tilde{g}(\xi)$ は有界な関数となり $\tilde{g}(\xi)$ は (2.16) を満たす．故に $\hat{f}(\xi)=(1-\triangle)^{M+n}\tilde{g}(\xi)$ は急減少超関数である．逆に $\tilde{f}(\xi)=D^\alpha\tilde{g}(\xi)$ とし $\tilde{g}(\xi)$ は (2.16) を満たすとする．各 β に対し $N>|\beta|+n$ ととれば $\tilde{g}$ の逆 Fourier 変換 g を積分記号下で形式的に微分したものは

$$|D^\beta g(x)|\leqq\frac{1}{(2\pi)^n}\int|\xi^\beta||\tilde{g}(\xi)|d\xi\leqq C_N'\int|\xi^\beta|(1+|\xi|)^{-N}d\xi\leqq C_\beta'$$

により一様収束して有界，したがって $f(x)=(-x)^\alpha g(x)$ は緩増加な C^∞ 級関数である．

次に f は実軸を含む柱状領域上の緩増加正則関数に拡張されるとする．M を十分大きくとり $g(x)=(1+x^2)^{-M-n}f(x)$ とおけば，これはある柱状領域 $|\mathrm{Im}\, z|\leqq\delta<1$ で正則となり $|g(z)|\leqq C(1+|z|^2)^{-n}$ を満たす．故に Cauchy の積分定理により Fourier 変換の積分路を実軸から $\boldsymbol{R}^n-i\delta\,\mathrm{sgn}\,\xi$（ここに $\mathrm{sgn}\,\xi=(\mathrm{sgn}\,\xi_1,\cdots,\mathrm{sgn}\,\xi_n)$）に変更することができ

$$\begin{aligned}|\tilde{g}(\xi)|&\leqq\left|\int e^{-ix\xi-\delta|\xi|}g(x-i\delta\,\mathrm{sgn}\,\xi)dx\right|\\&\leqq Ce^{-\delta|\xi|}\int(1+x^2)^{-n}dx\leqq C'e^{-\delta|\xi|}.\end{aligned}$$

逆に $\tilde{f}=D^\alpha\tilde{g}$ とし $|\tilde{g}(\xi)|\leqq Ce^{-\delta|\xi|}$ ならば逆 Fourier 変換 $g(x)=(2\pi)^{-n}\int e^{ix\xi}\cdot g(\xi)d\xi$ は x を複素領域に動かしたとき $|\mathrm{Im}\, z|\leqq\delta'<\delta$ で一様に絶対収束し，したがって有界な正則関数を定める．故に $f=(-x)^\alpha g$ はそこで緩増加な正則関数となる．∎

定理 2.4 と定理 2.6 の前半により補題 2.3 の逆が成立する．すなわち，(2.12) を満たす整関数は台が K に含まれる C_0^∞ 級関数の Fourier 変換となる．

上の結果は二通りの方法で拡張される．一つは微分可能性を階数まで精密に調

べることであり，もう一つは各変数に関する滑らかさを区別することである．ここでは現代偏微分方程式論に豊かな稔をもたらした後者の立場を紹介しよう．たとえば変数 x_1 だけについて非常に滑らかな関数の Fourier 変換はどうなるのであろうか？ そこで $\boldsymbol{R}^n$ の原点を頂点とする開錐 Γ を考える．(任意の $t>0$ に対し $t\Gamma\subset\Gamma$ を満たす集合を原点を頂点とする**錐**という．開(閉)錐とは開(閉)集合である錐のことである．以下錐の頂点はとくに断わらない限りすべて原点とする.) $\boldsymbol{R}^n+i\Gamma$ の形の柱状領域を**楔**(くさび)といい，実軸 $\boldsymbol{R}^n$ をその刃という．また $f(z)$ が**無限小楔** $\boldsymbol{R}^n+i\Gamma 0$ 上の緩増加正則関数であるとは，頂点に近づくにつれて Γ に内側から漸近する開集合 Δ が存在して $f(z)$ が柱状領域 $\boldsymbol{R}^n+i\Delta$ 上の緩増加正則関数となっていることをいう (図 2.1 参照)．このとき $f(z)=D^{\alpha}g(z)$ の形の適当な表示をとれば $g(z)$ は実軸まで緩増加連続に拡張されるわけである．故に実軸上の緩増加超関数 $f(x)=D^{\alpha}g(x)$ が確定し，しかも 0 に近づく Δ 内の点列 $y^{(k)}$ を任意にとれば，超関数の収束の意味で

$$f(x) = \lim_{k\to\infty} f(x+iy^{(k)})$$

である．以下これを略して $f(x)=f(x+i\Gamma 0)$ と書くことにしよう．超関数 $f(x+i\Gamma 0)$ は Γ に対応する方向には解析的になっていると考えられる．実際，そちらの方には解析接続を持っている．これを Fourier 変換で表現するため，Γ の**双対錐**

$$\Gamma^{\circ} = \{\xi\in\boldsymbol{R}^n \mid \text{各 } y\in\Gamma \text{ に対し } y\xi\geqq 0\}$$

を導入する．Γ° は閉凸錐となる．しかも原点を境界点に含む適当な半空間をとれば Γ° は頂点を除きその内部に含まれる．このような閉錐を**固有錐**という．錐

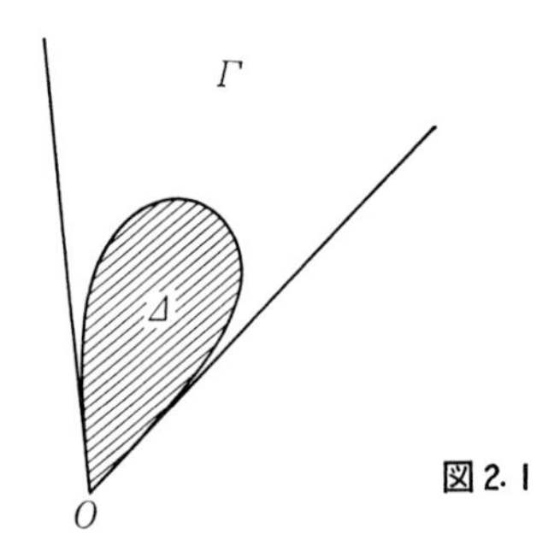

図 2.1

らしい錐という意味である．(半空間も一つの錐である．以下の議論で本質的なのは Γ° の無限遠の部分なので，ξ 空間の二つの錐の包含関係においては簡単のため"原点を除き"という語を略すことにする.) 緩増加超関数 $\tilde{f}(\xi)$ が開錐 Γ で指数的に減少するとは，Γ に含まれる任意の閉錐 Γ' 上 (2.24) を満たす有限個の緩増加連続関数 $\tilde{g}_\alpha(\xi)$ を用いて $\tilde{f}(\xi)=\sum_{|\alpha|\leqq m} D^\alpha \tilde{g}_\alpha(\xi)$ と表わされることをいう．この際 (2.24) における定数 $\delta(C_\alpha)$ は Γ' に依存し，一般には Γ' が Γ に近づくとき $0\,(\infty)$ に近づく．定理 2.6 の後半は次のように方向化される．

定理 2.7 Γ を開凸錐とする．緩増加超関数 $f(x)$ が無限小楔 $\boldsymbol{R}^n+i\Gamma 0$ 上の緩増加正則関数 $f(z)$ の極限 $f(x+i\Gamma 0)$ となるためには f の Fourier 変換 $\tilde{f}$ が Γ° の外で指数的に減少することが必要かつ十分である．

証明 $\varDelta$ を頂点において Γ に内側から漸近する開集合，$g(z)$ を柱状領域 $\boldsymbol{R}^n+i\varDelta$ 上の緩増加正則関数でその閉包まで緩増加連続なものとし $f(z)=D^\alpha g(z)$, $f(x)=f(x+i\Gamma 0)$ と書けているとする．単位ベクトル $\xi^{(0)}\notin\Gamma^\circ$ に対し双対錐の定義により $y\xi^{(0)}=-\varepsilon<0$ なる単位ベクトル $y\in\Gamma$ を選ぶことができる．N を十分大きくとって $h(z)=(1+z^2)^{-N}g(z)$ とおく．仮定より $t>0$ が十分小さければ ty は $\varDelta$ に属し，したがって $\operatorname{Im} z=ty$ 上 $h(z)$ は正則かつ絶対積分可能となる．故に Fourier 変換の積分路をそこまでずらすことができて

$$
\begin{aligned}
|\tilde{h}(\xi)| &= \left|\int e^{-i(x+ity)\xi}h(x+ity)\,dx\right| \\
&\leqq Ce^{ty\xi} \leqq C\exp\left(ty\left(\frac{\xi}{|\xi|}-\xi^{(0)}\right)|\xi|+ty\xi^{(0)}|\xi|\right) \\
&\leqq C\exp\left(ty\left(\frac{\xi}{|\xi|}-\xi^{(0)}\right)|\xi|-\varepsilon t|\xi|\right)
\end{aligned}
$$

となる．故に $\xi/|\xi|$ が $\xi^{(0)}$ の $\varepsilon/2$-近傍にあれば $|\tilde{h}(\xi)|\leqq C\exp(-\varepsilon t|\xi|/2)$ となる．$\xi^{(0)}$ を Γ° の外で動かせば $\tilde{h}(\xi)$ は Γ° の外で指数的減少であることがわかる．故に Leibniz の公式 (1.8) により $\tilde{f}=\xi^\alpha(1-\triangle)^N\tilde{h}$ もそこで指数的減少である．

逆に $\tilde{f}(\xi)=D^\alpha\tilde{g}(\xi)$ を Γ° の外で指数的減少の緩増加超関数とする．m を十分大きくとって $\tilde{h}(\xi)=(1+\xi^2)^{-m}\tilde{g}(\xi)$ とおけば，$\tilde{h}$ は絶対積分可能で Γ° と交わらぬ任意の閉錐 Γ' 上 (2.24) を満たす．しかもその式の因子 C_α に相当する定数は

Γ' に依存しないように選べる．単位ベクトル $y^{(0)} \in \Gamma$ の ε-近傍が閉包まで込めて Γ に含まれるとすれば

$$\Gamma' = \{\xi \in \boldsymbol{R}^n \mid |y-y^{(0)}|<\varepsilon \text{ なるある } y \text{ に対し } y\xi<0\}$$

はそのような錐となる．故にこの上で (2.24) が成り立つ．

$$h(x) = \frac{1}{(2\pi)^n}\int_{\Gamma'} e^{ix\xi}\tilde{h}(\xi)d\xi + \frac{1}{(2\pi)^n}\int_{\boldsymbol{R}^n\setminus\Gamma'} e^{ix\xi}\tilde{h}(\xi)d\xi$$

と書こう．第1項については x を複素領域に動かすとき

$$\boldsymbol{R}^n + i\{ty \mid |y-y^{(0)}|<\varepsilon,\ 0<t<\delta/(1+\varepsilon)\} \tag{2.25}$$

において $\mathrm{Re}\, iz\xi - \delta|\xi| \leqq |y||\xi| - \delta|\xi| \leqq 0$ だから，積分はこの集合の閉包上で一様に絶対収束し，有界連続かつ内部で正則となる．また第2項は (2.25) において $\mathrm{Re}\, iz\xi \leqq 0$ によりやはり閉包まで込めて一様に絶対収束し，有界連続かつ内部で正則となる．これらの関数値の上界として Γ' のとり方によらない定数が選べることに注意しよう．$y^{(0)}$ を動かし開集合 (2.25) を集めて柱状領域 $\boldsymbol{R}^n+i\Delta$ を作れば，その上の正則関数 $h(z)$ で閉包まで込めて有界連続なものが得られた．$h(x)$ は $\tilde{h}(\xi)$ の逆 Fourier 変換になっているから，$f(z)=(-z)^{\alpha}(1-\triangle)^n h(z)$ は $\boldsymbol{R}^n+i\Gamma 0$ 上の緩増加正則関数で $f(x)=f(x+i\Gamma 0)$ となる．∎

上の証明の前半では Γ が凸であることを使っていない．Γ の凸包を $\mathrm{ch}\,\Gamma$ と書くとき $\Gamma^\circ=(\mathrm{ch}\,\Gamma)^\circ$ に注意すれば次の系が得られる．

系 (Bochner)　Γ を連結な開錐とするとき $\boldsymbol{R}^n+i\Gamma 0$ 上の緩増加正則関数は $\boldsymbol{R}^n+i(\mathrm{ch}\,\Gamma)0$ 上の緩増加正則関数に拡張される．——

以下無限小楔を考えるとき Γ は常に凸と仮定することにしよう．さて超関数 $f(x+i\Gamma 0)$ は Γ の開きが大きくなるほど正則性の度合を増す．Γ の最大の可能性はもちろん全空間であり，このとき $f(x+i\Gamma 0)$ は解析関数となる．次は Γ が半空間の場合である．Fourier 変換の実例として§2.2 に出て来た $1/(x_1+i0)$ を見てみよう．これは x_1 以外の変数については解析的と考えられる．しかも x_1 変数についても複素上半平面には解析接続を持っているから，この超関数が特異な(すなわち少しも解析接続できない)のは $y_1<0$ という半空間に対応する方向だけである．そこで一般に $f(x)$ を無限小楔上の緩増加正則関数の極限 $f_j(x+i\Gamma_j 0)$ の有限和として適当に表わしたとき，各 Γ_j と半空間 $y\xi<0$ との交わりが空でないようにできれば $f(x)$ は **ξ 方向に解析的**であるということにしよう．このとき

各 $f_j(x)$ の Fourier 変換 $\tilde{f}_j(\xi)$ は $\Gamma_j{}^\circ$ の外で指数的に減少し，$\xi \notin \Gamma_j{}^\circ$ だから，$f(x)$ の Fourier 変換 $\tilde{f}(\xi)=\sum \tilde{f}_j(\xi)$ は ξ 方向を含むある錐において指数的減少となる．逆に $\tilde{f}(\xi)$ がそのような超関数なら，$\tilde{f}(\xi)=\sum D^\alpha \tilde{g}_\alpha(\xi)$ において緩増加連続関数 $\tilde{g}_\alpha(\xi)$ の台を有界な連続関数 $\chi_j(\xi)$ を用いて分割することにより $\tilde{f}(\xi)=\sum \tilde{f}_j(\xi)$ と有限個の緩増加超関数の和に分解し各 $\tilde{f}_j(\xi)$ は ξ を含まぬ固有閉凸錐 $\Gamma_j{}^\circ$ の外で指数的に減少するようにできる．故に $f(x)=\sum f_j(x+i\Gamma_j 0)$ となり各 $\Gamma_j \cap \{y\xi<0\} \neq \phi$ だから f は ξ 方向に解析的となる．

同じ方法で各 $\Gamma_j{}^\circ$ の開きを小さくすることにより任意の緩増加超関数を特異な方向が非常に少ない緩増加超関数の有限和に表わすことができる．分解の極限においては各 $\Gamma_j{}^\circ$ は半直線となり和は積分となる．たとえばデルタ関数は

$$\delta(x)=\frac{(n-1)!}{(-2\pi i)^n}\int_{S^{n-1}}\frac{d\omega}{(x\omega+i0)^n} \tag{2.26}$$

と**平面波分解**される．ここに S^{n-1} は $n-1$ 次元単位球面，$d\omega$ はその面積要素であり，被積分関数は ω を止めたとき ω 方向だけに特異である．この公式は次のようにして導かれる．

$$\begin{aligned}\delta(x)=\mathcal{F}^{-1}[1]&=\lim_{\varepsilon\downarrow 0}\frac{1}{(2\pi)^n}\int e^{ix\xi-\varepsilon|\xi|}d\xi\\&=\lim_{\varepsilon\downarrow 0}\frac{1}{(2\pi)^n}\int_{S^{n-1}}d\omega\int_0^\infty e^{(ix\omega-\varepsilon)r}r^{n-1}dr\\&=\lim_{\varepsilon\downarrow 0}\frac{(n-1)!}{(-2\pi i)^n}\int_{S^{n-1}}\frac{d\omega}{(x\omega+i\varepsilon)^n},\end{aligned} \tag{2.27}$$

極限は超関数の意味である．一方試験関数 $\varphi(x)$ に対し Parseval の等式と (2.22) とから

$$\begin{aligned}\langle\delta,\varphi\rangle=\int\mathcal{F}^{-1}[\varphi](\xi)d\xi&=\int_{S^{n-1}}d\omega\int_0^\infty\mathcal{F}^{-1}[\varphi](r\omega)r^{n-1}dr\\&=\int_{S^{n-1}}d\omega\int(\xi\omega)^{n-1}\delta_\omega(\xi)\cdot\mathcal{F}^{-1}[\varphi](\xi)d\xi\\&=\frac{(n-1)!}{(-2\pi i)^n}\int_{S^{n-1}}\left\langle\frac{1}{(x\omega+i0)^n},\varphi(x)\right\rangle_x d\omega\end{aligned}$$

となる．(2.12) により $\int_0^\infty \mathcal{F}^{-1}[\varphi](r\omega)r^{n-1}dr$ は ω につき一様収束して $\omega\in S^{n-1}$ の連続関数となるから，ω に関する最後の積分は任意の φ に対し通常の Riemann

積分として収束している．故に(2.26)はパラメータ ω に関する Riemann 式近似和

$$\frac{(n-1)!}{(-2\pi i)^n}\sum_k \frac{\Delta\omega^{(k)}}{(x\omega^{(k)}+i0)^n}$$

の分割 $\Delta\omega^{(k)}$ を無限に細かくしたときの超関数の意味の極限と思うこともできる．故に定理2.1により一般のコンパクトな台を持つ超関数 $f(x)$ もパラメータ ω に関する Riemann 積分の意味で

$$f=\delta*f=\frac{(n-1)!}{(-2\pi i)^n}\int_{S^{n-1}}\frac{1}{(x\omega+i0)^n}*fd\omega$$

と分解できる．特に $n=1$ のときは上の証明から $\boldsymbol{S}^0$ は2点 $\{\pm 1\}$ に等しくその上の面積要素 $d\omega$ による積分はこれらの点における関数の値の差を意味することがわかり

$$(2.28)\quad f(x)=f_+(x+i0)-f_-(x-i0),\qquad f_\pm(z)=\frac{1}{-2\pi i}\int\frac{f(t)}{(z-t)}dt$$

と特異成分が完全に分解される．$n\geqq 2$ のときは分解成分 $1/(x\omega+i0)^n$ の特異台がもとのデルタ関数の0であったところへしみ出ており，特異性の方向的分解が空間の局所性を犠牲にしてなされている点で偏微分方程式論への応用に不十分である．これについては次節で改良を試みる．

次に C^∞ 性を方向化しよう．$\tilde{f}(\xi)$ が開錐 Γ で急減少であるとは，有限個の緩増加連続関数 $\tilde{g}_\alpha(\xi)$ で Γ に含まれる任意の閉錐 Γ' 上(2.16)を満たすものが存在して $\tilde{f}(\xi)=\sum_{|\alpha|\leqq m}D^\alpha\tilde{g}_\alpha(\xi)$ と表わされることとする．この際(2.16)における定数 C_N は一般には Γ' に依存する．さて $\tilde{f}(\xi)$ が ξ 方向を含むある開錐において急減少のとき $f(x)$ は **$\boldsymbol{\xi}$ 方向に $\boldsymbol{C^\infty}$ 級**であると定めよう．定理2.6により Fourier 変換を用いないでいい換えれば次のようになる：$f(x)=\sum f_j(x+i\Gamma_j0)$ なる表示を適当にとれば Γ_j が $y\xi<0$ と交わらぬような成分については $f_j(x+i\Gamma_j0)$ は緩増加 C^∞ 級関数となる．つまり $y\xi<0$ の方向に解析接続はだめでも C^∞ 級の接続は持つというわけである．

本節の最後に定理2.5を方向化しよう．

定理 2.8　$\tilde{f}_1(\xi),\tilde{f}_2(\xi)$ をともに緩増加超関数とし，それぞれ固有閉凸錐 $\Gamma_1{}^\circ$, $\Gamma_2{}^\circ$ の外で急減少(指数的減少)とする．$\Gamma_1{}^\circ$ と $\Gamma_2{}^\circ$ とが反対向きの方向を含ま

なければたたみ込み $\tilde{f}_1 * \tilde{f}_2(\xi)$ が緩増加超関数として定義され $\Gamma_1{}^\circ + \Gamma_2{}^\circ$ の外で急減少 (指数的減少) となる. また (1.22) が成り立つ.

証明 広義積分

$$\int \hat{f}_1(\xi-\eta)\tilde{f}_2(\eta)d\eta = \lim_{k\to\infty}\int \tilde{f}_1(\xi-\eta)\tilde{f}_2(\eta)\chi_k(\eta)d\eta \tag{2.29}$$

を考える. $\tilde{f}_1(\xi)=D^{\alpha^{(1)}}\tilde{g}_1(\xi)$, $\tilde{f}_2(\xi)=D^{\alpha^{(2)}}\tilde{g}_2(\xi)$ とし, $\tilde{g}_1, \tilde{g}_2$ は緩増加連続関数でそれぞれ $\Gamma_1{}^\circ, \Gamma_2{}^\circ$ と交わらぬ任意の閉錐 Γ_1', Γ_2' の上で (2.16) を満たしているとする. 部分積分したあとで ξ に関する微分を積分記号の外へ出せば

$$\int \tilde{f}_1(\xi-\eta)\hat{f}_2(\eta)\chi_k(\eta)d\eta$$
$$=\sum_{\beta\leqq\alpha^{(2)}}\frac{(-1)^{|\alpha^{(2)}-\beta|}\alpha^{(2)}!}{\beta!(\alpha^{(2)}-\beta)!}D^{\alpha^{(1)}+\alpha^{(2)}-\beta}\int\tilde{g}_1(\xi-\eta)\tilde{g}_2(\eta)D^\beta\chi_k(\eta)d\eta,$$

ここで $\Gamma_1{}^\circ$ と $\Gamma_2{}^\circ$ とは互いに反対向きの方向を含まぬから η のどの方向に対しても $\tilde{g}_1(\xi-\eta)$ と $\tilde{g}_2(\eta)$ のどちらかは η について急減少となり積分 $\int\tilde{g}_1(\xi-\eta)\cdot\tilde{g}_2(\eta)d\eta$ は ξ につき広義一様に絶対収束する. 故に $k\to\infty$ のとき $\beta=0$ の項は微分の連続性により

$$D^{\alpha^{(1)}+\alpha^{(2)}}\int\tilde{g}_1(\xi-\eta)\tilde{g}_2(\eta)d\eta$$

に近づき, また $\beta>0$ なる項は 0 に近づく. 故に (2.29) は ξ の超関数として収束し $D^{\alpha^{(1)}+\alpha^{(2)}}(\tilde{g}_1 * \tilde{g}_2)$ に等しいことがわかった. 絶対収束積分の変数変換により $\tilde{g}_1 * \tilde{g}_2=\tilde{g}_2 * \tilde{g}_1$ を得るから公式 (1.22) が今の場合も成り立つことがわかる.

さて閉凸錐 $\Gamma_1{}^\circ+\Gamma_2{}^\circ$ と交わらない閉錐 Γ' をとろう. $\Gamma_2{}^\circ$ を含む開錐 $\Gamma_{2,\varepsilon}{}^\circ$ を $\Gamma_2{}^\circ$ に十分近くとれば,

$$\Gamma'\cap\Gamma_{2,\varepsilon}{}^\circ=\phi, \qquad (\Gamma'-\Gamma_{2,\varepsilon}{}^\circ)\cap\Gamma_1{}^\circ=\phi$$

となり, したがって $\xi\in\Gamma'$, $\eta\in\Gamma_{2,\varepsilon}{}^\circ$ ならば $|\xi-\eta|\geqq c(|\xi|+|\eta|)$ となり

$$\begin{aligned}|\tilde{g}_1(\xi-\eta)\tilde{g}_2(\eta)| &\leqq C_N(1+|\xi-\eta|)^{-N}\cdot C(1+|\eta|)^{M_2}\\ &\leqq CC_N(1+c(|\xi|+|\eta|))^{-N}(1+|\eta|)^{M_2}.\end{aligned}$$

故に $\Gamma_{2,\varepsilon}{}^\circ$ 上の積分 $\int_{\Gamma_{2,\varepsilon}{}^\circ}\tilde{g}_1(\xi-\eta)\tilde{g}_2(\eta)d\eta$ は Γ' の上で (2.16) を満たす. 次に $\xi\in\Gamma'$, $\eta\notin\Gamma_{2,\varepsilon}{}^\circ$ とする. まず ε が十分小さければ $\xi\in\Gamma'$, $|\xi|\geqq 1$, $|\eta|\leqq\varepsilon|\xi|$ なら $\xi-\eta$ は $\Gamma_1{}^\circ$ と交わらぬある閉錐 Γ_ε' に含まれ, 今度は $|\xi-\eta|\geqq(1-\varepsilon)|\xi|\geqq(1-$

$2\varepsilon)|\xi|+|\eta|$ により上と同じ評価を用いて結論を得る．最後に $\eta\notin\Gamma_{2,\varepsilon}{}^\circ$, $|\eta|\geqq\varepsilon|\xi|$ なら $|\eta|\geqq(|\eta|+\varepsilon|\xi|)/2$ より

$$|\tilde{g}_1(\xi-\eta)\tilde{g}_2(\eta)|\leqq C(1+|\xi-\eta|)^{M_1}\cdot C_N(1+|\eta|)^{-N}$$
$$\leqq CC_N(1+|\xi-\eta|)^{M_1}\left(1+\frac{1}{2}(|\eta|+\varepsilon|\xi|)\right)^{-N},$$

故に $\boldsymbol{R}^n\setminus\Gamma_{2,\varepsilon}{}^\circ$ 上の積分も Γ' の上で (2.16) を満たす．以上で $\tilde{g}_1*\tilde{g}_2$ が Γ' の上で (2.16) を満たすことがわかった．一般の ξ について $\tilde{g}_1*\tilde{g}_2$ が緩増加となることはより容易に示される．故に $\tilde{f}_1*\tilde{f}_2=D^{\alpha^{(1)}+\alpha^{(2)}}(\tilde{g}_1*\tilde{g}_2)$ は $\Gamma_1{}^\circ+\Gamma_2{}^\circ$ の外で急減少な緩増加超関数である．指数的減少の場合も全く同様である．∎

緩増加超関数 $f_1(x)$, $f_2(x)$ がそれぞれ $\Gamma_1{}^\circ, \Gamma_2{}^\circ$ に含まれない方向に C^∞ 級(解析的) で $\Gamma_1{}^\circ, \Gamma_2{}^\circ$ が互いに反対向きの方向を含まぬとき，積 $f_1\cdot f_2=f_2\cdot f_1$ を $(2\pi)^{-n}\tilde{f}_1*\tilde{f}_2(\xi)$ の逆 Fourier 変換で定義することができる．上の定理により積の結果は $\Gamma_1{}^\circ+\Gamma_2{}^\circ$ に含まれない方向に C^∞ 級 (解析的) となる．特に $C_0{}^\infty$ 級関数 φ と緩増加超関数 f については前章で定義した超関数としての普通の積 φf に対し

$$(2.30)\quad \widetilde{\varphi f}(\xi)=\int e^{-ix\xi}\varphi(x)f(x)dx$$
$$=\int e^{-ix\xi}\varphi(x)dx\lim_{k\to\infty}\frac{1}{(2\pi)^n}\int e^{ix\eta}\tilde{f}(\eta)\chi_k(\eta)d\eta$$
$$=\lim_{k\to\infty}\frac{1}{(2\pi)^n}\int\hat{f}(\eta)\chi_k(\eta)d\eta\int e^{-ix(\xi-\eta)}\varphi(x)dx$$
$$=\lim_{k\to\infty}\frac{1}{(2\pi)^n}\int\tilde{\varphi}(\xi-\eta)\tilde{f}(\eta)\chi_k(\eta)d\eta=\frac{1}{(2\pi)^n}\tilde{\varphi}*\tilde{f}$$

となるから，ここでの定義と矛盾しない．補題2.3により $\tilde{\varphi}$ は急減少だから上の定理により f が C^∞ 級な方向には φf も C^∞ 級となる．さらに $\tilde{f}_1=D^{\alpha^{(1)}}\tilde{g}_1$, $\hat{f}_2=D^{\alpha^{(2)}}\tilde{g}_2$ を定理の証明で用いた表示とすれば

$$f_1\cdot f_2=(-x)^{\alpha^{(1)}}g_1\cdot(-x)^{\alpha^{(2)}}g_2=(2\pi)^{-n}\mathscr{F}^{-1}[D^{\alpha^{(1)}+\alpha^{(2)}}\tilde{g}_1*\tilde{g}_2]$$
$$=(-x)^{\alpha^{(1)}+\alpha^{(2)}}g_1\cdot g_2,$$

故に

$$\mathscr{F}[\varphi(f_1\cdot f_2)]=\mathscr{F}[(-x)^{\alpha^{(1)}+\alpha^{(2)}}\varphi(g_1\cdot g_2)]$$

$$= (2\pi)^{-2n} D^{\alpha^{(1)}+\alpha^{(2)}} \int \tilde{\varphi}(\xi-\eta)d\eta \int \tilde{g}_1(\eta-\zeta)\tilde{g}_2(\zeta)d\zeta$$

であり，積分は絶対収束しているから順序を変更できて

$$= (2\pi)^{-2n} D^{\alpha^{(1)}+\alpha^{(2)}} \int \tilde{g}_2(\zeta)d\zeta \int \tilde{\varphi}(\xi-\eta)\tilde{g}_1(\eta-\zeta)d\eta$$

$$= (2\pi)^{-n} D^{\alpha^{(1)}+\alpha^{(2)}} \int \widetilde{\varphi g_1}(\xi-\zeta)\tilde{g}_2(\zeta)d\zeta,$$

したがって

$$\varphi(f_1\cdot f_2) = (-x)^{\alpha^{(1)}+\alpha^{(2)}}(\varphi g_1)\cdot g_2 = (\varphi f_1)\cdot f_2 \tag{2.31}$$

を得る．

指数的減少の場合，積は Fourier 変換を経由せず $f_1=f_1(x+i\Gamma_1 0)$，$f_2=f_2(x+i\Gamma_2 0)$ から直接 $f_1\cdot f_2=(f_1\cdot f_2)(x+i\Gamma_1\cap\Gamma_2 0)$ と表わすことができる．$(\Gamma_1\cap\Gamma_2)^\circ=\Gamma_1^\circ+\Gamma_2^\circ$ だから解析的な方向の範囲に関してはつじつまが合っている．この式は本講では用いないので証明は省略する．

§2.4　特異スペクトル

さて，関数の滑らかさは局所的な性質なので方向的滑らかさをも局所的に判定することが望ましい．そこで空間 $\boldsymbol{R}^n$ の点 x と長さ 1 の方向 ξ とを合わせた座標 $(x;\xi)$ の空間 $\boldsymbol{R}^n\times\boldsymbol{S}^{n-1}$ を考える．つまり x 座標と ξ 座標をともに局所化しようというのである．これを**ミクロ局所化**という．直積空間 $\boldsymbol{R}^n\times\boldsymbol{S}^{n-1}$ は幾何で $\boldsymbol{R}^n$ の**余接球束**(長さ 1 の余接ベクトルのたば)といわれるものに相当し，部分集合 $\{x\}\times\boldsymbol{S}^{n-1}$ は空間の点 x 上の**繊維**と呼ばれる．$\boldsymbol{R}^n\times\boldsymbol{S}^{n-1}$ を毛皮の敷物と見たとき $\boldsymbol{R}^n$ がその裏張りで $\{x\}\times\boldsymbol{S}^{n-1}$ が 1 本の毛というわけである．前節において方向 ξ は接ベクトルとしてではなく半空間の法線として現われたことに注意しよう．余接という言葉はこれを表わしている．また ξ の長さには特別な意味はなくただ計算の結果が 0 にならぬかどうかを注意すればよい．故に長さを 1 に規格化するのをしばしば怠る．

まず超関数 $f(x)$ が点 $(x;\xi)$ において(ミクロ局所的に) C^∞ 級とは，前節の意味で ξ 方向に C^∞ 級の緩増加超関数 $g(x)$ で差 $f(x)-g(x)$ が x の近傍において C^∞ 級関数となるものが存在することと定める．定理 2.8 の後で注意したように，

緩増加超関数が ξ 方向に C^∞ 級という性質は C_0^∞ 級の関数を掛けても保たれる. 故に x のある近傍で1に等しい C_0^∞ 級関数 $\chi(x)$ を適当にとれば, χf 自身を g として選ぶことができる. 故に上の定義は次のようにもいい換えられる: x の近傍で1に等しい C_0^∞ 級関数 χ を適当にとれば $\widetilde{\chi f}(\xi)$ は ξ を含むある開錐で急減少となる. $f(x)$ が C^∞ 級である点 $(x;\xi)$ の集合は定義の仕方から $\boldsymbol{R}^n\times\boldsymbol{S}^{n-1}$ の開集合であるが, その補集合を f の **C^∞-特異スペクトル**といい C^∞-S. S. f と記す. (f の波面集合といい $\mathrm{WF}(f)$ と記す流儀もある.) C^∞-特異スペクトルは座標変換で不変な概念である. すなわち次の定理が成立する.

定理 2.9　$y=F(x)$ を局所的な C^∞ 級座標変換, $dF(x)$ を点 x におけるその Jacobi 行列とするとき

(2.32)　$(x;{}^t dF(x)\xi)\in C^\infty\text{-S. S.}\, f(x) \Longrightarrow (y;\xi)\in C^\infty\text{-S. S.}\, f(F^{-1}(y)).$

これは F の逆変換についても成り立つから両辺の $\in$ を $\notin$ に変えても同値である.

証明　まず F が線型座標変換なら $dF=F$ だから

$$\widetilde{f(F^{-1})}(\xi) = \int e^{-iy\xi} f(F^{-1}(y))dy = \int e^{-iF(x)\xi} f(x)|\det dF(x)|dx$$
$$= |\det F|\int e^{-ix\cdot{}^tF\xi} f(x)dx.$$

この式から緩増加超関数 $f(x)$ が ${}^tF\xi$ 方向に C^∞ 級なことと $f(F^{-1}(y))$ が ξ 方向に C^∞ 級なことが同値であることがわかり, (2.32) が得られる. (2.32) はまた原点の平行移動に対しても明らかに成り立つ. 故に $F(0)=0$, $dF(0)$ は単位行列と仮定し, 台が原点の十分小さい近傍に含まれる超関数 $f(x)$ の Fourier 変換 $\tilde{f}$ がある固有閉凸錐 Γ° の外で急減少しているとき $\widetilde{f(F^{-1})}$ もまた Γ° の外で急減少することを見ればよい. $\chi(y)$ を $f(F^{-1}(y))$ の台の近傍で1に等しい C_0^∞ 級の関数とし $\psi(x)=\chi(F(x))|\det dF(x)|$ とおく. これも C_0^∞ 級の関数となる. 積分の変数変換と広義積分の順序変更を行なえば

$$\widetilde{f(F^{-1})}(\xi) = \int e^{-iy\xi} f(F^{-1}(y))\chi(y)dy$$
$$= \int e^{-iF(x)\xi} f(x)\psi(x)dx$$
$$= \int e^{-iF(x)\xi}\psi(x)dx\cdot\frac{1}{(2\pi)^n}\int \tilde{f}(\eta)e^{ix\eta}d\eta$$

$$= \frac{1}{(2\pi)^n}\int \tilde{f}(\eta)\,d\eta \int e^{-iF(x)\xi+ix\eta}\psi(x)\,dx.$$

さて単位ベクトル $\xi^{(0)} \notin \Gamma^\circ$ をとり，Γ' を $\xi^{(0)}$ の十分小さい錐状近傍とする．$\xi\in\Gamma'$ で $|\eta|\leqq\varepsilon|\xi|$ または η が Γ° の十分小さい錐状開近傍 Γ_ε° を動くとき

$$\Psi(\xi,\eta) = \int e^{-iF(x)\xi+ix\eta}\psi(x)\,dx$$

が $C_N(1+|\xi|+|\eta|)^{-N}$ でおさえられることをいえば，定理 2.8 の証明と同様にして $\widetilde{f(F^{-1})}(\xi) = (2\pi)^{-n}\int \Psi(\xi,\eta)\tilde{f}(\eta)\,d\eta$ が Γ' で急減少となることがわかる．$\xi^{(0)}D = \xi_1^{(0)}D_1+\cdots+\xi_n^{(0)}D_n$ とすれば部分積分により

$$\begin{aligned}\Psi(\xi,\eta) &= \int \frac{1}{(\eta - dF(x)\xi)\xi^{(0)}}(\xi^{(0)}D)e^{-iF(x)\xi+ix\eta}\cdot\psi(x)\,dx \\ &= \int e^{-iF(x)\xi+ix\eta}\cdot(\xi^{(0)}D)\left[\frac{\psi(x)}{(dF(x)\xi-\eta)\xi^{(0)}}\right]dx.\end{aligned}$$

ここで ψ の台が十分小さければ $x\in\operatorname{supp}\psi$ のとき考えている ξ,η について $|(dF(x)\xi-\eta)\xi^{(0)}|\geqq c(1+|\xi|+|\eta|)$ となることが仮定よりわかる．故に同じ部分積分を繰返せば結論を得る．▌

次に関数の解析性をミクロ局所化しよう．超関数 $f(x)$ が点 $(x;\xi)$ において解析的とは前節の意味で ξ 方向に解析的な緩増加超関数 $g(x)$ で差 $f(x)-g(x)$ が点 x の近傍で解析関数となるものが存在することと定める．$f(x)$ が解析的であるような点 $(x;\xi)$ の集合の補集合を $f(x)$ の A-特異スペクトルと呼び $A\text{-S.S.}f$ で表わす．(f の解析的波面集合と呼び $\mathrm{WF}_A(f)$ と記す流儀もある.) 定義から直ちに

$$C^\infty\text{-S.S.}f \subset A\text{-S.S.}f$$

がわかる．さて C_0^∞ 級の関数 χ はそれ自身 A-特異台を含み，したがって χf の Fourier 変換はどの方向にも指数的減少となることを期待できない．もちろんコンパクトな台を持つ解析関数など存在しないから，A-特異スペクトルが局所的な解析的座標変換で不変かどうかを見るには別の工夫を必要とする．そこで前節で導入した特異性の分解 (2.26) を空間座標 x に関しても分解となるよう改良しよう．先にも注意したように $n=1$ の場合は平面波分解 (2.28) をそのまま用いればよい．

補題 2.4 $n\geqq 2$ のとき曲面波分解の公式

$$(2.33)\quad \delta(x)=\lim_{\varepsilon\downarrow 0}\int_{S^{n-1}} W_\varepsilon(x,\omega)d\omega,$$

$$W_\varepsilon(x,\omega)=\frac{(n-1)!}{(-2\pi i)^n}\frac{(1-ix\omega)^{n-1}-(1-ix\omega)^{n-2}(x^2-(x\omega)^2)}{(x\omega+i(x^2-(x\omega)^2)+i\varepsilon)^n}$$

が成り立つ．また Riemann 式近似和の極限の意味でも

$$(2.34)\qquad \delta(x)=\int_{S^{n-1}} W_{+0}(x,\omega)d\omega.$$

証明 $\zeta\in \boldsymbol{C}^n$ の関数 $\exp(ix\zeta-\varepsilon\sqrt{\zeta^2})$ は $|\mathrm{Im}\,\zeta|<|\mathrm{Re}\,\zeta|$ において正則であり，この領域の閉包で連続である．そこで (2.27) の右辺の ξ に関する積分の積分路を実軸から複素領域へ $\zeta=\xi+ix|\xi|-i\xi(x\xi)/|\xi|$ とずらそう．$|x|<1$ のときこれは原点を除き被積分関数の正則域に納まり，しかも変形の過程で積分は絶対収束している．故に $\zeta^2=(1-x^2)\xi^2+(x\xi)^2$ に注意すれば $|x|<1$ において

$$\delta(x)=\lim_{\varepsilon\downarrow 0}\frac{1}{(2\pi)^n}\int \exp(ix\xi-x^2|\xi|+(x\xi)^2/|\xi|-\varepsilon\sqrt{(1-x^2)\xi^2+(x\xi)^2})d\zeta$$

となる(後の注意参照)．ここで

$$d\zeta=J(x,\xi)d\xi,\qquad J(x,\xi)=\det\left[\left(1-\frac{ix\xi}{|\xi|}\right)I+A+B\right],$$

$$A=\left(\frac{ix\xi}{|\xi|^3}\xi_j\xi_k+\frac{i}{|\xi|}\xi_j x_k\right)_{j,k=1,\cdots,n},\qquad B=\left(-\frac{i}{|\xi|}x_j\xi_k\right)_{j,k=1,\cdots,n}$$

である．線型写像 $A:\boldsymbol{C}^n\to\boldsymbol{C}^n$ の像は $\boldsymbol{C}\xi$，B の像は $\boldsymbol{C}x$ でともに1次元だから $\mathrm{rank}(A+B)\leqq 2$，したがって

$$\det(\lambda I+A+B)=\lambda^n+a\lambda^{n-1}+b\lambda^{n-2},$$

ここに $a=\mathrm{tr}(A+B)=ix\xi/|\xi|$ であり b は主対角線に関して対称な $A+B$ の2次小行列式の総和 $-x^2+(x\xi)^2/|\xi|^2$ に等しい．故に $J(x,\xi)$ として $W_\varepsilon(x,\omega)$ の分子の ω を $\xi/|\xi|$ でおき換えたものが得られる．極座標 $\xi=r\omega$ を導入し $q(x,\omega)=\sqrt{(1-x^2)+(x\omega)^2}$ とおけば

$$(2.35)\quad \delta(x)=\lim_{\varepsilon\downarrow 0}\frac{1}{(2\pi)^n}\int_{S^{n-1}}d\omega\int \exp(ix\omega-x^2+(x\omega)^2-\varepsilon q(x,\omega))r \times J(x,\omega)r^{n-1}dr$$

$$=\lim_{\varepsilon\downarrow 0}\frac{1}{(-2\pi i)^n}\int_{S^{n-1}}\frac{J(x,\omega)d\omega}{(x\omega+i(x^2-(x\omega)^2)+i\varepsilon q(x,\omega))^n}.$$

さて，証明すべき式 (2.33) の右辺の被積分関数は $|x|>0$ において $\varepsilon\geqq 0$ が十分

小さいとき分母が0にならないから，解析関数として複素領域へ少し解析接続され，ω に関する積分はそこで広義一様に収束している．故に (2.33) の右辺は $|x|>0$ においてある解析関数に収束する．故に $|x|<1$ において (2.33) の右辺が今導いた (2.35) の右辺と等しいことがわかれば，解析接続の一意性により (2.33) の右辺の極限は $|x|>0$ において0に等しく，したがって超関数の収束の局所性により等式 (2.33) が $\boldsymbol{R}^n$ 全体で成り立つことがわかる．

そこで $\varphi(x)$ を試験関数とする．q は上に定めた関数 $q(x,\omega)$ または1を表わすものとすれば，$\omega D_x=\omega_1 D_{x_1}+\cdots+\omega_n D_{x_n}$ とするとき

$$
\begin{aligned}
&(1+\omega D_x)^{n+1}\exp(ix\omega-x^2+(x\omega)^2-\varepsilon q)r\\
&\quad=(1+r)^{n+1}\exp(ix\omega-x^2+(x\omega)^2-\varepsilon q)r,
\end{aligned}
$$

故に部分積分により

$$
\begin{aligned}
&\left\langle\frac{(n-1)!}{(-2\pi i)^n}\frac{J(x,\omega)}{(x\omega+i(x^2-(x\omega)^2)+i\varepsilon q)^n},\varphi(x)\right\rangle_x\\
&=\int_0^\infty\langle\exp(ix\omega-x^2+(x\omega)^2-\varepsilon q)r,\,J(x,\omega)\varphi(x)\rangle_x r^{n-1}dr\\
&=\int_0^\infty\langle\exp(ix\omega-x^2+(x\omega)^2-\varepsilon q)r,\,(1-\omega D_x)^{n+1}\{J(x,\omega)\varphi(x)\}\rangle_x\\
&\qquad\times\frac{r^{n-1}}{(1+r)^{n+1}}dr\\
&=\langle V_\varepsilon(x,\omega),\,(1-\omega D_x)^{n+1}\{J(x,\omega)\varphi(x)\}\rangle_x
\end{aligned}
$$

を得る．ここに現われた関数

$$
V_\varepsilon(x,\omega)=\int_0^\infty\exp(ir\omega-x^2+(x\omega)^2-\varepsilon q)r\cdot\frac{r^{n-1}}{(1+r)^{n+1}}dr
$$

は x,ω につき連続で $\varepsilon\downarrow 0$ のとき広義一様に連続関数 $V_0(x,\omega)$ に収束する．故に φ の台が $|x|<1$ に含まれていれば $\varepsilon=0$ の場合の積分

$$
(2.36)\qquad \int_{S^{n-1}}\langle V_0(x,\omega),\,(1-\omega D_x)^{n+1}\{J(x,\omega)\varphi(x)\}\rangle_x d\omega
$$

を仲介として (2.33) の右辺の観測値と (2.35) の右辺の観測値が等しいことが確かめられた．さらに，一般の試験関数 φ に対しては上の計算で $q=1$ ととれば $\int_{S^{n-1}}\langle W_{+0}(x,\omega),\varphi(x)\rangle_x d\omega$ が (2.36) と一致し，したがって連続関数に対する通常の Riemann 積分として収束することがわかる．故に補題の後半も示された．∎

注意　上の証明で用いた積分路変更は1変数正則関数に対する Cauchy の積分定理の繰返しには帰着されない．これは Poincaré の定理と呼ばれるもので，部分積分の代数化である一般型の Stokes の定理から次のように導かれる：$\boldsymbol{C}^n$ を実部虚部を合わせた座標 $x_1, y_1, \cdots, x_n, y_n$ により $\boldsymbol{R}^{2n}$ とみなす．γ をこの空間内の有界な $n+1$ 次元曲面片とし，その境界 $\partial\gamma$ は滑らかであるとする．$f(z)$ を $\bar{\gamma}$ の近傍で正則な関数とすれば

$$\int_{\partial\gamma} f(z)\,dz = 0,$$

ここに dz は n 次微分形式 $d(x_1+iy_1)\wedge\cdots\wedge d(x_n+iy_n)$ から $\partial\gamma$ に誘導された n 次元体積要素で，$\partial\gamma=\{y=F(x)|x\in\Omega\}$ と書けている部分では $dz=\pm\det dF(x)\cdot dx$ となる．(符号は x 空間への射影で積分の向きが変わるかどうかで決まる.)　なぜなら，Stokes の定理により上の値は

$$\int_{\gamma} d(f(z)\,dz)$$

に等しい．ここで $d(f(z)\,dz)$ は n 次微分形式 $f(z)\,d(x_1+iy_1)\wedge\cdots\wedge d(x_n+iy_n)$ の外微分 (から γ に誘導される $n+1$ 次元体積要素) であり，一般公式により

$$\sum_{k=1}^{n}\frac{\partial f}{\partial x_k}dx_k\wedge d(x_1+iy_1)\wedge\cdots\wedge d(x_n+iy_n)+\sum_{k=1}^{n}\frac{\partial f}{\partial y_k}dy_k\wedge d(x_1+iy_1)\wedge\cdots\wedge d(x_n+iy_n)$$

で与えられる．ここで f が正則関数だから Cauchy-Riemann の方程式 $\partial f/\partial x_k=-i\partial f/\partial y_k$ を用いれば

$$=-i\sum_{k=1}^{n}\frac{\partial f}{\partial y_k}d(x_k+iy_k)\wedge d(x_1+iy_1)\wedge\cdots\wedge d(x_n+iy_n)$$

と変形され，同じ因子が現われて 0 となる．$\partial\gamma$ が区分的に滑らかな場合あるいは $f(z)$ が境界 $\partial\gamma$ で単に連続なだけの場合には上の場合で近似すればよい．また γ が有界でない場合は人為的に境界をつけ加えてその部分を無限遠にもってゆくとき 0 に収束するかどうかを調べればよい．これらはすべて通常の Cauchy の積分定理の場合になされたことである．

ω を止めたとき $V_0(x,\omega)$ は複素領域 $\mathrm{Re}\,(iz\omega-z^2+(z\omega)^2)<0$ において正則かつその閉包で有界連続である．この領域は明らかに無限小楔 $\boldsymbol{R}^n+i\{y\omega>0\}$ を含むから，$W_{+0}(x,\omega)$ は ω 方向を除くすべての方向に解析的な緩増加超関数である．しかも原点以外では $V_0(x,\omega)$，したがって $W_{+0}(x,\omega)$ は解析関数となっている．これを分解要素に用いたら超関数の A-特異スペクトルが空間的にも方向的にも完全に分解できるであろう．議論を初等的にするため Leibniz の公式 (1.8) を用いて

$$(2.37)\qquad W_{+0}(x,\omega)=J(x,\omega)(1+\omega D_x)^{n+1}V_0(x,\omega)=\sum_{|\gamma|\leqq n+1}D_x{}^{\gamma}V^{\gamma}(x,\omega)$$

と書き直しておこう．ここに $V^{\gamma}(x,\omega)$ は $V_0(x,\omega)$ と x,ω の多項式の積だから

緩増加連続関数である．さらに，開集合 $\Omega\subset \boldsymbol{S}^{n-1}$ に対し

$$V^{\gamma}(x,\Omega)=\int_{\Omega}V^{\gamma}(x,\omega)d\omega,$$

$$W_{+0}(x,\Omega)=\sum_{|\gamma|\leqq n+1}D_x{}^{\gamma}V^{\gamma}(x,\Omega)=\int_{\Omega}W_{+0}(x,\omega)d\omega \tag{2.38}$$

とおこう．最後の積分も Riemann 式近似和の超関数的極限として意味が確定することに注意しよう．$V^{\gamma}(x,\Omega)$ は緩増加連続関数，$W_{+0}(x,\Omega)$ は緩増加超関数であり，これらの A-特異スペクトルは明らかに $\{0\}\times\bar{\Omega}$ に含まれる（実は一致する）．

定理 2.10 コンパクトな台を持つ超関数 $f(x)$ に対し特異スペクトル分解の公式

$$f(x)=\int_{S^{n-1}}W_{+0}(x,\omega)*f(x)d\omega \tag{2.39}$$

が成り立つ．右辺のたたみ込みは x に関するものであり，ω に関する積分は Riemann 式近似和の超関数の意味の極限である．f が点 $(x;\xi)$ において解析的であるための必要かつ十分な条件は ξ の適当な近傍 $\Omega\subset S^{n-1}$ が存在して（実は十分小さい任意の近傍 Ω に対して）

$$f_{\Omega}(x)=f*W_{+0}(x,\Omega)=\int_{\Omega}W_{+0}(x,\omega)*fd\omega \tag{2.40}$$

が点 x の近傍で解析関数になることである．また f が $(x;\xi)$ において C^{∞} 級であるための必要かつ十分な条件は同じく (2.40) が点 x の近傍で C^{∞} 級関数となることである．

証明 平面波分解の場合と同様 (2.39) は (2.34) と定理 2.1 とから得られる．簡単のため $x=0$ とする．まず $(0;\xi)\notin A\text{-S.S.}f$ なら定義により ξ 方向に解析的な緩増加超関数 $g(x)$ が存在して $g_0=f-g$ は原点の近傍で解析関数となる．実軸まで連続な緩増加正則関数 $g_j(z)$ を用いて $g(x)=\sum_{j=1}^{N}D^{\alpha^{(j)}}g_j(x+i\Gamma_j0)$ と表わそう．ここに $\Gamma_j\cap\{y\xi<0\}\neq\phi$ である．$\chi(x)$ を球 $|x|\leqq\delta$ の定義関数とし，$\alpha^{(0)}=0$，$\Gamma_0=\boldsymbol{R}^n$ とおけば結局 $\boldsymbol{R}^n+i\{y\xi<0\}$ と交わる複素開集合

$$W_{\delta}(\Gamma_j)=\{|x|<\delta\}+i\{y\in\Gamma_j\mid |y|<\delta\}$$

で正則かつその閉包まで連続な関数 $g_j(z)$ $(j=0,\cdots,N)$ および $|x|\geqq\delta$ に含まれるコンパクトな台を持つ超関数 $h(x)$ があって

$$f=\sum_{j=0}^{N} D^{\alpha(j)}(\chi g_j)+h \tag{2.41}$$

と書けることがわかった．ξ の閉近傍 $\Omega\subset \boldsymbol{S}^{n-1}$ が十分小さければ $\Gamma^\circ\cap\boldsymbol{S}^{n-1}=\Omega$ なる開凸錐 Γ の逆向きの錐 $-\Gamma$ は半空間 $\{y\xi<0\}$ に十分近いからやはり各 Γ_j と交わる．このような Ω に対し (2.41) の右辺の各項について (2.40) が $|x|<\delta$ で解析関数となることを見よう．まず h については定理1.4の系により $|x|\geqq\delta$ に含まれるコンパクトな台を持つ連続関数 h_β を用いて $h=D^\beta h_\beta$ の形の有限和に表わせる．(ここでは K として凸でないコンパクト集合 $\{\delta\leqq|x|\leqq R\}$ が考えられているが，定理1.4の系の証明はこの集合についても明らかに通用する.) 故に (2.40) は (2.38) を用いて

$$\sum_\beta D^\beta \sum_{|\gamma|\leqq n+1} D^\gamma V^\gamma(x,\Omega)*h_\beta(x) \tag{2.42}$$

と書き直せる．ここで先に述べた $V^\gamma(x,\Omega)$ の性質から

$$V^\gamma(x,\Omega)*h_\beta(x)=\int_{|y|\geqq\delta} V^\gamma(x-y,\Omega)h_\beta(y)dy$$

において被積分関数は $|x|<\delta$ において x につき一定の複素領域に解析接続され，積分はそこで広義一様に収束していることがわかる．故にその結果は x の解析関数となるがこれをさらに微分しても解析関数であることは変わらない．次に (2.36) の他の項については同様に

$$V^\gamma(x,\Omega)*(\chi g_j)=\int_{|y|\leqq\delta} V^\gamma(x-y,\Omega)g_j(y)dy$$

を調べればよい．ここで $V^\gamma(x,\omega)$ の性質から $V^\gamma(x-y,\Omega)$ は $x\in\boldsymbol{R}^n$ のとき y につき無限小楔 $\boldsymbol{R}^n-i\Gamma 0$ 上の緩増加正則関数となる．故に Γ より少し狭い錐 Γ' をとれば y に関する積分の被積分関数は $W_\delta(-\Gamma'\cap\Gamma_j)$ に正則に拡張でき，積分路を端 $|y|=\delta$ を固定して内部をこの領域に変形させることができる．この結果 x は $|x|<\delta$ において変形された積分路の分だけ複素領域を動くことができ，そこで正則な関数が得られる．

逆を示すには，一般に $\Omega\subset\boldsymbol{S}^{n-1}$ に対し (2.40) が前節の意味で Ω に属さぬ方向に解析的な緩増加超関数を与えることをいえばよい．Ω はいくらでも細かく分割できるから開凸錐 Γ があって $\Omega=\Gamma^\circ\cap\boldsymbol{S}^{n-1}$ となっているとしても一般性を失わない．定理1.4の系によりコンパクトな台を持つ超関数を用いて $f(x)=$

$\sum_{\gamma} D^{\beta} f_{\beta}(x)$ と表わせば (2.42) と同様の変形ができる．$V^{\gamma}(x, \Omega)$ は $\boldsymbol{R}^n + i\Gamma 0$ 上の緩増加正則関数となるから連続関数とのたたみ込みと微分を行なった結果も同様である．

C^{∞}-特異スペクトルに関する主張は f が C_0^{∞} 級関数のとき $W_{+0}(x, \omega) * f(x)$ が x の緩増加 C^{∞} 級関数となることに注意すれば以上の結果をもとに容易に得られる．∎

定理 2.10 から特異スペクトルに関していろいろなことがわかる．まず台が一般の超関数 f の点 x における特異スペクトルは x の近傍で 1 に等しい C_0^{∞} 級関数 χ を掛けた χf に上の定理を適用して調べることができる．定理の主張の中にはその結論が χ のとり方によらぬことが含まれている．また $\pi: \boldsymbol{R}^n \times \boldsymbol{S}^{n-1} \to \boldsymbol{R}^n$ を自然な射影とするとき特異台と特異スペクトルとの関係

$$
(2.43) \qquad \begin{cases} \pi(A\text{-S. S.}\, f) = A\text{-sing. supp}\, f, \\ \pi(C^{\infty}\text{-S. S.}\, f) = C^{\infty}\text{-sing. supp}\, f \end{cases}
$$

が得られる．実際，$\subset$ は対偶を用いて定義から直ちに出る．逆向きの包含関係を示そう．点 x の近傍に特異スペクトルが存在しなければ $\boldsymbol{S}^{n-1}$ を十分細かく分割したとき定理 2.10 により各切片 Ω 上の積分 (2.40) は x の近傍ですべて解析関数 (C^{∞} 級関数) となるから対偶により証明された．(2.43) により特に解析関数 (C^{∞} 級関数) とは各点 $(x; \xi)$ において解析的な (C^{∞} 級の) 関数であるということができる．

定理の証明中に得られた表現 (2.41) はそこでの証明からわかるように $(0; \xi) \notin A\text{-S. S.}\, f$ の同値ないい換えである．これも重要で，例えば解析係数の線型偏微分作用素 $p(x, D)$ を施したとき A-特異スペクトルが増えないこと，すなわち

$$
(2.44) \qquad A\text{-S. S.}\, p(x, D) f \subset A\text{-S. S.}\, f
$$

がこの表現からわかる．同様の包含関係は定義から明らかに C^{∞}-係数の線型偏微分作用素と C^{∞}-S. S. f についても成り立つ．さらに次の定理が成立する．

定理 2.11 A-特異スペクトルは局所的な解析的座標変換 $y = F(x)$ で不変な概念である．すなわち

$$
(x; {}^t dF(x)\xi) \in A\text{-S. S.}\, f \Longrightarrow (y; \xi) \in A\text{-S. S.}\, f(F^{-1}(y)).
$$

証明 定理 2.9 と同様 $F(0) = 0$, $dF(0)$ は単位行列と仮定して $(0; \xi) \notin A\text{-S. S.}\, f(x)$ から $(0; \xi) \notin A\text{-S. S.}\, f(F^{-1}(y))$ を示せばよい．f の台はコンパクトと仮

定できるから，前定理の証明より $\{y\xi<0\}$ と交わる開凸錐 Γ_j があって $f(x)$ は (2.41) のように表わされる．$y=F(x)$ は解析的座標変換だから原点のある複素近傍まで恒等変換に十分近い正則な座標変換として拡張できる．故に Γ_j より少し狭い錐 Γ_j' をとり $\delta'<\delta$ を十分小さくとれば各 $g_j(F^{-1}(y))$ は $W_{\delta'}(\Gamma_j')$ で正則かつその境界まで連続となる．微分作用素 $D^{\alpha(j)}$ をこの座標変換により書き換え Leibniz の公式を用いて変形して球 $\{|y|\leqq\delta'\}$ の定義関数を用いれば，$f(F^{-1}(x))$ に対して再び (2.41) と同様の表示が得られる．故に上に注意したように $(0;\xi)\notin$ A-S. S. $f(F^{-1}(y))$ となる．▌

以上で特異スペクトルの概念が局所化され，したがって関数の滑らかさの概念が空間的かつ方向的に同時に局所化されたわけである．

この節の終わりに超関数の演算と特異スペクトルとの基礎的な関係を調べておこう．

定理 2.12 A-S. S. f と A-S. S. g が各点 x 上の繊維において互いに反対向きの方向を含まぬならば，積 fg が定義され A-S. S. fg の各点 x 上の繊維における方向成分は A-S. S. f と A-S. S. g のそれを最短大円弧で結んで得られる集合に含まれる：

$$A\text{-S. S. } fg\subset\{(x;\theta\xi+(1-\theta)\eta)\,|\,(x;\xi)\in A\text{-S. S. } f,\ (x;\eta)\in A\text{-S. S. } g,\ 0\leqq\theta\leqq1\}.$$

C^∞-特異スペクトルについても同様である．

証明 原点の近傍で考えよう．定理 2.10 により固有閉凸錐 $\Gamma_j{}^\circ\,(\varDelta_k{}^\circ)$ とその外で指数的に減少する緩増加超関数 $f_j\,(g_k)$ および原点の近傍の解析関数 a,b があって

$$f=a+\sum f_j,\qquad g=b+\sum g_k$$

と表わされる．原点の近傍を十分小さくとり各 $\Gamma_j{}^\circ,\varDelta_k{}^\circ$ の開きを十分小さくすれば仮定により $\Gamma_j{}^\circ$ と $\varDelta_k{}^\circ$ は互いに逆向きの方向を含まぬと仮定できる．C^∞ 級関数と超関数の積は既知だから前節の最後で述べたようにして

$$fg=ab+\sum ag_k+\sum bf_j+\sum f_jg_k \tag{2.45}$$

が定義できる．f_jg_k は $\Gamma_j{}^\circ+\varDelta_k{}^\circ$ に含まれぬ方向に解析的だから，分割を細かくすれば特異スペクトルに関する評価が得られる．以上の議論は C^∞-特異スペクトルの場合も全く同様である．

最後に積の結果が分割の仕方によらぬことを調べておこう．$f=a'+\sum f'_{j'}$ を

他の分割とする．C^∞ 級の関数の積については $ab+\sum f_jb=(a+\sum f_j)b=(a'+\sum f'_{j'})b$ は既知だから，各 k について

$$ag_k+\sum_j f_jg_k = a'g_k+\sum_{j'} f'_{j'}g_k$$

を見ればよい．φ を試験関数，χ を $\operatorname{supp}\varphi$ の近傍で1に等しい C_0^∞ 級関数とすれば (2.31) により $\varphi(f_jg_k)=\varphi(\chi f_j)(\chi g_k)$ だから，このためには両辺に χ を二つ掛けたものの観測値が等しいこと：

$$\left\langle(\chi a)(\chi g_k)+\sum_j(\chi f_j)(\chi g_k),\varphi\right\rangle=\left\langle(\chi a')(\chi g_k)+\sum_{j'}(\chi f'_{j'})(\chi g_k),\varphi\right\rangle$$

を調べれば十分である．$\int\psi(x)dx=1$ を満たす非負値 C_0^∞ 級関数 ψ をとり $\psi_\varepsilon(x)=(1/\varepsilon^n)\psi(x/\varepsilon)$ とおけば，$\psi_\varepsilon*(\chi g_k)$ は C_0^∞ 級関数となるから，上の式は (χg_k) を $\psi_\varepsilon*(\chi g_k)$ でおき換えれば成り立つ．故に $\varepsilon\downarrow 0$ のとき

$$\langle(\chi f_j)\{\psi_\varepsilon*(\chi g_k)\},\varphi\rangle\longrightarrow\langle(xf_j)(\chi g_k),\varphi\rangle$$

となることがわかれば証明が終わる．Parseval の等式と (2.30) より

$$\begin{aligned}&\langle(\chi f_j)\{\psi_\varepsilon*(\chi g_k)\},\varphi\rangle\\&=(2\pi)^{-n}\int\widetilde{\chi f_j}*\{\tilde{\psi}_\varepsilon\cdot\widetilde{\chi g_k}\}(\xi)\mathcal{F}^{-1}[\varphi](\xi)d\xi\\&=(2\pi)^{-n}\int\mathcal{F}^{-1}[\varphi](\xi)\int\widetilde{\chi f_j}(\xi-\eta)\widetilde{\chi g_k}(\eta)\tilde{\psi}_\varepsilon(\eta)d\eta.\end{aligned}$$

ここで $\widetilde{\chi f_j},\widetilde{\chi g_k}$ はそれぞれ $\tilde{f}_j,\tilde{g}_k$ と同じく $\Gamma_j{}^\circ,\Delta_k{}^\circ$ の外で急減少であるのみならずそれ自身 (2.16) の形の評価を満たすことが定理2.8の証明の仕方からわかる．したがって上の積分は絶対収束しており，$\varepsilon\downarrow 0$ すなわち $\tilde{\psi}_\varepsilon(\eta)=\tilde{\psi}(\varepsilon\eta)\to\tilde{\psi}(0)=1$ なる極限操作と交換することができ極限として

$$(2\pi)^{-n}\int\mathcal{F}^{-1}[\varphi](\xi)\int\widetilde{\chi f_j}(\xi-\eta)\widetilde{\chi g_k}(\eta)d\eta=\langle(\chi f_j)(\chi g_k),\varphi\rangle$$

を得る．▮

$f(x),g(y)$ がそれぞれ x,y のみの超関数のとき積 $f(x)g(y)$ はすでに§1.2で定義されたが，それはここでの定義と矛盾しない．実際 f,g の台はコンパクトと仮定して構わないから，上の証明から $f(x)(\psi_\varepsilon*g(y))$ は $\varepsilon\downarrow 0$ のときここの意味での積 $f(x)g(y)$ に近づくが，一方定理2.1によりそれは§1.2の意味での積 $f(x)g(y)$ にも近づく．

この定理で定めた積に対しても Leibniz の公式が成り立つ．これは(2.45)の中で ag_k の形の項については既知だから，f_jg_k の形の項について調べればよい．

$$\begin{aligned}\mathscr{F}[D^\alpha(f_jg_k)] &= \xi^\alpha\int\tilde{f}_j(\xi-\eta)\tilde{g}_k(\eta)d\eta \\ &= \sum_{\beta\leqq\alpha}\frac{\alpha!}{\beta!(\alpha-\beta)!}\int(\xi-\eta)^{\alpha-\beta}\tilde{f}_j(\xi-\eta)\eta^\beta\tilde{g}_k(\eta)d\eta \\ &= \sum_{\beta\leqq\alpha}\frac{\alpha!}{\beta!(\alpha-\beta)!}\mathscr{F}[D^{\alpha-\beta}f_j\cdot D^\beta g_k],\end{aligned}$$

途中の変形は切断関数 $\chi_k(\eta)$ を用いれば正当化できる．この式から Leibniz の公式が多項定理と同じ展開係数を持つ理由が一目瞭然である．

定理 2.13　$f(x,t)$ を t につきコンパクトな台を持つ $n+m$ 変数の超関数とする．このとき A-S. S. $\int f(x,t)dt$ は A-S. S. $f\cap \boldsymbol{R}^{n+m}\times(\boldsymbol{S}^{n-1}\times\{0\})$ の $\boldsymbol{R}^n\times\boldsymbol{S}^{n-1}$ への射影に含まれる：

$$\text{A-S. S.}\int f(x,t)dt\subset\{(x;\xi)\mid \text{ある } t \text{ について } (x,t;\xi,0)\in \text{A-S. S.} f\}.$$

C^∞-特異スペクトルについても同様である．

証明　考えている点 x の十分小さい近傍 U をとる．コンパクト集合 $K\subset\boldsymbol{R}^m$ があって $\operatorname{supp} f|_{U\times\boldsymbol{R}^m}\subset U\times K$ となる．$U'\subset U$ をさらに小さい x の近傍とし $\overline{U'}\times K$ の近傍で1に等しい C_0^∞ 級の関数を用いて f の台を $U\times K$ 内に切り落とし定理 2.10 を適用すれば，$U'\times\boldsymbol{R}^m$ 上 $f(x,t)=f_0(x,t)+\sum f_{\Omega_j}(x,t)$ と分解できる．ここに $f_0(x,t)$ は $U'\times\boldsymbol{R}^m$ 上の解析関数，$f_{\Omega_j}(x,t)=f_j((x,t)+i\Gamma_j0)$ である．各 $f_j(z,\tau)$ は柱状領域 $\boldsymbol{R}^{n+m}+i\Gamma_j\cap\{|y|<\delta, |s|<\delta\}$ 上緩増加正則としよう．分解の作り方から f_j は $t\notin K$ のとき実軸まで解析的に延長できる．故に K を内部に含む有界閉領域 L をとりその定義関数を $\chi_L(t)$ とすれば $U'\times\boldsymbol{R}^m$ 上 $f(x,t)=\chi_L(t)f_0(x,t)+\sum\chi_L(t)f_{\Omega_j}(x,t)$ となる．定積分

$$\int\chi_L(t)f_0(x,t)dt=\int_L f_0(x,t)dt$$

の意味は明白で結果は明らかに $x\in U'$ の解析関数となる．故に各積分 $\int\chi_L(t)\cdot f_{\Omega_j}(x,t)dt$ を見ればよい．$(y^{(0)},s^{(0)})\in\Gamma_j\cap\{|y|<\delta, |s|<\delta\}$ とすれば明らかに超関数の意味で $\chi_L(t)f_j(x+i\varepsilon y^{(0)}, t+i\varepsilon s^{(0)})\to\chi_L(t)f_{\Omega_j}(x,t)$ だから，定積分の連続性により

$$\int \chi_L(t) f_{\Omega_j}(x,t)\,dt = \lim_{\varepsilon\downarrow 0}\int_L f_j(x+i\varepsilon y^{(0)}, t+i\varepsilon s^{(0)})\,dt$$
$$= \lim_{\varepsilon\downarrow 0}\int_{L(s^{(0)},\varepsilon)} f_j(x+i\varepsilon y^{(0)}, \tau)\,d\tau,$$

ここに

$$L(s^{(0)},\varepsilon) = \{L+i\varepsilon s^{(0)}\} \cup \{\partial L+i\theta\varepsilon s^{(0)} \mid 0\leqq\theta\leqq 1\}$$

であり，実軸とつなぐためにつけ加えた部分での積分は f_j が $\boldsymbol{R}^n\times\partial L$ の近傍で正則だから明らかに 0 に収束している．最後の積分は f_j の τ に関する正則性により積分路 $L(s^{(0)},\varepsilon)$ において ε を変えても値が変わらない．故に $L(s^{(0)},\varepsilon)\equiv L(s^{(0)},1)$ ととりこの部分に関しては極限をとらずに済む．すると z の関数

$$\int_{L(s^{(0)},1)} f_j(z,\tau)\,d\tau$$

は柱状領域 $\boldsymbol{R}^n+i\Gamma_j\cap\{|y|<\delta, s=s^{(0)}\}$ 上の緩増加正則となる．この積分はまた，$s^{(0)}$ を変えても不変だから，$\boldsymbol{R}^{n+m}$ から $\boldsymbol{R}^n$ への射影を pr_y で表わせば結局 $\boldsymbol{R}^n+i\,\mathrm{pr}_y(\Gamma_j\cap\{|y|<\delta, |s|<\delta\})$ 上の緩増加正則関数となる．故にその実軸への極限として $A\text{-S. S.}\left[\int \chi_L(t) f_{\Omega_j}(x,t)\,dt|_{U'}\right]\subset U'\times(\mathrm{pr}_y\Gamma_j)^\circ\cap\boldsymbol{S}^{n-1}$．初等幾何学的考察で $(\mathrm{pr}_y\Gamma_j)^\circ=\Gamma_j{}^\circ\cap(\boldsymbol{S}^{n-1}\times\{0\})$ が確かめられるから，U を小さくし分割を細かくしてゆけば定理の主張が得られる．C^∞-特異スペクトルの場合は C^∞ 級関数 $g(x,t)$ の積分 $\int \chi_L(t) g(x,t)\,dt$ が x の C^∞ 級関数となることに注意すれば同様にゆく．∎

次の主張は (1.25) のミクロ局所化である．

系 f, g を $\boldsymbol{R}^n$ 上の超関数とし，いずれか一方はコンパクトな台を持つとする．このとき

$$A\text{-S. S.}\, f*g \subset \{(x+y\,;\xi) \mid (x\,;\xi)\in A\text{-S. S.}\, f,\ (y\,;\xi)\in A\text{-S. S.}\, g\}.$$

C^∞-特異スペクトルについても同様である．

証明 例えば g の台がコンパクトであるとする．定理 2.12 により

$$A\text{-S. S.}\, f(x)g(y)$$
$$\subset \{(x,y\,;\theta\xi,(1-\theta)\eta) \mid (x\,;\xi)\in A\text{-S. S.}\, f,\ (y\,;\eta)\in A\text{-S. S.}\, g,\ 0\leqq\theta\leqq 1\},$$

したがって定理 2.11 により

$$A\text{-S. S.}\, f(x-y)g(y)$$

$$\subset \{(x+y, y\,;\theta\xi, (1-\theta)\eta-\theta\xi) \mid (x\,;\xi) \in A\text{-S. S.}\, f, (y\,;\eta) \in A\text{-S. S.}\, g, 0\leqq\theta\leqq 1\},$$

故に定理 2.13 により $(1-\theta)\eta-\theta\xi=0$ とおいて上の包含関係を得る．C^∞-特異スペクトルの場合も全く同様である．▌

以下 $\boldsymbol{S}^{n-1}$ の点 $(\pm 1, 0, \cdots, 0)$ をしばしば $\pm\nu$ で表わす．開集合 U の各点 x に対し $(x\,;\pm\nu) \notin A\text{-S. S.}\, f(C^\infty\text{-S. S.}\, f)$ のとき f は U において x_1 を解析的パラメータ（C^∞ 級パラメータ）として含むという．

定理 2.14　f が原点の近傍で x_1 を解析的パラメータとして含むならば，原点の近傍で制限 $f|_{x_1=0}$ が

$$f|_{x_1=0} = \int \delta(x_1) f(x) dx_1 \tag{2.46}$$

により定義される．$A\text{-S. S.}\,[f|_{x_1=0}]$ は $A\text{-S. S.}\, f \cap \{x_1=0\} \times \boldsymbol{S}^{n-1}$ の $\xi_1=0$ への射影に含まれる：

$$A\text{-S. S.}\,[f|_{x_1=0}] \subset \{(x'\,;\xi') \mid \text{ある } \xi_1 \text{ について } (0, x'\,;\xi_1, \xi') \in A\text{-S. S.}\, f\}.$$

C^∞ 級パラメータの場合も同様の主張が成り立つ．さらに $f|_{x_1=\varepsilon}$ は $\varepsilon\to 0$ のとき超関数の意味で $f|_{x_1=0}$ に収束する．

証明　(2.28) より $\delta(x_1) = -(2\pi i)^{-1}\{1/(x_1+i0)-1/(x_1-i0)\}$ だから，$A\text{-S. S.}\, \delta(x_1) \subset \{x_1=0\} \times \{\pm\nu\}$ である．故に定理 2.12 により積 $\delta(x_1)f(x)$ は意味を持つ．積の局所性によりこの台は明らかに $\{x_1=0\}$ に含まれる．故に (2.46) 式で制限を定義することができる．$f(x)$ が連続関数ならこの定義は明らかに普通の制限と一致する．定理 2.12 により

$$A\text{-S. S.}\, \delta(x_1)f(x) \subset \{(0, x'\,;\pm(1-\theta)\nu+\theta\xi) \mid (0, x'\,;\xi) \in A\text{-S. S.}\, f, 0\leqq\theta\leqq 1\}.$$

解析的パラメータの仮定から $(0, x'\,;\xi) \in A\text{-S. S.}\, f$ で $|\xi|=1$ なら $|\xi_1|<1$．故に方程式 $\pm(1-\theta)+\theta\xi_1=0$ は常に θ につき解ける．したがって定理 2.13 により所要の評価を得る．C^∞ 級パラメータの場合も同様である．

最後に $\varphi(x')$ を x' の試験関数とすれば，積分順序の変更により

$$\begin{aligned}\langle f|_{x_1=\varepsilon}, \varphi(x')\rangle_{x'} &= \int \varphi(x') dx' \int \delta(x_1-\varepsilon) f(x) dx_1 \\ &= \int \delta(x_1-\varepsilon) dx_1 \int f(x)\varphi(x') dx' = \int f(x)\varphi(x') dx'|_{x_1=\varepsilon}.\end{aligned}$$

ここで定理 2.13 により $\int f(x)\varphi(x')dx'$ は C^∞-特異スペクトルが空集合となり，したがって x_1 の C^∞ 級関数となるから，上は $\varepsilon\to 0$ のとき

$$\int f(x)\varphi(x')dx'|_{x_1=0} = \langle f|_{x_1=0}, \varphi(x')\rangle_{x'}$$

に収束する．∎

x_1 が解析的パラメータとなる場合には $y_1=0$ との交わりが空でない錐 Γ_j を用いて $f=f_0+\sum f_j(x+i\Gamma_j0)$ と表わすことができる．ここに f_0 は考えている点の近傍における解析関数である．このとき上の制限は

$$f|_{x_1=0} = f_0|_{x_1=0}+\sum f_j((0, x')+i(\Gamma_j\cap\{y_1=0\})0)$$

と正則関数に対する普通の制限を用いて表現できる．この公式は本講では用いないので証明は省略する．

次の結果は解析接続の一意性をミクロ局所的に表わしているもので，A-特異スペクトルの最も基本的な性質である．x を位置，ξ を運動量座標と見れば，これは量子力学における相補性原理の一つの表現でもある．

定理 2.15 (柏原-河合)　f を原点のある近傍で定義された超関数とする．このとき $\mathrm{supp}\, f\subset\{x_1\geqq 0\}$ かつ $(0;\pm\nu)$ のいずれか一方が A-S.S. f に属さなければ原点のある近傍で $f\equiv 0$.

証明　$\varepsilon>0$ に対し $t=x_1+\varepsilon x'^2$ とおき，(t, x') を新しい座標に採用する．この座標変換は Holmgren 変換と呼ばれ，偏微分方程式論においてしばしば用いられる．$f(x)$ の変換 $g(t, x')$ は $\mathrm{supp}\, g(t, x')\subset\{t-\varepsilon x'^2\geqq 0\}$ により x' につきコンパクトな台を持つ．定理 2.11 により $(0;\pm\nu)$ のいずれか一方はやはり A-S.S. g に属さない．部分 Fourier 変換

$$\hat{g}(t;\xi') = \int e^{-ix'\xi'}g(t, x')dx'$$

は定理 2.13 により各 ξ' を止めたとき t の超関数として $(0;\pm 1)$ のどちらか一方を A-特異スペクトルに含まない．一方その台は明らかに $\{t\geqq 0\}$ に含まれている．つまり 1 変数の場合に帰着されたのである．このとき平面波分解 (2.28) を用いて $\hat{g}(t;\xi')$ は無限小楔 $\boldsymbol{R}\pm i0$ の上の緩増加正則関数 $\hat{g}_\pm(\tau)$ の極限の差 $\hat{g}_+(t+i0)-\hat{g}_-(t-i0)$ に分解される．上の推論の帰結として $\hat{g}_\pm(\tau)$ のうち一方は実軸を越えて原点の近傍に解析接続され，また両方とも負実軸 $t<0$ には解析接続され

てそこで $\hat{g}(t;\xi')=\hat{g}_+(t)-\hat{g}_-(t)=0$ である．このことから $\hat{g}_\pm(\tau)$ は原点の近傍で解析関数としてつながらねばならず，したがってそこで $\hat{g}(t;\xi')=0$ となる．故に $\chi(t)$ をそのような近傍に台を持ち原点のさらに小さい近傍で1に等しい C_0^∞ 級の関数とすれば

$$0=\int e^{-it\sigma}\chi(t)\hat{g}(t;\xi')dt=\mathscr{F}[\chi(t)g(t,x')],$$

故に反転公式より $\chi(t)g(t,x')\equiv 0$ を得る．故に $\chi(t)=1$ なる原点の近傍をもとの座標に戻した集合の上で $f\equiv 0$. ∎

f を $f=0$ のとき $df\neq 0$ なる実数値解析関数とする．上の定理から超関数 $\theta(f)$, $\delta(f)$ などの A-特異スペクトルは超曲面 $f=0$ の**余法線要素**の集合 $\{(x;\pm df(x))\,|\,f(x)=0\}$ を必ず含むことがわかる．

問　　題

1　コンパクトな台を持つ超関数 f に対し $\lim_{\varepsilon\downarrow 0}(1/\varepsilon^n)f(x/\varepsilon)$ を求めよ．

2　χ_k は開集合 U 上の C_0^∞ 級関数の列で，コンパクト集合 $\{\chi_k=1\}$ は内部から U に近づくとする．このとき $T\in\mathscr{D}'(U)$ に対し $\mathscr{D}'(U)$ において $\chi_k T\to T$.

3　補題1.1の逆を示せ．

［ヒント］　$\langle T,(1/\varepsilon^n)\psi(x/\varepsilon)*\varphi\rangle$ を考えよ．

4　任意の $\varepsilon>0$ に対し $e^{-\varepsilon|x|}f(x)$ が絶対積分可能となるような連続関数 $f(x)$ に対し§2.1の意味で広義積分 (2.4) が存在すれば Abel 極限 (2.6) も存在し同じ値を与える．

［ヒント］　公式

$$\begin{aligned}&\int_0^\infty e^{-\varepsilon r}\chi'(r)\,dr\int_0^\infty e^{-\varepsilon r}r^{n-1}dr\int_{S^{n-1}}f(r\omega)\,d\omega\\&=\lim_{R\to\infty}e^{-\varepsilon R}\int_0^\infty\chi(R-r)\,r^{n-1}dr\int_{S^{n-1}}f(r\omega)\,d\omega\\&\quad+\lim_{R\to\infty}\int_0^R\varepsilon e^{-\varepsilon s}ds\int_0^\infty\chi(s-r)\,r^{n-1}dr\int_{S^{n-1}}f(r\omega)\,d\omega\end{aligned}$$

を用いる．$\chi(x)=\theta(x)$ (Heaviside 関数) なら動径に関する部分積分に帰しいわゆる Abel の変形法.

5　関数 ce^{-ax^2} の満たす1階線型常微分方程式を求めそれが Fourier 変換で定数倍を除き不変となるように定数 a を定めよ．この方法で Fourier 変換不変な関数をたくさん作れ．

6　緩増加超関数 $f(x)=\sum_{n=-\infty}^{\infty}\delta(x-n)$ は次の二つの方程式を満たすことを示せ．

$$f(x+1)=f(x),\qquad e^{2\pi ix}f(x)=f(x).$$

これらの方程式の共通解は上の f の定数倍しかないことを確かめよ．またこれらの方程式が Fourier 変換でどう変わるかを調べよ．

7　多項式 $p(\xi)$ は $\boldsymbol{R}^n\setminus\{0\}$ で 0 にならぬとする．このとき方程式 $p(D)u=0$ の全空間で有界な解は定数に限る．(特に $\boldsymbol{R}^2$ において $p(\xi)=\xi_1+i\xi_2$ をとれば Liouville の定理.)

［ヒント］ Fourier 変換して定理 1.5 の系を適用.

8　柱状領域 $\boldsymbol{R}^n+i\varDelta$ 上の正則関数 $f(z)$ が §2.3 の意味で緩増加であるためには，$\boldsymbol{R}^n+i\varDelta$ 上次の評価式が満たされることが必要かつ十分である：ある $m>0,\ l>0$ が存在して

$$|f(z)|\leqq C(1+|z|)^m\operatorname{dis}(\operatorname{Im}z,\varDelta)^{-l}.$$

ここに $\operatorname{dis}(y,\varDelta)$ は点 y から集合 $\varDelta$ までの距離を表わす.

［ヒント］ 必要性は Cauchy の不等式，十分性は内部から境界に向かって不定積分することにより.

9　コンパクトな台を持つ超関数 f の C^∞-特異台がコンパクト凸集合 K に含まれるための必要かつ十分な条件は f の Fourier 変換 $\tilde{f}(\zeta)$ が次の条件を満たす整関数となることである：ある m が存在し任意の $N>0$ に対し $C_N>0$ を適当にとれば

$$|\operatorname{Im}\zeta|\leqq N\log(1+|\zeta|)-C_N\implies|\tilde{f}(\zeta)|\leqq C_N(1+|\zeta|)^m\exp(H_K(\operatorname{Im}\zeta))$$

(Ehrenpreis).

［ヒント］ 必要性の方は K の $(1/N)$-近傍で f を C^∞ に切断して補題 2.3 と定理 2.4 を適用．十分性は例えば $K\subset\{x_1\leqq A\}$ のとき第 1 変数に関して積分路を複素領域に $\operatorname{Im}\zeta_1=N\log(1+(|\zeta_1|^2+|\xi'|^2)^{1/2})-C_N$ とずらして逆 Fourier 変換の積分が $x_1>A$ で偏導関数も込めて広義一様収束することを見る.

10　超関数 $1/(x_1+ix'^2+i0)$ の Fourier 変換を求めよ.

［ヒント］ (2.21)参照．［答］ $-2i\pi^{(n-1)/2}\xi_1{}^{-(n-1)/2}e^{-\xi'^2/4\xi_1}\theta(\xi_1)$．この関数は原点で有界でないが広義積分は絶対収束しており超関数としてあいまいさはない.

11　分解 (2.34) の成分 $W_{+0}(x,\omega)$ の x に関する Fourier 変換を求めよ.

［答］ $(4\pi)^{-(n-1)/2}J(-D,\omega)((\xi\omega)^+)^{(n-1)/2}e^{-(\xi^2-(\xi\omega)^2)/4(\xi\omega)}$.

12　$\boldsymbol{R}^2$ 上の次の各超関数の A-S. S. および C^∞-S. S. を求めよ．(1) $\delta(x)$，(2) $\delta(x_1-x_2{}^2)$，(3) $\dfrac{1}{x_1+i0}\delta(x_2)$，(4) $\dfrac{1}{x_1+i0}\dfrac{1}{x_2+i0}$，(5) $\exp\left(\dfrac{z_1}{z_2{}^{1/3}}\right)\Bigg|_{\substack{z_1\mapsto x_1+i0\\ z_2\mapsto x_2+i0}}$ ($z_2{}^{1/3}$ は上半平面の主枝とする).

［答］ (1)-(4)．A-S. S., C^∞-S. S. とも順に (1) $\{0\}\times\boldsymbol{S}^1$，(2) $\{(x;\xi)\,|\,x_1-x_2{}^2=0,\ \xi=\pm\operatorname{grad}(x_1-x_2{}^2)\}$，(3) $\{0\}\times\{\xi_1\geqq0\}\cup\{x_1\neq0,\ x_2=0\}\times\{(0,\pm1)\}$，(4) $\{0\}\times\{\xi_1\geqq0,\ \xi_2\geqq0\}\cup\{x_1=0,\ x_2\neq0\}\times\{(1,0)\}\cup\{x_1\neq0,\ x_2=0\}\times\{(0,1)\}$．(5) A-S. S. は $\{x_2=0\}\times\{(0,1)\}$，C^∞-S. S. は $\{x_1\geqq0,\ x_2=0\}\times\{(0,1)\}$.

13　$\operatorname{supp}f\subset\{x_1=0\}$ かつ $(0;\pm\nu)$ のいずれか一方が C^∞-S. S. f に属さなければ原点のある近傍で $f\equiv0$.

14　$f(x)$ は x_1 を C^∞ 級パラメータとして含むとする．$\varepsilon\to0$ のとき超関数の意味で

$\theta(x_1-\varepsilon)f(x)\to\theta(x_1)f(x)$.

15　C^∞ 級パラメータ $\varepsilon>0$ を含む超関数 $f(x,\varepsilon)$ の $\varepsilon\downarrow 0$ における漸近展開

$$f(x,\varepsilon)\sim f_0(x)+f_1(x)\varepsilon+\cdots+f_k(x)\varepsilon^k+\cdots$$

とは，各 N に対し超関数の意味で $\left(f(x,\varepsilon)-\sum_{k=0}^{N}f_k(x)\varepsilon^k\right)\Big/\varepsilon^N\to 0$ となっていることをいう．問題の1の超関数 $(1/\varepsilon^n)f(x/\varepsilon)$ が $\varepsilon>0$ を C^∞ 級パラメータとして含むことを示し，その ε に関する漸近展開を求めよ．その展開級数は収束するか？

16　(Schwartz)　$\boldsymbol{R}^n$ 上の C^∞ 級関数 $\varphi(x)$ で，各 α,β に対し

$$\|\varphi\|_{\alpha,\beta}=\sup_{x\in\boldsymbol{R}^n}|x^\beta D^\alpha\varphi(x)|<\infty$$

を満たすものを急減少 C^∞ 級関数と呼びその全体を $\mathcal{S}$ で表わす．$\mathcal{S}$ の関数列 φ_k が $\mathcal{S}$ において $\varphi_k\to\varphi$ とは，上の記号で各 α,β に対し $\|\varphi_k-\varphi\|_{\alpha,\beta}\to 0$ なることと定める．このとき，(1) $\mathcal{S}$ は古典的な Fourier 変換で不変である．(2) $\mathcal{S}$ 上の連続な線型汎関数の全体 $\mathcal{S}'$ は，ちょうど §2.2 で導入した緩増加超関数の全体と一致する．(3) 緩増加超関数に対する Fourier 変換は $\mathcal{S}$ に対する Fourier 変換の双対線型写像と一致する．(4) $\mathcal{S}'$ の列 f_k が $\mathcal{S}'$ において $f_k\to f$ とは，任意の $\varphi\in\mathcal{S}$ に対し $\langle f_k,\varphi\rangle\to\langle f,\varphi\rangle$ なることと定める．この位相は定理 2.2 の意味で完備である．

17　$g(x)=\sum_{k=0}^{\infty}\frac{1}{k!}\delta^{(k)}(x-k)$ を考える．(1) これは $\boldsymbol{R}$ 上の超関数となるか？　もしそうならば緩増加超関数となるか？　(2) $\tilde{g}_N(\xi)=\int_{-\infty}^{N+1/2}e^{-ix\xi}g(x)\,dx$, $N=1,2,\cdots$ とおく．超関数列 $\{\tilde{g}_N(\xi)\}$ は $N\to\infty$ のとき超関数の意味で収束するか？　もしそうなら極限は何か？　(3) 広義積分 $\int_{-\infty}^{\infty}e^{-ix\xi}g(x)\,dx$ は §2.1 の意味で ξ の超関数として収束するか？

第3章　基　本　解

§3.1　基本解の構成

定数係数線型偏微分作用素 $p(D)$ (あるいはこれに対応する方程式 $p(D)u=f$) の**基本解**とは方程式 $p(D)u=\delta$ の解のことである．もしもこのような $E(x)$ が一つ知られれば直観的にいって方程式 $p(D)u=f$ の解 u が $u=E*f$ として自動的に求まる．実際 f の台がコンパクトならこの式は意味があり，たたみ込みの双線型性と (1.22) により

$$p(D)u=(p(D)E)*f=\delta*f=f \tag{3.1}$$

である．基本解という名称はこの故に与えられた．ところで $p(D)u=0$ は無限に多くの解を持っているので基本解の選び方にも無限の自由度がある．普通はその中で考える問題に応じて最も適当なものが選ばれる．うまく選ばれた基本解はもとの微分作用素の性質をすべて反映し，むしろこの意味で基本解の名にふさわしい．

$p(D)E=\delta$ を形式的に Fourier 変換すれば $p(\xi)\tilde{E}=1$ だから，直観的にいえば基本解を構成するには $1/p(\xi)$ の逆 Fourier 変換を計算すればよい．ただこの割り算も逆 Fourier 変換も一般には普通の関数にはならないので超関数としてどのように意味づけするかが問題となる．これには大別して二つのやり方がある．一つは割り算 $1/p(\xi)$ を関数解析や解析接続を用いて $\boldsymbol{R}^n$ 上の緩増加超関数として直接実現する方法である．もう一つは複素領域に逃れて $p(\zeta)\neq 0$ のところで $1/p(\zeta)$ の形式的逆 Fourier 変換の積分を計算する方法である．ここでは後者の方法でやってみよう．

われわれは前2章においてすでにいくつかの特殊な作用素の基本解を知っており，超関数論を展開するにあたりそれらを道具として用いた．例えば Laplace 作用素 Δ の基本解 $|x|^{2-n}/c_n(2-n)$，$D_1\cdots D_n$ の基本解 $i\theta(x_1)\cdots i\theta(x_n)$ など．このほか古典的に有名な d'Alembert 作用素 $\square=\partial^2/\partial t^2-\Delta$，熱方程式の作用素 $\partial/\partial t-\Delta$ の基本解についてはそれぞれ章末の問題の 2, 3 を参照されたい．これらの

基本解はいずれももとの微分作用素の種々の性質を反映していてすこぶる興味深い．話をわかり易くするため始めにこれらの例の簡単な一般化として構成の易しい二つの場合をとり上げよう．

最初に考えるのは $\triangle$ を一般化した楕円型作用素である．$p(D)$ が**楕円型**とはその最高階の部分，すなわち主部から作られる同次多項式 $p^0(\xi)$ が自明な零点 $\xi=0$ 以外に実の零点を持たぬことをいう．すると $\boldsymbol{R}^n$ の単位球 $|\xi|=1$ の上で 0 にならぬことからそこでの $|p^0(\xi)|$ の最小値は正である．故に多項式の連続性により $\delta>0$ が十分小さければ $|\xi|=1$，$|\eta|\leqq\delta$ のとき $\zeta=\xi+i\eta$ に対し $|p^0(\zeta)|\geqq c$ となる正定数 c が存在する．同次多項式であることを考慮すれば一般に $|\eta|\leqq\delta|\xi|$ のとき $|p^0(\zeta)|\geqq c|\xi|^m$ が成り立つことがわかる．ここに m は $p(D)$ の階数である．$p(\zeta)$ の残りの部分は $m-1$ 次以下だから，十分大きい C をとれば $|\xi|\geqq C$ においてそれらは $c|\xi|^m/2$ でおさえられる．$c/2$ を改めて c と書けば結局

$$|\xi| \geqq C,\ |\eta| \leqq \delta|\xi| \implies |p(\zeta)| \geqq c|\xi|^m \tag{3.2}$$

となる．故に超関数 $1/p(\xi)$ は $|\xi|\geqq C$ では普通の関数として定まる．しかし $|\xi|\leqq C$ においては一般には $p(\xi)$ の零点が現われるため直接超関数 $1/p(\xi)$ を定義するには深い幾何学的考察が必要である．われわれに必要なのはその逆 Fourier 変換なのだから横着をして $1/p(\zeta)$ が普通の意味で定義できるような複素積分路を見つけよう．いつものように $n-1$ 変数 $\xi_2,\cdots,\xi_n$ を ξ' と略記する．ξ' を $|\xi'|\leqq C$ の範囲に止め ζ_1 に関する代数方程式 $p(\zeta_1,\xi')=0$ を考える．仮定より明らかに最高次 $\zeta_1{}^m$ の係数は 0 でない定数であり，したがって m 個の複素根 $\zeta_1=\tau_1(\xi'),\cdots,\tau_m(\xi')$ を持つ．$\zeta_1=-C$ と $\zeta_1=+C$ をこれらに触らないように複素平面内の滑らかな曲線 $\gamma_{\xi'}:\eta_1=\eta_1(\xi_1,\xi')$ で結ぼう．ξ' を動かしたときこれらの根は連続的に動くから，ξ' が考えている点の十分小さい近傍にあればこうして決めた曲線は対応する根 $\tau_j(\xi')$ のいずれにも触らない．$|\xi'|\leqq C$ はコンパクトだから Heine-Borel の定理により全体として有限個の種類の曲線で間に合う．すなわち関数 $\eta_1(\xi)$ で $|\xi'|\geqq C$ では $\eta_1(\xi)\equiv 0$，かつ ξ' につき局所的に定数，ξ_1 につき C^1 級で，ある定数 $c>0$ に対し $p(\xi_1+i\eta_1(\xi),\xi')\geqq c$ を満たすものが構成された．そこで

$$E(x)=\frac{1}{(2\pi)^n}\int\frac{e^{ix\zeta}}{p(\zeta)}d\zeta \tag{3.3}$$

$$=\frac{1}{(2\pi)^n}\int_{\max\{|\xi_1|,|\xi'|\}\geqq C}\frac{e^{ix\xi}}{p(\xi)}d\xi+\frac{1}{(2\pi)^n}\int_{|\xi'|\leqq C}e^{ix'\xi'}d\xi'\int_{\gamma_{\xi'}}\frac{e^{ix_1\zeta_1}}{p(\zeta)}d\zeta_1$$

とおく．ここに $\zeta=(\zeta_1,\xi')$，$\zeta_1=\xi_1+i\eta_1(\xi)$ である．この積分が超関数の広義積分として収束することを確かめよう．第2項の積分領域はコンパクトだから明らかに普通の意味で収束し x の整関数になる．第1項は有界な関数の逆 Fourier 変換だから超関数の広義積分としてその収束は既知である．微分作用素 $p(D)$ の作用は広義積分とも交換可能だから (3.3) の右辺各項はいずれも積分記号下で形式的に微分することができて

$$p(D)E(x)=\frac{1}{(2\pi)^n}\int_{\max\{|\xi_1|,|\xi'|\}\geqq C}e^{ix\xi}d\xi+\frac{1}{(2\pi)^n}\int_{|\xi'|\leqq C}e^{ix'\xi'}d\xi'\int_{\gamma_{\xi'}}e^{ix_1\zeta_1}d\zeta_1.$$

Cauchy の積分定理により第2項の ζ_1 に関する積分を実軸に戻せば結局右辺は広義積分 $(2\pi)^{-n}\int e^{ix\xi}d\xi=\delta(x)$ に帰着する．すなわち基本解であることが確かめられたのである．

$\triangle$ の基本解は原点以外で解析関数であった．一般の楕円型作用素の場合にも上に得られた基本解 $E(x)$ が原点以外で解析関数になることを確かめよう．問題になるのは (3.3) の第1項だけである．そこでこれを $E_1(x)$ とおき，これが $x\neq 0$ のとき解析関数になることを示す．$E_1(x)$ の積分路を複素領域にずらそう．例えば $x_1>0$ なら第1座標を実軸から $\zeta_1=\xi_1+i\delta\max(|\xi|-\sqrt{2}C,0)$ に変更する．$\delta<1$ と仮定してよいから，不定積分した後で Cauchy の積分定理を適用すれば $\zeta=(\zeta_1,\xi')$ と書くとき

$$\begin{aligned}E_1(x)&=(1-\triangle)^n\int_{\max\{|\xi_1|,|\xi'|\}\geqq C}\frac{e^{ix\xi}}{(1+\xi^2)^n p(\xi)}d\xi\\&=(1-\triangle)^n\int_{|\xi'|\geqq C}d\xi'\int_{|\xi_1|\geqq C}\frac{e^{ix\xi}}{(1+\xi^2)^n p(\xi)}d\xi_1\\&=(1-\triangle)^n\int_{|\xi'|\geqq C}d\xi'\int_{|\xi_1|\geqq C}\frac{e^{ix\zeta}}{(1+\zeta^2)^n p(\zeta)}d\zeta_1\\&=(1-\triangle)^n\int_{\max\{|\xi_1|,|\xi'|\}\geqq C}\frac{\exp(ix\xi-\delta x_1|\xi_1|+\sqrt{2}\,\delta Cx_1)}{(1+\zeta^2)^n p(\zeta)}d\zeta_1 d\xi'.\end{aligned}$$

ここで $|\xi|\geqq\sqrt{2}C$ において $d\zeta_1 d\xi'=(1+i\delta\xi_1/|\xi|)d\xi$ であり，また $|1+\zeta^2|\geqq 1+(1-\delta^2)\xi^2$，かつ仮定により $p(\zeta)$ もここで (3.2) の帰結の式を満たしているから，最後の積分は x を複素変数 z に代えたとき $|\mathrm{Im}\,z|<\delta x_1$ において広義一様収束し，

したがって z の正則関数となる．故に $E_1(x)$ もそこで正則である．以上をまとめて，

定理 3.1　楕円型作用素には原点以外で解析関数であるような基本解が存在する．——

次に $D_1\cdots D_n$ の例を一般化しよう．ϑ を $\boldsymbol{R}^n$ のベクトルとする．作用素 $p(D)$ が ϑ 方向に (Gårding の意味で) **双曲型**であるとは次の二つの条件が成り立つことをいう．

G1　$p^0(\vartheta) \neq 0$.

G2　ある正定数 T が存在して $\xi \in \boldsymbol{R}^n$, $\mathrm{Im}\,\tau < -T$ なら $p(\xi+\tau\vartheta) \neq 0$.

p^0 は p の主部である．G1 が成り立つとき ϑ は p の**非特性方向**であるという．p の階数を m とすれば τ に関する代数方程式 $p(\xi+\tau\vartheta)=0$ の最高次 τ^m の係数は容易にわかるように $p^0(\vartheta)$ に等しい．故に条件 G1 のもとにこの方程式は m 個の根 $\tau_1(\xi), \cdots, \tau_m(\xi)$ を持つ．条件 G2 はこれらの根が $\xi \in \boldsymbol{R}^n$ のときつねに $\mathrm{Im}\,\tau_j(\xi) \geqq -T$ を満たすことを意味する．故に $t \geqq T+1$ なら

$$|p(\xi-it\vartheta)| = |p^0(\vartheta)| \prod_{j=1}^{m} |it+\tau_j(\xi)| \geqq p^0(\vartheta)|.$$

そこでそのような t を一つ固定して積分路 $\gamma_t : \xi - it\vartheta$ を用い

$$E(x) = \frac{1}{(2\pi)^n}\int_{\gamma_t} \frac{e^{ix\zeta}}{p(\zeta)}d\zeta = \frac{1}{(2\pi)^n}\int_{R^n} \frac{e^{ix\xi+tx\vartheta}}{p(\xi-it\vartheta)}d\xi \tag{3.4}$$

とおく．これは有界連続関数 $1/p(\xi-it\vartheta)$ の逆 Fourier 変換に $e^{tx\vartheta}$ を乗じたものだから広義積分は収束し超関数として意味を持つ．Abel 式極限に直して $p(D)$ を作用させると

$$p(D)E(x) = p(D)\lim_{\varepsilon\downarrow 0} \frac{1}{(2\pi)^n}\int_{\gamma_t} \frac{e^{ix\zeta-\varepsilon\zeta^2}}{p(\zeta)}d\zeta = \lim_{\varepsilon\downarrow 0} \frac{1}{(2\pi)^n}\int_{\gamma_t} e^{ix\zeta-\varepsilon\zeta^2}d\zeta.$$

極限をとる前に Cauchy の積分定理を用いれば右辺は $\delta(x)$ となり $E(x)$ が基本解であることが確かめられた．これは Leibniz の公式

$$p(D)\{e^{i\eta x}f(x)\} = e^{i\eta x}p(D+\eta)f(x) \tag{3.5}$$

と (2.20) を用いて (3.4) の最後の辺を直接微分して確かめることもできる．

(3.4) 式において $t \to +\infty$ とすれば，$x\vartheta < 0$ において最後の辺は明らかに超関数の意味で 0 に収束する．故に $E(x)$ の台は半空間 $x\vartheta \geqq 0$ に含まれることがわ

かる.

定理 3.2 双曲型作用素に対しては台が半空間に含まれるような基本解が存在する. ——

実は E の台はもっと小さく $D_1\cdots D_n$ の場合と同様ある固有閉凸錐に含まれるのである. それを正確に記述することは重要な問題なので次の章にまわして, そろそろ一般の作用素 $p(D)$ に対して基本解を構成しよう.

補題 3.1 $\boldsymbol{R}^n$ の有限個の点より成る集合 A が存在し適当な定数 C_1, C_2 があって m 次以下の任意の多項式 p に対し各点 $\xi\in\boldsymbol{R}^n$ において

$$C_1\sum_{|\alpha|\leq m}|D^\alpha p(\xi)|\leqq\max_{\vartheta\in A}|p(\xi+\vartheta)|\leqq C_2\sum_{|\alpha|\leqq m}|D^\alpha p(\xi)|$$

が成り立つ.

証明 第2の不等式は Taylor 展開してみればすぐわかる. さて, m 次以下の複素係数多項式の全体 $\mathcal{P}_m$ は $\boldsymbol{C}$ 上の有限次元線型空間を作る. $\vartheta\in\boldsymbol{R}^n$ に対し $p\mapsto\langle p,\vartheta\rangle=p(\vartheta)$ で線型関数 $\langle\cdot,\vartheta\rangle$ を定めれば, $\boldsymbol{R}^n$ から $\mathcal{P}_m$ の双対空間への線型写像が得られる. 双対空間も有限次元だから, これらの線型関数の中から1次独立な有限個をとり出せば像を張るのに十分である. それを $\{\langle\cdot,\vartheta\rangle\,|\,\vartheta\in A\}$ としよう. 他の任意の点 $\eta\in\boldsymbol{R}^n$ に対しては

$$\langle p,\eta\rangle=\sum_{\vartheta\in A}R_\vartheta(\eta)\langle p,\vartheta\rangle$$

と $\boldsymbol{C}$-係数1次結合で表わされるが, p をいろいろ取ることにより係数 $R_\vartheta(\eta)$ が η の多項式であることがわかる. 故に任意の多項式 $p(\eta)$ に対し $p(\eta)=\sum_{\vartheta\in A}R_\vartheta(\eta)\cdot p(\vartheta)$ が成り立つことがわかった. 特に $\xi\in\boldsymbol{R}^n$ を固定し η の多項式 $p(\xi+\eta)$ にこの式を適用すれば

$$p(\xi+\eta)=\sum_{\vartheta\in A}R_\vartheta(\eta)p(\xi+\vartheta)$$

が成り立つ. これを η につき微分して $\eta=0$ とおけば第1の不等式が得られる. ∎

補題 3.2 A を前補題の与える集合とし, $A'=\bigcup_{j=1}^m\frac{1}{j}A$ とおく. 定数 C が存在して m 次以下の任意の多項式 p に対し各点 $\xi\in\boldsymbol{R}^n$ において

$$\sum_{|\alpha|\leqq m}|D^\alpha p(\xi)|\leqq C\max_{\vartheta\in A'}\inf_{|\tau|=1}|p(\xi+\tau\vartheta)|$$

が成り立つ.

証明 1変数多項式 $q(\tau)=p(\xi+\tau\vartheta)$ に対し

$$|q(1)| = |p(\xi+\vartheta)| \leqq (4m+1)^m \max_{0\leqq k\leqq m} \inf_{|\tau|=k/m} |p(\xi+\tau\vartheta)|$$

を示せばよい．$q(\tau)$ を μ 次 $(\mu\leqq m)$ とし $\tau_1, \cdots, \tau_\mu$ を $q(\tau)=0$ の根とすれば $q(\tau)=q_0\prod_{j=1}^{\mu}(\tau-\tau_j)$ と書ける．部屋割り論法により $k/m\,(k=0, \cdots, m)$ のうちの一つを適当に選べば $|k/m-|\tau_j||\geqq 1/2m\,(j=1, \cdots, \mu)$ が成り立つことがわかる．故に $|\tau|=k/m$ ならば

$$|q(\tau)| \geqq |q_0| \prod_{j=1}^{\mu} |k/m-|\tau_j||, \qquad |q(1)| \leqq |q_0| \prod_{j=1}^{\mu}(1+|\tau_j|)$$

となるが，ここで各 j について

$$\frac{|k/m-|\tau_j||}{1+|\tau_j|} \geqq \frac{1/2m}{2+1/2m} = \frac{1}{4m+1}$$

が成り立つ．実際この式は $|\tau_j|\leqq 1+1/2m$ なら上に述べたところから明らかに正しいが，$|\tau_j|\geqq 1+1/2m$ において左辺は $|\tau_j|$ の単調増加関数だからそこでも成り立つ．これから求める不等式が得られる．▌

以上の補題を用いて p の基本解を作ろう．粗くいって $1/p(\xi)$ の逆 Fourier 変換の積分路を $\tau\vartheta$ 方向にずらせばよいのだが，積分路を連続につなげるには面倒な考察が要る．そこで次のように工夫する．$\boldsymbol{R}^n$ を滑らかな境界から成る互いに交わらぬ有限個の開集合 $D_\vartheta, \vartheta\in A'$ に分割し $\boldsymbol{R}^n=\bigcup_\vartheta \bar{D}_\vartheta$ かつ 各 $\xi\in\bar{D}_\vartheta$ において

$$\sum_{|\alpha|\leqq m} |D^\alpha p(\xi)| \leqq 2C \inf_{|\tau|=1} |p(\xi+\tau\vartheta)| \tag{3.6}$$

が成り立つようにする．これは補題 3.2 と多項式の連続性により可能である．

$$E(x) = \frac{1}{(2\pi)^n} \sum_{\vartheta\in A'} \int_{D_\vartheta} d\xi \frac{1}{2\pi i} \oint_{|\tau|=1} \frac{e^{ix(\xi+\tau\vartheta)}}{p(\xi+\tau\vartheta)} \frac{d\tau}{\tau} \tag{3.7}$$

とおこう．(3.6) により右辺の ξ に関する積分は明らかに超関数の広義積分として収束している．$p(D)$ を施せば広義積分の中へ移すことができて留数定理により

$$\begin{aligned} p(D)E(x) &= \frac{1}{(2\pi)^n} \sum_{\vartheta\in A'} \int_{D_\vartheta} d\xi \frac{1}{2\pi i} \oint_{|\tau|=1} e^{ix(\xi+\tau\vartheta)} \frac{d\tau}{\tau} \\ &= \frac{1}{(2\pi)^n} \int_{\boldsymbol{R}^n} e^{ix\xi} d\xi = \delta(x), \end{aligned}$$

最後の広義積分で積分領域 $\bigcup_\vartheta D_\vartheta$ を $\bigcup_\vartheta \bar{D}_\vartheta=\boldsymbol{R}^n$ に取り替えても値が変わらぬこ

とは有界な領域の上の通常の積分については既知だから広義積分の定義から明らかである．故に $E(x)$ は基本解であることがわかった．これを Hörmander の**正則基本解**という．

この節の最後に今作った基本解の滑らかさを調べておこう．

定理 3.3　正則基本解の A-特異スペクトルは $\{(x;\xi)\,|\,x\xi=0\}$ に含まれる．

証明　$x^{(0)}\neq 0$ とする．(3.7) の ξ に関する積分を $|x^{(0)}\xi|\geqq\delta|\xi|$ の部分と $|x^{(0)}\xi|\leqq\delta|\xi|$ の部分に分ける．まず $|x^{(0)}\xi|\geqq\delta|\xi|$ 上の積分は点 $x^{(0)}$ の近傍で解析関数となることを見よう．複素数 σ の絶対値が ξ によらぬある定数 c より小さければ各 D_ϑ の上で

$$\sum_{|\alpha|\leqq m}|D^\alpha p(\xi)|\leqq 4C\inf_{|\tau|=1}|p((1+\sigma)\xi+\tau\vartheta)| \tag{3.8}$$

が成り立つことを示そう．Taylor の定理より，ある定数 C' があって $|\sigma|\leqq 1$ のとき

$$\begin{aligned}|p((1+\sigma)\xi+\tau\vartheta)-p(\xi+\tau\vartheta)| &= \left|\sum_{0<|\alpha|\leqq m}D^\alpha p(\xi+\tau\vartheta)(\sigma\xi)^\alpha\right| \\ &\leqq |\sigma|C'\sum_{|\alpha|\leqq m}|D^\alpha p(\xi)|,\end{aligned}$$

故に $|\sigma|\leqq c=\min\{1, 1/2C'\}$ ならこれと (3.6) とから (3.8) を得る．そこで (3.7) を Abel 極限に表わした後 $x^{(0)}\xi\geqq\delta|\xi|$ においては積分路を複素領域内 $\zeta=\xi+ic\xi$ に，また $x^{(0)}\xi\leqq-\delta|\xi|$ においては $\zeta=\xi-ic\xi$ に変更してみる．$\delta|\xi|/2\leqq|x^{(0)}\xi|\leqq\delta|\xi|$ においてはこの変更した積分路ともとの積分路とを例えば $\xi\pm i(2/\delta)(|x^{(0)}\xi|/|\xi|-\delta/2)c\xi$ で接続する．(この積分路変更については第 2 章の補題 2.4 の後の注意を見よ.)　さて (3.7) の一つの項

$$\lim_{\varepsilon\downarrow 0}\frac{1}{(2\pi)^n}\int_{D_\vartheta\cap\{x^{(0)}\xi\geqq\delta|\xi|\}}d\zeta\frac{1}{2\pi i}\oint_{|\tau|=1}\frac{e^{ix(\xi+\tau\vartheta)-cx\xi-\varepsilon\zeta^2}}{p(\zeta+\tau\vartheta)}\frac{d\tau}{\tau}$$

において x が $x^{(0)}$ の $\delta/2$-近傍にあれば

$$-cx\xi\leqq -cx^{(0)}\xi+c\delta|\xi|/2\leqq -c\delta|\xi|/2. \tag{3.9}$$

したがって (3.8) によりこの積分は $\varepsilon=0$ の場合もこめて点 $x^{(0)}$ の複素近傍 $\{z=x+iy\,|\,|x-x^{(0)}|<\delta/2, |y|<c\delta/2\}$ で広義一様収束しそこで正則な関数を定める．$x^{(0)}\xi\leqq-\delta|\xi|$ 上の積分も同様である．

次に $|x^{(0)}\xi|\leqq\delta|\xi|/2$ 上のもとの積分および $\delta|\xi|/2\leqq|x^{(0)}\xi|\leqq\delta|\xi|$ において路を

変形された積分の A-特異スペクトルが $\boldsymbol{R}^n\times\{\xi\in\boldsymbol{S}^{n-1}\,|\,|x^{(0)}\xi|\leqq\delta\}$ に含まれることを見よう．$\delta>0$ は任意だからこれにより定理が証明される．(3.7) の一つの項をとり今度は $(1-\triangle)^n$ で不定積分した表現を用いよう．$|x^{(0)}\xi|\leqq\delta|\xi|/2$ を有限個の固有閉凸錐 $\Gamma_j{}^\circ$ に分割し

$$(3.10)\quad E_{\vartheta,j}(x)=(1-\triangle)^nF_{\vartheta,j}(x)$$
$$=(1-\triangle)^n\int_{D_\vartheta\cap\Gamma_j{}^\circ}\frac{1}{(1+\xi^2)^n}d\xi\frac{1}{2\pi i}\oint_{|\tau|=1}\frac{e^{ix(\xi+\tau\vartheta)}}{p(\xi+\tau\vartheta)}\frac{d\tau}{\tau}$$

とおく．x を複素変数 z に変えたとき $\mathrm{Im}\,z\in\Gamma_j$ ならばある $\varepsilon>0$ について $\mathrm{Im}\,z\xi\geqq\varepsilon|\xi|$ となるからそこでは上の積分は広義一様に絶対収束し正則関数 $F_{\vartheta,j}(z)$ を定める．$F_{\vartheta,j}(z)$ は無限遠方には緩増加ではないが実軸まで連続に拡張できる．故に (2.41) の形の表現が得られ定理 2.10 の後で注意したように $E_{\vartheta,j}(x)=(1-\triangle)^nF_{\vartheta,j}(x)$ の A-特異スペクトルは $\boldsymbol{R}^n\times(\Gamma_j{}^\circ\cap\boldsymbol{S}^{n-1})$ に含まれ，したがって $\boldsymbol{R}^n\times\{\xi\in\boldsymbol{S}^{n-1}\,|\,|x^{(0)}\xi|\leqq\delta/2\}$ に含まれる．これで $|x^{(0)}\xi|\leqq\delta|\xi|/2$ の部分は処理できた．$\delta|\xi|/2\leqq|x^{(0)}\xi|\leqq\delta|\xi|$ の部分も積分路の変更の仕方から (3.9) の計算と同様 x が $x^{(0)}$ の $\delta/2$-近傍にあるとき増えた指数の実部 $\leqq 0$ がわかるので同様に処理できる．∎

上で構成した基本解はいずれも見かけ上逆 Fourier 変換の形をしているが，実軸上の逆 Fourier 変換の式から出発して複素積分路に移ったのではなくはじめから複素積分路を用いて定義されたものであることに注意しよう．特に，これらの基本解は必ずしも緩増加超関数とはなっておらず，したがってその Fourier 変換は必ずしも超関数として確定していない．(高々‘指数的増大’ではある．例えば $a=\sup_{\vartheta\in A}|\vartheta|$ とおけば (3.9) 式で $E(x)e^{-a|x|}$ は緩増加超関数となる．) 緩増加超関数の中で基本解を作れることが知られているが難しい割には有用でない．前章において導入された緩増加超関数は Fourier 変換論をきれいにまとめるための便宜的なものであると了解されたい．

変数係数の線型偏微分作用素 $p(x,D)$ の場合，基本解とは $p(x,D)E(x,y)=\delta(x-y)$ を満たす超関数 $E(x,y)$ のことをいう．定数係数の場合これは $E(x,y)=E(x-y)$ に相当する．変数係数の作用素に対しては基本解は必ずしも存在しない．存在する場合も上のように一般的に積分1個で表わすことはできず，何らかの意味で近似的に計算してゆくことになる．(逐次近似，級数展開など，ある

いは関数解析を用いた抽象論もこれに類する.）一度基本解が求まれば以下の節における議論は定数係数の場合とほぼ同様にゆく.

§3.2　局所正則性と正則性伝播

一般に微分方程式の解の滑らかさを調べることを**正則性**の問題という. 前節で作った正則基本解 (3.7) の正則性を定理 3.3 とは別の観点から調べよう. p^0 を p の主部とする. 前節の議論では $p(\xi)$ の $|\xi|$ が十分大きいところでの性質が基本解の正則性を決めていることがわかる. したがって主部の性質は特に重要である.

定理 3.4　基本解 (3.7) の A-特異スペクトルは次の集合に含まれる: $\boldsymbol{R}^n\times\{\xi\in\boldsymbol{S}^{n-1}\,|\,p^0(\xi)=0\}\cup\{0\}\times\boldsymbol{S}^{n-1}$.

証明　$\xi^{(0)}$ を非特性方向, $x^{(0)}\neq 0$ とするとき $E(x)$ が $(x^{(0)}\,;\xi^{(0)})$ において解析的なことをいえばよい. $p^0(\xi^{(0)})\neq 0$ より $\xi^{(0)}$ を内部に含むある固有閉凸錐 Γ° があり $\xi\in\Gamma^\circ$ ならば $p^0(\xi)\neq 0$ となる. 故に楕円型作用素の場合の考察と同様十分小さい $\delta>0$ と十分大きい $C>1$ をとれば

$$\xi\in\Gamma^\circ,\ |\xi|\geqq C,\ |\eta|\leqq\delta|\xi|\implies|p(\xi+i\eta)|\geqq c|\xi|^m \tag{3.11}$$

となる定数 c の存在することがわかる. そこで $C'=\max_{\vartheta\in A}|\vartheta|+C$ とおき, 有限個の固有閉凸錐 $\Gamma_j{}^\circ$ を Γ° と合わせて $\boldsymbol{R}^n$ の分割となるように選んで (3.7) の積分を次のように分ける:

$$E(x)=E_0(x)+E_\Gamma(x)+\sum_{j=1}^{N}E_{\Gamma_j}(x),$$

$$E_0(x)=\frac{1}{(2\pi)^n}\sum_{\vartheta\in A'}\int_{D_\vartheta\cap\{|\xi|\leqq C'\}}d\xi\frac{1}{2\pi i}\oint_{|\tau|=1}\frac{e^{ix(\xi+\tau\vartheta)}}{p(\xi+\tau\vartheta)}\frac{d\tau}{\tau},$$

$$E_\Gamma(x)=\frac{1}{(2\pi)^n}\sum_{\vartheta\in A'}\int_{D_\vartheta\cap\{|\xi|\geqq C'\}\cap\Gamma^\circ}d\xi\frac{1}{2\pi i}\oint_{|\tau|=1}\frac{e^{ix(\xi+\tau\vartheta)}}{p(\xi+\tau\vartheta)}\frac{d\tau}{\tau}.$$

$E_{\Gamma_j}(x)$ も最後の式の Γ を Γ_j に変えて同様に定義される. まず $E_0(x)$ は x の整関数となる. 次に $E_\Gamma(x)$ については (3.11) によりこの積分領域で $|\tau|\leqq 1$ のとき $p(\xi+\tau\vartheta)\neq 0$, したがって被積分関数は τ につき正則となるから留数定理により

$$E_\Gamma(x)=\frac{1}{(2\pi)^n}\sum_{\vartheta\in A'}\int_{D_\vartheta\cap\{|\xi|\geqq C'\}\cap\Gamma^\circ}\frac{e^{ix\xi}}{p(\xi)}d\xi \tag{3.12}$$

に帰着する. $x^{(0)}\neq 0$ のとき楕円型作用素の基本解の場合と同様 (3.11) を用いて積分路を複素領域にずらすことができ, ずらした部分は $x^{(0)}$ の近傍において解

析関数となる．最後に $E_{\Gamma_j}(x)$ については定理3.3の証明と同様 A-S.S. $E_{\Gamma_j}(x)$ $\subset \boldsymbol{R}^n \times (\Gamma_j{}^\circ \cap \boldsymbol{S}^{n-1})$ 等が示される．また $E_\Gamma(x)$ の積分路変更により生じた Γ° の境界付近の複素積分についても，適当に固有錐に分割して同様に議論すれば，$x^{(0)}$ の近傍で $\xi^{(0)}$ 方向を A-特異スペクトルに含まぬことがわかる．以上を総合して $(x^{(0)}; \xi^{(0)}) \notin$ A-S.S. E がわかった．▮

$p^0(\xi)=0$ を満たす実ベクトル $\xi \neq 0$ を p の**特性方向**という．$(x;\xi) \in \boldsymbol{R}^n \times \boldsymbol{S}^{n-1}$ について ξ が特性方向のとき $(x;\xi)$ を p の**特性点**と呼ぶことにしよう．同様に ξ が p の非特性方向のときは $(x;\xi)$ を p の非特性点と呼ぶ．次の定理はしばしば佐藤の基本定理と呼ばれる．

系　u を $p(D)u=0$ の超関数解とするとき，A-S.S. u は p の特性点の集合に含まれる．さらに一般に u を超関数とするとき

(3.13)　A-S.S. $p(D)u \subset$ A-S.S. $u \subset$ A-S.S. $p(D)u \cup \{(x;\xi) \mid p^0(\xi)=0\}$.

証明　第1の包含関係は既知である．u は原点の近傍で定義されているとしよう．χ を原点の近傍で1に等しい十分小さな台を持つ $C_0{}^\infty$ 級の関数とし χu をコンパクトな台を持つ $\boldsymbol{R}^n$ 上の超関数とみなす．E を前節で作った p の基本解(3.7)とすれば

$$\chi u = \chi u * \delta = \chi u * p(D)E = p(D)(\chi u) * E.$$

定理2.13の系により上のたたみ込みの結果原点での A-特異スペクトルにはもともとの $p(D)u$ の原点における A-特異スペクトルか，原点以外での E の A-特異スペクトルに含まれる方向しか現われない．故に前定理により(3.13)の第2の包含関係を得る．特に $p(D)u=0$ なら原点の付近で A-S.S. $p(D)(\chi u)$ は空集合だから，A-S.S. u は $\{(x;\xi) \mid p^0(\xi)=0\}$ に含まれることになる．▮

変数係数の作用素 $p(x, D)$ の場合 $(x;\xi) \in \boldsymbol{R}^n \times \boldsymbol{S}^{n-1}$ が特性点(非特性点)であるとは $p^0(x, \xi)=0\ (\neq 0)$ を満たすことと定められる．この方程式は x を含むから特性方向なる概念は大域的には意味を持たない．$p(x, D)$ が A-係数のとき上の系はそのままの形で成り立つことが知られている．また $p(x, D)$ が C^∞-係数のときには A-S.S. を C^∞-S.S. でおきかえれば同様の主張が得られることも知られている．

次に C^∞-特異スペクトルを調べよう．$\xi^{(0)} \in \boldsymbol{S}^{n-1}$ が p の準非特性方向であるとは，$\xi^{(0)}$ を内部に含む錐 Γ° があって $\xi \in \Gamma^\circ$ のとき ξ と p の**複素特性多様体**

$\{\zeta\in \boldsymbol{C}^n\,|\,p(\zeta)=0\}$ との距離 $d(\xi)$ が $|\xi|\to\infty$ のとき無限に大きくなる場合をいう．付録の定理 A.5 の系により，このとき正定数 a, δ, c, C を適当にとれば

$$(3.14)\qquad \xi\in\Gamma^\circ,\ \ |\xi|\geqq C,\ \ |\eta|\leqq\delta|\xi|^a\implies |p(\xi+i\eta)|\geqq c$$

となることがわかる．特に (3.11) により非特性方向は $a=1$ で (3.14) を満たしているからもちろん準非特性方向でもある．$\xi\in \boldsymbol{S}^{n-1}$ が準非特性方向のとき $(x;\xi)$ を準非特性点ということにしよう．

定理 3.5 基本解 (3.7) は原点以外で p の準非特性点において C^∞ 級である．

証明 定理 3.4 の証明と同様に進む．$(x^{(0)};\xi^{(0)})$ を $x^{(0)}\neq 0$ なる準非特性点としよう．$E_\Gamma(x)$ はこの場合も留数定理を用いて (3.12) の形にできる．そこでの証明と同様 $(1-\triangle)^n$ で不定積分し，その後で，たとえば $x_1{}^{(0)}>0$ のとき (3.14) を用い C' を先と同じ定数として ξ_1 に関する積分路の内部を実軸から $\zeta_1=\xi_1+i\delta(|\xi|^a-C'^a)$ にずらす．$\zeta=(\zeta_1,\xi')$ とおき，簡単のため端を無視して書けば

$$(1-\triangle)^n\frac{1}{(2\pi)^n}\sum_{\vartheta\in A'}\int_{D_\vartheta\cap\{|\xi|\geqq C'\}\cap\Gamma^\circ}\frac{\exp\,(ix\xi-\delta x_1(|\xi|^a-C'^a))}{(1+\zeta^2)^n p(\zeta)}d\zeta$$

となる．$a>0$ だからこの積分は x につき何回形式的に偏微分した後でも $x_1>0$ において広義一様収束し，したがってそこで C^∞ 級関数を定める．基本解の残りの部分は定理 3.4 の証明から $(x^{(0)};\xi^{(0)})$ において解析的ですらある．∎

定理 3.4 の系の場合と同様の推論で定理 3.5 から次の系を得る．

系 $p(x,D)u$ が p の準非特性点において C^∞ 級なら u もそこで C^∞ 級である．特に u を $p(x,D)u=0$ の超関数解とするとき p の準非特性点は C^∞-S. S. u に含まれない．——

次にこれらの主張の逆を調べよう．

補題 3.3 ξ が p の準非特性方向でなければ正則基本解 (3.7) は $|x|=r>0$ なる任意の球面上に C^∞-特異スペクトルの点 $(x;\xi)$ を少なくとも一つ含む．

証明 $\xi^{(0)}$ が p の準非特性方向でなければ $\xi^{(0)}$ を内部に含むいかなる錐 Γ° をとっても点列 $\xi^{(k)}+i\eta^{(k)}$ を $\xi^{(k)}\in\Gamma^\circ$，$|\xi^{(k)}|\to\infty$，$|\eta^{(k)}|\leqq C$，$p(\xi^{(k)}+i\eta^{(k)})=0$ を満たすように選ぶことができる．背理法を用いることとし，ある $r>0$ について $\{|x|=r\}\times\{\xi^{(0)}\}\cap C^\infty$-S. S. $E=\phi$ としよう．C^∞-S. S. E は閉集合だから $r_1<r<r_2$ を r に十分近くとれば $\{r_1\leqq|x|\leqq r_2\}\times\{\xi^{(0)}\}\cap C^\infty$-S. S. $E=\phi$ ともなる．そこで $C_0{}^\infty$ 級関数 χ を $|x|\leqq r_1$ で $\chi\equiv 1$，$|x|\geqq r_2$ で $\chi\equiv 0$ となるように選ぶ．

$$p(D)(\chi E)=\delta+u$$

となり，仮定により u は $\xi^{(0)}$ 方向に C^∞ 級となる．故にその Fourier 変換は $\xi^{(0)}$ を内部に含むある錐 Γ° において急減少となる．しかも ψ を $\mathrm{supp}\, u$ の近傍で1に等しい C_0^∞ 級の関数とすれば(2.30)により $\tilde{u}=\widetilde{\psi u}=(2\pi)^{-n}\tilde{\psi}*\tilde{u}$ であり，$\tilde{\psi}(\xi+i\eta)$ は補題2.3により ξ の関数として $|\eta|\leqq C$ において一様に(2.16)の形の評価を満たしている．故に定理2.8の証明から $\tilde{u}(\xi+i\eta)=(2\pi)^{-n}\int_{R^n}\tilde{u}(\xi-\zeta)\cdot\tilde{\psi}(\zeta+i\eta)d\zeta$ は $\xi\in\Gamma^\circ$ の関数として $|\eta|\leqq C$ において一様に(2.16)の形の評価を満たすことがわかる．特に $\tilde{u}(\xi^{(k)}+i\eta^{(k)})\to 0$ となる．一方上の式を Fourier 変換すれば

$$p(\zeta)\cdot\widetilde{\chi E}=1+\tilde{u},$$

これに $\zeta=\xi^{(k)}+i\eta^{(k)}$ を代入すれば $0=1+\tilde{u}(\xi^{(k)}+i\eta^{(k)})$ となり不合理である．∎

基本解 E は原点以外で $p(D)E=0$ を満たすからこの補題により定理3.5の系の評価が最良であることがわかる．特に任意の $\xi\neq 0$ が p の準非特性方向となるとき，すなわち ξ と p の複素特性多様体との距離 $d(\xi)$ が $|\xi|\to\infty$ のとき無限に大きくなるとき p を**準楕円型作用素**という．上の注意から直ちに次の定理を得る．

定理 3.6 $p(D)u=0$ の超関数解が必然的に C^∞ 級関数となるためには p が準楕円型であることが必要かつ十分である．——

A-特異スペクトルと特性方向に関しても補題3.3と同様の主張が成り立つ．これを調べるにはもう少し詳しい Fourier 変換論の準備が必要なのでここでは次のことを注意するにとどめよう．ξ が p の特性方向のときわれわれは第6章定理6.1で台がちょうど半空間 $x\xi\geqq 0$ と一致するような $p(D)u=0$ の解(零解)を構成する．この u は定理2.15により境界面 $x\xi=0$ において ξ 方向を必ず A-特異スペクトルに含む．故に定理3.4の系の評価もまた最良である．特に楕円型作用素はすべての方向が非特性的となる作用素のことであるから

定理 3.7 $p(D)u=0$ の超関数解が必然的に解析関数となるためには p が楕円型であることが必要十分である．——

ここで以上述べて来た正則性定理の意味を反省してみよう．本講の冒頭において波動方程式を例にとって m 階の偏微分方程式 $p(x,D)u=f$ について u の微分可能性が初等的な意味では必ずしも f より m 階良くはならないことを注意した．

その理由はいろいろあるが最も本質的な理由は作用素 p の特性方向には u は m 回は微分されていないということである．そこで実際楕円型でない作用素 p については定理3.7のように $f=p(x, D)u$ が解析関数でも u がそうでないということが起こる．非特性方向には u は確かに方程式の階数だけ微分され，したがって微分可能性の意味を積分論的に多少修正すればこの方向には u は f より実際に m 階だけ微分可能性が増すことが知られている．これに反し特性方向には u の微分可能性は一般には少しも良くならない．このことは方程式 $D_1u=f$ を考えれば明らかである．しかし作用素 $p(x, D)$ の主部と残りの低階の部分との関わり方次第では m 階全部とはゆかなくてもある程度微分可能性が良くなる場合がある．このときは定理3.6のように解の C^∞ 正則性が保障されるのである．$p(x, D)$ が変数係数のとき $p(x, D)u=0$ の超関数解が必然的に解析的 (C^∞ 級) となるための $p(x, D)$ に対する必要十分な条件はまだ完全にはわかっていない．この問題の答は p の主部だけでは決まらないことは知られている．

本節の最後に正則性伝播に関する最も易しい結果を掲げよう．正則性伝播の問題とは $p(D)u=f$ の解 u に対してある部分領域の上で滑らかさを仮定したとき，領域の残りの部分において u の滑らかさが f から決まる一般の情報に比べてどう改良されるかを論ずるものである．

定理 3.8　K を開集合 U 内のコンパクト集合とする．$u\in\mathscr{D}'(U)$ は $U\setminus K$ において C^∞ 級 (解析的) かつ $p(D)u$ は U で C^∞ 級 (解析的) ならば u は実は U 全体で C^∞ 級 (解析的) である．

証明　まず C^∞ の場合を示そう．χ を K の近傍で1に等しい U 内の C_0^∞ 級関数とする．χu はコンパクトな台を持つ超関数となり

$$\chi u=\chi u*\delta=\chi u*p(D)E=p(D)(\chi u)*E. \tag{3.15}$$

ここで $p(D)(\chi u)$ は仮定より C_0^∞ 級関数となるから (3.15) の最右辺も C^∞ 級，したがって K のある近傍において $u=\chi u$ は C^∞ 級となる．

次に解析的な場合を考える．K を内部に含む U 内の解析的超曲面 S を構成する．これは次のようにして作ればよい．まず K を内部に含む U 内の多面体を作る．次にこの多面体の稜を丸めて C^∞ 級曲面 S' を作る．1の分解を用いて S' 上 $\varphi(x)=0$, $\operatorname{grad}\varphi(x)\neq0$ なる C_0^∞ 級関数を作ることができる．$\psi_\varepsilon(x)$ を (1.18) の関数とすれば $\varphi*\psi_\varepsilon(x)$ は解析関数となり補題1.3により $\varphi*\psi_\varepsilon\to\varphi$, $\operatorname{grad}(\varphi$

$*\psi_\varepsilon)\to \mathrm{grad}\,\varphi$ と一様収束する．故に ε を十分小さくとれば $\varphi*\psi_\varepsilon(x)=0$ は S' に十分近い解析的曲面 S を定める．

さて χ を S の内部で 1，S の外部で 0 に等しい不連続関数とすれば，(3.15) と同様 $\chi u=p(D)(\chi u)*E$ となる．$\chi(x)$ は S の各点の近傍において局所的に解析的座標変換で Heaviside 関数 $\theta(x_1)$ に帰着されるから，点 $x\in S$ における S の内向き単位法線を ν_x と書くとき，

$$A\text{-S. S.}\,\chi=\{(x\,;\pm\nu_x)\,|\,x\in S\}$$

が容易にわかる．故に A-S. S. $p(D)(\chi u)$ もまた同じ集合に含まれる．故に定理 2.13 の系と定理 3.5 により K の 1 点，たとえば原点における A-S. S. χu の方向成分は原点を通る直線が S と接する点 x における S の余法線方向 $\pm\nu_x$ の全体に含まれる．S が凸ならこれは空集合であるが，凸でなくても S を少し平行移動すれば接線の向きが変えられ，したがって共通部分をとればやはり空集合となる．故に χu は原点において解析的であることがわかった．原点は K の各点に平行移動できるから定理が証明された．▮

上の定理は章末の問題の 10 の形に拡張できる．また第 4 章の問題の 9, 10 には最も精密な形の正則性伝播定理が波動方程式の場合について述べられている．」

§3.3 存在定理

線型偏微分方程式

$$p(x,D)u=f \tag{3.16}$$

に対する存在定理(あるいは可解性定理)には局所的なものと大域的なものとの二通りがある．局所的存在定理とは，ある点の近傍で与えられた任意の超関数 f に対し，その点のさらに小さい近傍に超関数 u が存在し，そこにおいて (3.16) が成り立つことを主張するものである．これに対し領域 U における (3.16) に対する大域的存在定理は U 上の任意の超関数 f に対し U 上の超関数 u で (3.16) を U 全体で満たすものが存在することを主張する．超関数の代わりに C^∞ 級関数，解析関数などをとれば，いろいろな種類の関数に対して (3.16) の存在定理(あるいは可解性の問題)を考えることができる．

さて定数係数の作用素 $p(D)$ に対しては §3.1 で基本解が構成されているから超関数解の局所的存在定理が成り立つ．実際，超関数 f が原点の近傍で与えら

れたとき原点の近傍で1に等しい C_0^∞ 級関数 χ で台を切ってコンパクトにしておいて $u=E*(\chi f)$ とおけば(3.1)の計算より $p(D)u=\chi f$. したがって原点の十分小さい近傍において u は(3.16)の解となる．さらにここで f が C^∞ 級なら u も C^∞ 級となり，C^∞ 級解の局所的存在定理も成り立つことがわかる．

実解析解の局所的存在は普通 Cauchy-Kovalevskaja の定理(本講座"1階偏微分方程式"参照)を用いて示されるのであるが，ここでは§3.1で作った正則基本解を用いて証明しよう．少し大域的な形で次の定理が成り立つ．

定理 3.9 K を $\boldsymbol{R}^n$ のコンパクト凸集合とする．f を K のある近傍で定義された解析関数とすれば K の近傍で定義された解析関数 u で $p(D)u=f$ を満たすものが存在する．

証明 K を内部に含む解析的超曲面 S で凸なものを構成する．χ を S の内部で1，外部で0なる関数とし $u=E*(\chi f)$ とおけば定理3.3と定理2.13の系により u は S の内部で解析的となる．$p(D)u=\chi f$ だから u は S の内部で求める解析関数解である．∎

K が凸でないと $E*(\chi f)$ は一般には内部に特異性が伝播し解析関数とならない．しかし作用素 p の種類によっては A-特異スペクトルのさらに小さい基本解 E を作ることができ，K の形状次第では凸でなくても存在定理の成り立つ場合がある．このように解の大域的存在は正則性伝播の問題と密接な関係にある．

次に開集合 U 上の関数に対する存在定理を与えよう．作用素 p が与えられたとき，開集合 U が**台に関して p-凸**とは任意のコンパクト集合 $K\subset U$ に対し適当なコンパクト集合 $K'\subset U$ があって，U に含まれるコンパクトな台を持つ任意の超関数 u に対し $\mathrm{supp}\,{}^tp(D)u\subset K$ から $\mathrm{supp}\,u\subset K'$ が導かれることをいう．ここに ${}^tp(D)$ は $p(D)$ の双対作用素(1.11)であった．定数係数の場合は ${}^tp(D)=p(-D)$ に等しい．

定理 3.10 (Malgrange) 任意の $f\in C^\infty(U)$ に対し $p(D)u=f$ を満たす解 $u\in C^\infty(U)$ が必ず存在するためには U が台に関して p-凸であることが必要かつ十分である．

証明 まず必要性を示そう．背理法による．あるコンパクト集合 $K\subset U$ について $\mathrm{supp}\,{}^tp(D)u_k\subset K$ かつ $\mathrm{supp}\,u_k$ はいくらでも U の境界に近づくようなコンパクトな台を持つ超関数の列 u_k が存在したとする．K を少し大きめにとり替え

れば C_0^∞ 級関数 $\psi_\varepsilon(x)$ によるたたみ込みを用いて u_k を C_0^∞ 級の関数 χ_k でおきかえることができる．さらに，適当な定数因子を掛けて調節すれば ${}^t p(D)\chi_k$ は0に一様収束すると仮定できる．仮定により U に内側から近づく開部分集合の列 U_k があって $\operatorname{supp}\chi_k\cap(U\setminus U_k)\neq\phi$ となっているが，適当に番号を飛ばして無駄を省くことによりさらに $\operatorname{supp}\chi_k\setminus\left(\bigcup_{j=1}^{k-1}\operatorname{supp}\chi_j\cup U_k\right)$ は常に内点を持つと仮定できる．そこで台が U の境界に逃げてゆく C_0^∞ 級関数 f_k を帰納的に

$$\operatorname{supp} f_k\subset\left\{\operatorname{supp}\chi_k\setminus\left(\bigcup_{j=1}^{k-1}\operatorname{supp}\chi_j\cup U_k\right)\right\} \text{ の内部}$$

$$\langle f_k,\chi_k\rangle\geqq k+\sum_{j=1}^{k-1}|\langle f_j,\chi_k\rangle|$$

を満たすように作ろう．$\sum_{k=1}^{\infty}f_k$ は明らかに $C^\infty(U)$ の関数 f を定める．$p(D)u=f$ を満たす $u\in C^\infty(U)$ が存在したとして矛盾を導こう．台に関する仮定と三角不等式により

$$|\langle f,\chi_k\rangle|=\left|\sum_{j=1}^{k}\langle f_j,\chi_k\rangle\right|\geqq k,$$

一方 ${}^t p(D)\chi_k$ は台が K に含まれ0に一様収束することから

$$\langle f,\chi_k\rangle=\langle p(D)u,\chi_k\rangle=\langle u,{}^t p(D)\chi_k\rangle\longrightarrow 0$$

でありこれは不合理である．

次に十分性を示す．$U_k\subset U$ を開部分集合の列で $\bigcup_k U_k=U$，$U_k\Subset U_{k+1}$ $(k=1,2,\cdots)$ かつ各 k について $\bar{U}_k,\bar{U}_{k+1}$ はコンパクト集合の対 K,K' として p-凸の条件を満たしているものとする．C_0^∞ 級関数で f の台を切り落として基本解とのたたみ込みをとれば各 U_k 上 $p(D)u_k=f$ を満たす $u_k\in C^\infty(U)$ は存在することがわかる．列 u_k が $C^\infty(U)$ において収束すれば極限は求める解となる．しかしこれは一般には期待できないので各 u_k を

$$C_p^\infty(U_k)=\{u\in C^\infty(U_k)\,|\,p(D)u=0\}$$

の元を用いて適当に修正することにより収束させるのである．そのため

$$N_k^\varepsilon=\{u\in C^\infty(U_k)\,|\max_{|\alpha|\leqq k}\sup_{x\in U_{k-1}}|D^\alpha u(x)|<\varepsilon\}$$

とおき，まず近似定理

$$C_p^\infty(U_{k-1})\subset N_{k-3}^\varepsilon+C_p^\infty(U_k) \tag{3.17}$$

を証明しよう．$C_p^\infty(U_k)$ の $C^\infty(U_{k-3})$ における閉包を F とする．U_{k-3} に含まれ

るコンパクトな台を持つ超関数 T が汎関数として $C_p^\infty(U_k)$ の上で消えていれば $C_p^\infty(U_{k-1})$ の上でも消えていることを示そう．そうすれば Hahn-Banach の定理(下の注意参照)により $C_p^\infty(U_{k-1})\subset F$ となるが，明らかに $F\subset N_{k-3}^\varepsilon+C_p^\infty(U_k)$ だから (3.17) が証明されたことになる．さて T が $C_p^\infty(U_k)$ の上で消えているとしよう．E を p の基本解とすれば $\check{E}(x)=E(-x)$ は明らかに ${}^tp(D)=p(-D)$ の基本解となり，$\operatorname{supp}\varphi\cap U_k=\phi$ なる任意の C_0^∞ 級関数 φ に対し

$$\langle \check{E}*T,\varphi\rangle=\int\varphi(x)dx\int E(y-x)T(y)dy$$

$$=\int T(y)dy\int E(y-x)\varphi(x)dx=\langle T,E*\varphi\rangle.$$

ここで $E*\varphi$ は明らかに $C_p^\infty(U_k)$ に属するから仮定により右辺は 0 に等しい．故に $\operatorname{supp}\check{E}*T\subset\bar{U}_k$．一方 $\operatorname{supp}{}^tp(D)\check{E}*T=\operatorname{supp}T\subset U_{k-3}$．故に p-凸の仮定より $\operatorname{supp}\check{E}*T\subset\bar{U}_{k-2}$ となる．したがって $C_p^\infty(U_{k-1})$ の任意の元 φ に対し

$$\langle T,\varphi\rangle=\langle {}^tp(D)(\check{E}*T),\varphi\rangle=\langle\check{E}*T,p(D)\varphi\rangle=0.$$

さて近似定理 (3.17) を用いて

$$p(D)v_k=f\qquad(U_k\text{ 上}),$$

$$\max_{|\alpha|\leqq k-3}\sup_{x\in U_{k-4}}|D^\alpha(v_k-v_{k-1})|\leqq\frac{1}{2^k}$$

を満たす関数列 $v_k\in C^\infty(U_k)$ を帰納的に作ろう．$v_1=u_1$ とおく．v_{k-1} まで作られたとし，(3.17) を用いて $u_k-v_{k-1}\in C_p^\infty(U_{k-1})$ を $C_p^\infty(U_k)$ の元 u_k' と N_{k-3}^ε の元 u_k'' の和に表わす．$\varepsilon=1/2^k$ ととり $v_k=u_k-u_k'$ とおけば v_k は上の条件を満たしている．$v=v_1+\sum_{j=1}^\infty(v_{j+1}-v_j)=v_k+\sum_{j=k}^\infty(v_{j+1}-v_j)$ は各 U_k 上各階偏導関数も込めて一様収束し $v\in C^\infty(U)$ は $p(D)v=f$ の求める解となる．▌

注意 F を $C^\infty(U)$ の閉部分空間とする．すなわち F は $C^\infty(U)$ の $\boldsymbol{C}$-線型部分空間であり，F からとった列 φ_k が $C^\infty(U)$ において φ に収束していれば φ もまた F に属するとする．このとき $\psi\notin F$ ならば U に含まれるコンパクトな台を持つ超関数 T で $\langle T,\psi\rangle=1$ かつ任意の $\varphi\in F$ に対し $\langle T,\varphi\rangle=0$ となるものが存在する．証明の方針を簡単に述べよう．$C^\infty(U)$ の部分空間 $F+\boldsymbol{C}\psi$ 上の線型汎関数 T を $\varphi\in F$ に対し $\langle T,\alpha\psi+\beta\varphi\rangle=\alpha$ で定める．F は閉集合で $\psi\notin F$ だから，あるコンパクト集合 $K\subset U$ およびある m をとれば任意の $\varphi\in F$ について

$$\|\psi+\varphi\|_{m,K}=\max_{|\alpha|\leqq m}\sup_{x\in K}|D^\alpha(\psi+\varphi)|\geqq c$$

となる正定数 c が存在する．故に

$$|\langle T, \alpha\psi+\beta\varphi\rangle| \leqq \frac{1}{c}\|\alpha\psi+\beta\varphi\|_{m,K}.$$

Banach 空間における Hahn-Banach の定理(本講座“関数解析”参照)によりこの不等式を保ちながら汎関数 T の観測値を K 上の C^m 級関数全体に対して拡張することができる．こうして得られた T は特に $C^\infty(U)$ の元に対して観測値を持ち，上の不等式より明らかに台が K に含まれる (m 階の) 超関数となる．

どのような開集合が実際に p-凸となるかを調べるには方程式 ${}^tp(D)u=0$ の解 u の‘零点の伝播’を見る必要がある．そのためには次章§4.1の掃き出し法が有用である．次の系の証明では定理4.1が引用されるが，その証明は簡単なので先に読むことができる．

系1 凸開集合は任意の作用素 $p(D)$ に対し台に関して p-凸となる．したがって凸開集合に対しては C^∞ 級解の大域的存在定理が成り立つ．

証明 u をコンパクトな台を持つ超関数とするとき

$$\operatorname{supp} u \subset \operatorname{ch} \operatorname{supp} {}^tp(D)u \tag{3.18}$$

を示せばよい．ξ を ${}^tp$ の非特性方向とする．$\operatorname{supp} {}^tp(D)u\subset \{x\xi\geqq c\}$ ならば定理4.1により $\operatorname{supp} u\subset \{x\xi\geqq c\}$ となる．${}^tp$ の非特性方向は S^{n-1} の上で稠密に存在するから，このような半空間の共通部分をとれば (3.18) が得られる．∎

系2 楕円型作用素 $p(D)$ に対しては任意の開集合は台に関して p-凸となり，C^∞ 級解および解析解の大域的存在定理が成り立つ．

証明 コンパクト集合 $K\subset U$ に対し $U\setminus K$ の連結成分のうち U と境界を共有しないものを K に合併してできる集合を K' とする．容易にわかるように K' は U 内のコンパクト集合となる．u を U に含まれるコンパクトな台を持つ超関数とするとき $\operatorname{supp} {}^tp(D)u\subset K$ から $\operatorname{supp} u\subset K'$ が従うことを見よう．p が楕円型なら ${}^tp$ も楕円型であり，したがって定理3.7により u は K の外で解析関数となるから解析接続の一意性より $\operatorname{supp} u\subset K'$．故に U は台に関して p-凸となり C^∞ 級解の存在定理が成り立つ．さらに (3.16) において $f\in A(U)$ のときはまず (3.16) を満たす解 $u\in C^\infty(U)$ の存在がわかるが，定理3.4の系により実は $u\in A(U)$ となる．∎

f が超関数の場合でも U における f の階数が有限ならば定理3.10と同じ条件の下で U 上で有限な階数を持つ大域的超関数解の存在が知られている．一方 f が一般の超関数のときは次のような必要十分条件がある：作用素 p が与えら

れたとき開集合 U が C^∞-特異台に関して p-凸とは任意のコンパクト集合 $K\subset U$ に対し適当なコンパクト集合 $K'\subset U$ をとれば U に含まれるコンパクトな台を持つ任意の超関数 u に対し C^∞-sing. supp ${}^tp(D)u\subset K$ から C^∞-sing. supp $u\subset K'$ が導かれることをいう．すると任意の $f\in\mathscr{D}'(U)$ に対し $p(D)u=f$ を満たす $u\in\mathscr{D}'(U)$ が必ず存在するためには U が台および C^∞-特異台に関して p-凸であることが必要かつ十分となる (Hörmander)．特にどんな作用素 $p(D)$ についても凸開集合は C^∞-特異台に関して p-凸となり超関数解の大域的存在定理が成り立つことがわかる．この定理の証明も方針は定理 3.10 と同様だが位相的にもっとややこしくなる．さらに解析関数に関しても同様の問題が考えられるが，それはさらに難しく作用素によっては U が凸でも大域的存在定理が成立するとは限らない．

問　　題

1　反復 Laplace 作用素 Δ^m の基本解 (1.17) を Fourier 変換を用いて導いてみよ．

2　d'Alembert 作用素 $\Box$ の基本解を次の方法で求めよ．(1) 第 1 章の問題の 4 を用いる．(2) 逆 Fourier 変換．(3) Laplace 作用素の基本解 (1.16) を虚軸まで解析接続する．

［答］ $n=1,2,3$ のときはそれぞれ $\theta(t-r)/2, \theta(t-r)/2\pi\sqrt{t^2-r^2}$，$\delta(t-r)/4\pi r$ となる．ここで $\langle\delta(t-r),\varphi(t,x)\rangle=\int_{|x|=t}\varphi(t,x)\,dx$ であり，$\delta(t-r)$ は円錐 $t=r$ 上の面積要素の $1/\sqrt{2}$ 倍である．一般の n に対しては n が奇数のとき $E(t,r)=(\partial/\partial r^2)^{(n-3)/2}[\delta(t-r)/r]/4\pi(-\pi)^{(n-3)/2}=\delta^{((n-3)/2)}(t^2-r^2)\theta(t)/2\pi^{(n-1)/2}$，$n$ が偶数のとき $E(t,r)=(\partial/\partial r^2)^{(n-2)/2}[\theta(t-r)/\sqrt{t^2-r^2}]/2\pi(-\pi)^{(n-2)/2}$．後者は $t>r$ において普通の意味で微分を実行して得られる解析関数の f.p. で表わすことができる(第 1 章問題の 13 参照)．これらの基本解の台はいずれも円錐 $t\geqq r$ に含まれているが，特に n が 3 以上の奇数のときは台は円錐の表面 $t=r$ と一致し内部でも 0 となる．これを **Huygens の原理**という．

3　熱方程式の基本解を求めよ．

［ヒント］ 第 2 章問題の 10 より．［答］ $(4\pi t)^{-n/2}e^{-x^2/4t}\theta(t)$．熱方程式は準楕円型なので基本解は原点以外で C^∞ 級である．

4　Cauchy-Riemann 作用素 $(\partial/\partial x+i\partial/\partial y)/2$ の基本解を求め Cauchy の積分公式との関係を論ぜよ．

［答］ $1/\pi(x+iy)$．Cauchy の積分公式は (3.15) で χ を閉曲線 γ の内部の定義関数にとったもの．

5　$F(\zeta), G(\zeta)$ を整関数とし $p(\zeta)F(\zeta)=G(\zeta)$ とする．$G(\zeta)$ が (2.23) あるいは (2.12) を満たせば $F(\zeta)$ も同じ形の評価式を満たす．

［ヒント］ 補題3.2は $\xi\in \boldsymbol{C}^n$ に対する同様の主張に容易に翻訳される．

6　$f(x)$ を台が閉区間 $[a, b]$ に含まれる1変数超関数とする．f の台が1点でなければ任意の $N>0$ に対し適当な定数係数微分作用素 $p_N(D)$ と，同じ区間に台が含まれる C^N 級関数 $g_N(x)$ を用いて $f=p_N(D)g_N$ と表わすことができる．

［ヒント］ (2.23) を満たす整関数は指数関数以外必ず零点を持つ．

7　f をコンパクトな台を持つ超関数とする．$p(D)u=f$ を満たすコンパクトな台を持つ超関数 u が存在するための必要かつ十分な条件は $\tilde{f}(\zeta)$ が $\tilde{p}(\zeta)$ により整関数の範囲で割り切れることである．

［ヒント］ 十分性は問題の5．

8　u をコンパクトな台を持つ超関数とするとき $\operatorname{supp} p(D)u$ の凸包は $\operatorname{supp} u$ の凸包に等しい．

［ヒント］ 定理2.4と問題の5．

9　u をコンパクトな台を持つ超関数とするとき C^∞-sing. supp $p(D)u$ の凸包は C^∞-sing. supp u の凸包に等しい．

［ヒント］ 問題の5は第2章問題の9の評価式に関しても成り立つ．

10　前問を用いて定理3.8の C^∞ 性伝播の部分を証明せよ．同様の方針でさらに強い次の主張を示せ：K を $\boldsymbol{R}^n$ のコンパクト集合，H を開半空間とし U を $K\cap H$ を含む開集合とする．U 上の超関数 u が $U\setminus(K\cap H)$ において C^∞ 級，かつ $p(D)u$ が U で C^∞ 級ならば u は U 全体で C^∞ 級となる．

11　$\mathscr{D}'(U), C^\infty(U), A(U)$ について $\partial u/\partial x_1=f$ に対する大域的存在定理が成り立つための開集合 U に対する条件を求めよ．$(\partial u/\partial x_1+i\partial u/\partial x_2)/2=f$ についてはどうか？

第4章　非特性初期値問題

§4.1　Holmgren の定理

S を $\boldsymbol{R}^n$ の滑らかな超曲面とする．S に適当に向きをつけ，その上の各点 x における S の単位余法線方向を ν_x とする．各余法線要素 $(x;\nu_x)$ が作用素 $p(x,D)$ の非特性点であるならば超曲面 S は p に関して**非特性的**（あるいは簡単に非特性面）であるといわれる．S が解析的曲面なら解析的座標変換によって，また C^∞ 級なら C^∞ 級座標変換によって，S を局所的にはいつでも $x_1=0$ の形に変換できる．超曲面が非特性的という概念は座標によらないことに注意しよう（章末の問題の1参照）．$x_1=0$ が p に関し考えている領域において非特性的であるためには，その領域で $p^0(0,x';\nu)\neq 0$ となることが必要かつ十分である．ここに p^0 は p の主部，$\nu=(1,0,\cdots,0)$ である．特に，定数係数の作用素 $p(D)$ に関して $x_1=0$ が非特性的とは ν が p の非特性方向ということと同値である．

u を $x_1=0$ の近傍で定義された $p(x,D)u=0$ の超関数解とする．$x_1=0$ が p につき非特性的のとき§3.2で注意したように $p(x,D)$ が A-係数（C^∞-係数）ならば A-S.S.u（C^∞-S.S.u）は $x_1=0$ の近くで $\pm\nu$ 方向を含まず，したがって u は x_1 を解析的（C^∞ 級）パラメータとして含む．このことは p が定数係数の作用素から解析的（C^∞ 級）座標変換によって得られたものであれば定理3.4の系と定理2.11あるいは定理2.9により確かに保証されている．故に制限

(4.1)　$u|_{x_1=0}=u_0(x'),\quad D_1u|_{x_1=0}=u_1(x'),\quad \cdots,\quad D_1{}^{m-1}u|_{x_1=0}=u_{m-1}(x')$

が考えられる．ここに $x'=(x_2,\cdots,x_n)$ は平面 $x_1=0$ 上の座標である．p を m 階とすれば

(4.2)
$$p(x,D)u=p_0(x)D_1{}^m u+\sum_{j=0}^{m-1}p_{m-j}(x,D')D_1{}^j u=0$$

と表わされる．ここに $p_{m-j}(x,D')$ は $D'=(D_2,\cdots,D_n)$ の $m-j$ 階以下の微分作用素であり，$x_1=0$ は非特性的だからその上で $p_0(x)\neq 0$ である．故に(2.46)式より一般に $D_j[u|_{x_1=0}]=D_ju|_{x_1=0}$，$2\leqq j\leqq n$ であることに注意すれば，$D_1{}^m u|_{x_1=0}$

は上の方程式を用いて(4.1)から

$$D_1{}^m u|_{x_1=0} = -\frac{1}{p_0(x)}\sum_{j=0}^{m-1} p_{m-j}(x, D')[D_1{}^j u|_{x_1=0}]$$

と求まる．さらに，(4.2)を D_1 で微分すれば帰納的に $D_1{}^k u|_{x_1=0}$, $k \geqq m$ がすべて(4.1)から決定されることがわかる．故に(4.1)は平面 $x_1=0$ にもたらされる解 u の情報をすべて含んでいる．そこで m 個のデータ(4.1)を方程式 $p(x, D)u=0$ の解 u の**非特性初期平面** $x_1=0$ における**初期値**と呼ぶ．非特性初期値問題とはこの非特性初期平面上に与えられた初期値から $p(x, D)u=0$ の解 u がいかに決定されるかを考察するものである．このとき等式(4.1)は**初期条件**と呼ばれる．この問題についても前節で調べた存在定理と同様，局所的なものと大域的なものとが考えられる．この節ではまず解の一意性を問題にしよう．

定理 4.1 S を原点を通る $\boldsymbol{R}^n$ の解析的超曲面で $p(D)$ につき非特性的であるとする．原点の近傍で定義された $p(D)u=0$ の超関数解 u の台が S の一方の側に含まれれば原点の近傍で $u \equiv 0$ となる．

証明 定理3.4の系により S の余法線要素は A-S. S. u に含まれない．故に座標変換して定理2.15が適用できる．▌

系 1 (Holmgren) 初期値(4.1)が指定されたとき $p(D)u=0$ の解 u は非特性初期平面の近傍で局所的に一意に定まる．

証明 解が二つあったとして差を考えることにより初期値(4.1)はすべて0であると仮定できる．このとき解 u が初期平面の近傍で恒等的に0に等しいことを示そう．u は x_1 を解析的パラメータとして含むから定理2.12により積 $v(x)=\theta(x_1)u(x)$ が定義される．そこで注意されたように，この積について Leibniz の公式が成り立ち，したがって

$$(4.3)\qquad D_1{}^j\{\theta(x_1)u\} = D_1{}^{j-1}\left\{\frac{1}{i}\delta(x_1)u\right\} + D_1{}^{j-1}\{\theta(x_1)D_1u\} = \cdots$$
$$= \theta(x_1)D_1{}^j u + \sum_{k=0}^{j-1} D_1{}^{j-1-k}\left\{\frac{1}{i}\delta(x_1)D_1{}^k u\right\}.$$

故に(4.2)の形を仮定すれば $p(D)u=0$ より

$$(4.4)\quad p(D)\{\theta(x_1)u\} = \theta(x_1)p(D)u + \frac{1}{i}\sum_{j=0}^{m} p_{m-j}(D')\sum_{k=0}^{j-1} D_1{}^{j-1-k}\{\delta(x_1)D_1{}^k u\}$$

$$= \theta(x_1)p(D)u$$

$$+\frac{1}{i}\sum_{k=0}^{m-1}\sum_{j=0}^{m-k-1} p_j(D')D_1{}^{m-k-1-j}\{\delta(x_1)D_1{}^k u\}$$

となる．ところで(2.31)により

$$\begin{aligned}\langle\delta(x_1)f(x), \varphi(x)\rangle &= \int\{\varphi(x)\delta(x_1)\}f(x)dx\\ &= \int\{\varphi(0, x')\delta(x_1)\}f(x)dx\\ &= \int\varphi(0, x')dx'\int\delta(x_1)f(x)dx_1\\ &= \langle\delta(x_1)(f(x)|_{x_1=0}), \varphi(x)\rangle,\end{aligned}$$

したがって一般に

$$\delta(x_1)f(x) = \delta(x_1)(f(x)|_{x_1=0}) \tag{4.5}$$

が成り立つ．故に仮定により(4.4)式の右辺はすべて0に等しい．以上により $p(D)v=0$ が示された．明らかに $\operatorname{supp} v\subset\{x_1\geqq 0\}$ だから定理4.1により $x_1=0$ の近傍で $v\equiv 0$. さらに $p(D)(u-v)=0$ であり $\operatorname{supp}(u-v)\subset\{x_1\leqq 0\}$ だから $u-v$ にも定理4.1が適用でき，結局 $x_1=0$ の近傍で $u\equiv 0$ となる．▮

上の結果は $p(x, D)$ が A-係数の作用素のときも全く同じ形で成り立つ．証明の方針も同様である．一方 C^∞-係数の場合は非特性初期平面の付近で $p(x, D)u=0$ の解は一般には x_1 を C^∞ 級パラメータとして含むことしかいえず，したがって定理2.15を適用できない．実際この場合一意性は成り立つ場合も成り立たぬ場合もあり，一つの研究分野となっている．

上の系1で得られた局所的一意性が個々の問題においてどの程度大域化できるのかを調べるには次に述べる**掃き出し法**が有用である．u を方程式 $p(D)u=0$ の一つの超関数解とする．$\{S_\lambda\,|\,0\leqq\lambda<1\}$ を $p(D)$ に関して非特性的な解析的超曲面片の連続な1パラメータ族とし，各 S_λ のへり（境界）∂S_λ は $u\equiv 0$ なる領域に含まれ，また初期曲面 S_0 の片側で $u\equiv 0$ と仮定する．このとき連続帰納法により S_λ, $0<\lambda<1$ が掃過する領域において $u\equiv 0$ となる．実際，S_λ の片側で $u\equiv 0$ となるような λ の上限 $\lambda_0<1$ とすれば曲面 S_{λ_0} に定理4.1が適用でき，したがってさらに先に進むことができて矛盾を生ずる．族 S_λ を問題に応じてうまく選べば

方法の単純さにもかかわらず驚くほど豊かな情報が得られることが多い．

ここでは例として§3.1で作った双曲型作用素の基本解の台の評価を精密化してみよう．$p(D)$ を $\vartheta=\nu=(1,0,\cdots,0)$ 方向に双曲型の方程式，p^0 をその主部とする．$\boldsymbol{R}^n$ の開集合 $\{p^0(\eta)\neq 0\}$ の ν を含む連結成分 Γ_p は原点を頂点とする一つの開錐である．その双対錐 $\Gamma_p{}^\circ$ を p の（ν 方向への）**伝播錐**（でんぱすい）という．

系2　双曲型方程式の基本解(3.4)の台は $\Gamma_p{}^\circ$ に含まれる．

証明　$\operatorname{supp} E\subset\{x_1\geqq 0\}$ はすでにわかっている．a を $\Gamma_p{}^\circ$ の外にある半空間 $x_1\geqq 0$ 内の任意の点とする．a を頂点とする $\Gamma_p{}^\circ$ の逆向きの錐 $a-\Gamma_p{}^\circ$ の内部で $E\equiv 0$ をいえばよい．Γ_p が凸であることを初めに証明すれば錐 $a-\Gamma_p{}^\circ$ の内部を掃過する p につき非特性的な解析的超曲面の族を直接作ることができる．しかしここでは話を易しくするためまず Γ_p に含まれる任意の円錐 $\Gamma=\{\eta_1>c|\eta'|\}$ を代わりに考えよう．$\Gamma^\circ=\{cx_1\geqq|x'|\}$ であり，

$$a-\Gamma^\circ=\{c(a_1-x_1)\geqq|x'-a'|\}.$$

$a-\Gamma^\circ$ の $x_1\geqq 0$ の部分を掃過する曲面族 S_λ, $0\leqq\lambda<1$ を次のように定義する．

$$S_\lambda:\ c^2(a_1-x_1)^2=(x'-a')^2+c^2(1-\lambda),\qquad x_1\geqq-\varepsilon.$$

$0\leqq\lambda<1$ を動かしたとき族 S_λ は明らかに円錐 $a-\Gamma^\circ$ の内部の $x_1\geqq 0$ の部分を掃過する．仮定により $a-\Gamma^\circ$ は原点を含まず，したがって基本解はそこで方程式 $p(D)E=0$ を満たしている．定理3.2により $\operatorname{supp} E\subset\{x_1\geqq 0\}$ だから，S_0 の片側および ∂S_λ の近傍では $E\equiv 0$ である．各 S_λ の余法線方向は明らかに Γ に含ま

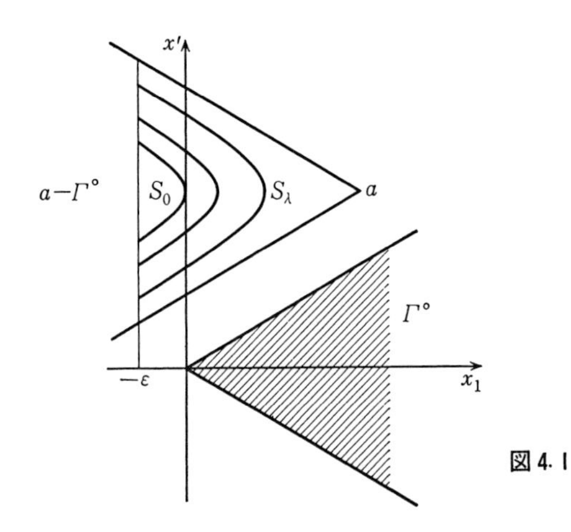

図4.1

れ，したがって非特性的である．故に掃き出し法が適用され $a-\Gamma^\circ$ の内部で $x_1 \geqq 0$ においても $E\equiv 0$ となる．a を Γ° の外で動かせば $\operatorname{supp} E\subset\Gamma^\circ$ がわかった．

さて，もとの錐 Γ_p はこれに含まれる円錐 Γ の無限和 $\Gamma_p=\bigcup_{\Gamma\subset\Gamma_p}\Gamma$ として表わされ，容易にわかるように $\Gamma_p{}^\circ=\bigcap_{\Gamma\subset\Gamma_p}\Gamma^\circ$ である．上の議論は線型座標変換により Γ_p に含まれる任意の円錐に対して次々に適用できるから，結局 $\operatorname{supp} E\subset \bigcap_{\Gamma\subset\Gamma_p}\Gamma^\circ=\Gamma_p{}^\circ$ となる．▮

§4.2 双曲型作用素

次に非特性初期値問題の解の存在を調べよう．一意性の場合と異なり，方程式に条件をつけなければ勝手に与えられた初期値 (4.1) を達成する解は存在するとは限らない．つとに Hadamard は Laplace 方程式の解が解析関数になることから，この方程式に対しては解析的な初期値しか許されないことを注意したが，われわれは特異スペクトルの知識 (定理 3.4 の系と定理 2.14) によってこれを直ちに次のように拡張することができる: 初期値の A-特異スペクトルの方向は $p^0(\xi)=0$ の $\xi_1=0$ への射影像に含まれなければならない．ここに p^0 は p の最高階である．ξ_1 に関する代数方程式 $p^0(\xi_1,\xi')=0$ を初期平面 $x_1=0$ に関する初期値問題の特性方程式という．代数方程式の根の係数に対する連続性により，m 個の根 $\tau_1{}^0(\xi'),\cdots,\tau_m{}^0(\xi')$ を $\xi'\in\boldsymbol{R}^n$ の連続関数となるように定めることができる．これらを $x_1=0$ に関する初期値問題の**特性根**という．上の注意により，もし任意の超関数初期値 (4.1) に対し初期値問題に解があるなら $p^0(\xi)=0$ の $\xi_1=0$ への射影像は $\boldsymbol{S}^{n-2}$ 全体を覆わなければならない．これは任意の $\xi'\in\boldsymbol{R}^{n-1}$ に対し特性根の中に必ず実根があることを意味する．もっともこれはまだ十分条件とはほど遠い．

そこで特に

$$(4.6)\qquad u|_{x_1=0}=0,\quad \cdots,\quad D_1{}^{m-2}u|_{x_1=0}=0,\quad D_1{}^{m-1}u|_{x_1=0}=\delta(x')$$

の形の初期値に対する $p(D)u=0$ の解 $E_0(x)$ を考えよう．これを**初期値問題の基本解**という．その理由は $E_0(x)$ を用いて任意の初期値 (4.1) に対する初期値問題の解を書き表わすことができるからである．すなわち (4.2) の形を仮定すれば，

$$E_k=D_1{}^kE_0+\frac{1}{p_0}p_1(D')D_1{}^{k-1}E_0+\cdots+\frac{1}{p_0}p_k(D')E_0$$

は初期条件

$$D_1^{m-k-1}E_k|_{x_1=0} = \delta(x'),$$
$$D_1^{j}E_k|_{x_1=0} = 0, \quad j \neq m-k-1$$

を満たす $p(D)u=0$ の解であることが容易にわかり，したがって初期値 $u_j(x')$ の台がコンパクトならば

$$u(x) = \sum_{k=0}^{m-1}\int E_{m-k-1}(x_1, x'-y')u_k(y')dy' \tag{4.7}$$

は求める解となる．実際この式は積分の台がコンパクトだから意味があり，$p(D)$ の作用は積分記号下に移せて $p(D)u=0$ となる．初期条件 (4.1) が形式的に満たされていることは明らかだが，その際必要となる $x_1=0$ への制限と積分や積との順序交換も容易に正当化される．変数係数の作用素 $p(x, D)$ の場合には (4.6) の $\delta(x')$ を $\delta(x'-y')$ でおき換えたものに対する解 $E_0(x, y')$ を初期値問題の基本解という．

一般の初期値をとり扱うために次の補題を用意しよう．

補題 4.1 非特性初期平面 $x_1=0$ に関する方程式 $p(D)u=0$ の初期値問題が任意の超関数初期値 (4.1) に対して局所的に可解ならば，$x_1>0$ に含まれる固有閉凸錐 Γ° を適当にとるとき原点の近傍で定義された初期値問題の基本解 $E_0(x)$ でその台が $\Gamma^\circ \cup (-\Gamma^\circ)$ に含まれるものが存在する．

証明 上の E_0 の台を調べればよい．初期値 (4.6) は原点以外で 0 だから定理 4.1 の系 1 により初期平面から原点を除いた部分の近傍で $E_0(x)\equiv 0$ となる．ν を軸とし開錐 $p^0(\xi)\neq 0$ に含まれる円錐 Γ をとれば，$-\Gamma$ もまた $p^0(\xi)\neq 0$ に含まれるから原点の近傍で定理 4.1 の系 2 の証明法がそのまま使えて $\mathrm{supp}\, E_0 \subset \Gamma^\circ \cup (-\Gamma^\circ)$ となる．∎

さて，一般の初期値 (4.1) を 1 の分解を用いて局所有限和 $u_j(x') = \sum_\lambda \chi_\lambda(x')\cdot u_j(x')$ に分解する．(4.7) 式の u_k に $\chi_\lambda u_k$ を代入して得られる解を $u^\lambda(x)$ と書けば，(1.24) により $\mathrm{supp}\, u^\lambda \subset (\{0\}\times \mathrm{supp}\, \chi_\lambda + \Gamma^\circ) \cup (\{0\}\times \mathrm{supp}\, \chi_\lambda - \Gamma^\circ)$ となり，したがって $u=\sum u^\lambda$ も局所有限和でありこれが初期値問題の求める解となる．

初期値問題の基本解 $E_0(x)$ が知られているとし，(4.2) の形を仮定して

$$E(x) = \frac{i}{p_0}\theta(x_1)E_0(x)$$

とおこう．この積は定理4.1の系1の証明でも注意したように定理2.12により定まるものである．(4.4), (4.5) および初期値 (4.6) より

$$p(D)E(x) = \delta(x_1)D_1^{m-1}E_0(x) = \delta(x_1)\delta(x') = \delta(x)$$

を得る．E の台は明らかに Γ° に含まれる．つまり原点の近傍で局所的に定理4.1の系2と同様の性質を持つ基本解 E が得られたのである．斉次方程式 $p(D)u=0$ の初期値問題の解から非斉次方程式 $p(D)u=f$ の解を導くこの方法は Duhamel の原理と呼ばれる．さて，最後の情報から p が ν 方向に双曲型であることが導かれる．

補題 4.2 原点の近傍で定義された $p(D)E=\delta$ の解 E で $\mathrm{supp}\, E$ が $x_1>0$ 内の固有閉凸錐に含まれるようなものが存在すれば，p は ν 方向に双曲型である．

証明 ε を十分小さい正数とし，C^∞ 級関数 $\chi(x_1)$ で $x_1\leqq\varepsilon$ において $\chi\equiv1$, $x_1\geqq2\varepsilon$ において $\chi\equiv0$ となるものを選ぶ．

$$p(D)(\chi E) = \delta+f$$

となる．ここに χE および f はコンパクトな台を持つ超関数である．特に，ある $a>0$ があって $\mathrm{supp}\, f\subset\{\varepsilon\leqq x_1\leqq2\varepsilon\}\times\{|x'|\leqq a\}$ となる．この集合の台関数は容易にわかるように $a|\eta'|+\varepsilon\eta_1+\varepsilon\eta_1{}^+$ に等しい．上の式を Fourier 変換して $p(\zeta)=0$ とおけば

$$0 = 1+\tilde{f}(\zeta).$$

故に，定理2.4により複素特性多様体 $p(\zeta)=0$ の上で $\eta_1<0$ のとき

$$1 = |\tilde{f}(\zeta)| \leqq C(1+|\zeta|)^M \exp(a|\eta'|-\varepsilon|\eta_1|)$$

が成り立つ．これは，任意の $\xi\in\boldsymbol{R}^n$ に対し，$p(\xi+\tau\nu)=0$ の各複素根 $\tau(\xi)$ が

$$\mathrm{Im}\,\tau(\xi) \geqq -M'\log(1+|\xi|)-C'$$

を満たすことを意味する．付録の問題の2によればこれは $\mathrm{Im}\,\tau(\xi)\geqq-C''$ と同値である．故に G2 が示された．G1 は背理法により次のようにして示される．もし ν が特性方向なら定理6.1により $\mathrm{supp}\, u=\{x_1\geqq0\}$ なる $p(D)u=0$ の解 u が存在する．しかるに $\chi(x)$ を原点の近傍で1に等しい C_0^∞ 級の関数とすれば，(3.15) より $\chi u=p(D)(\chi u)*E$ であり，仮定により $p(D)(\chi u)$ の台は $x_1\geqq0$ 内の原点を含まぬコンパクト集合となる．故に $\mathrm{supp}\, E$ に対する仮定と (1.24) により $p(D)(\chi u)*E$ の台は原点を含まないことになるが，これは u の性質に反する．∎

今度は逆に p を ν 方向に双曲型と仮定し，定理3.2で作った基本解 $E(x)$ を

用いて初期値問題の基本解 $E_0(x)$ を作ろう．そのため次の補題を用意する．

補題 4.3　p が ϑ 方向に双曲型なら $-\vartheta$ 方向にも双曲型である．

証明　$p^0(-\vartheta)=(-1)^m p^0(\vartheta)\neq 0$ より G1 は明らかである．τ に関する代数方程式 $p(\xi+\tau\vartheta)=0$ の根 $\tau_1(\xi),\cdots,\tau_m(\xi)$ について $\xi\in \boldsymbol{R}^n$ のとき必ず $\operatorname{Im}\tau_j(\xi)\geqq -T$ としよう．根と係数の関係により $a(\xi)=\tau_1(\xi)+\cdots+\tau_m(\xi)$ はこの方程式の τ^{m-1} の係数の $-1/p^0(\vartheta)$ 倍であり，したがって ξ の1次式である．故に任意の ξ について $\operatorname{Im}a(\xi)\geqq -mT$ より $\operatorname{Im}a(\xi)\equiv 0$ となる．したがって $\operatorname{Im}\tau_j(\xi)=-\sum_{k\neq j}\operatorname{Im}\tau_k(\xi)\leqq (m-1)T$ となり，$-\vartheta$ 方向にも G2 が成り立つ．▌

この補題4.3と $p^0(\xi)$ の同次性および定理4.1の系2により，p にはまた $\operatorname{supp}E'\subset -\Gamma_p{}^\circ$ なる基本解 $E'(x)$ も存在することがわかる．そこで $E_0(x)=-ip_0(E(x)-E'(x))$ とおく．$p(D)E_0=0$ であり，定理2.14により $D_1{}^jE_0|_{x_1=0}=\lim_{\varepsilon\downarrow 0}D_1{}^jE_0|_{x_1=\varepsilon}$ だから，E_0 が初期値問題の基本解であることを見るには次の補題を示せばよい．

補題 4.4　双曲型作用素の基本解 (3.4) に対し，$\vartheta=\nu$ ならば

$$
\left\{
\begin{aligned}
&\lim_{\varepsilon\downarrow 0}[D_1{}^jE]|_{x_1=\varepsilon}=0, \qquad 0\leqq j\leqq m-2,\\
&\lim_{\varepsilon\downarrow 0}[D_1{}^{m-1}E]|_{x_1=\varepsilon}=\frac{i}{p_0}\delta(x').
\end{aligned}
\right.
\tag{4.8}
$$

証明　この補題は (3.4) の形を見て直接証明することもできるが，実は次章に述べる境界値の一般論の特別の場合である (補題5.2参照)．ここでも証明の易しい後者の方法を先取りして用いよう．$\theta(x_1-\varepsilon)E(x)=\theta(x_1-\varepsilon)\dfrac{i}{p_0}E_0(x)$ は $\varepsilon\downarrow 0$ のとき第2章問題の14によりある超関数 $F(x)$ に収束する．故に

$$p(D)F=\lim_{\varepsilon\downarrow 0}p(D)\{\theta(x_1-\varepsilon)E\}=\sum_{k=0}^{m-1}q_{m-k-1}(D)\{\delta(x_1)\lim_{\varepsilon\downarrow 0}D_1{}^kE|_{x_1=\varepsilon}\},$$

ここに $q_{m-k-1}(D)$ は (4.4) 式の係数に現われる $m-k-1$ 階の微分作用素の略記である．ところで $\operatorname{supp}(E-F)$ は明らかに $x_1=0$ に含まれるから，定理1.5により $E-F=\sum_{l=0}^{N}D_1{}^l\delta(x_1)f_l(x')$ と局所的に書ける．故に

$$
\begin{aligned}
p(D)(E-F)&=p(D)\left(\sum_{l=0}^{N}D_1{}^l\delta(x_1)f_l(x')\right)\\
&=\delta(x_1)\delta(x')-\sum_{k=0}^{m-1}q_{m-k-1}(D)(\delta(x_1)\lim_{\varepsilon\downarrow 0}D_1{}^kE|_{x_1=\varepsilon})
\end{aligned}
$$

となる．もし $f_N(x')\not\equiv 0$ なら左辺には $D_1{}^{N+m}\delta(x_1)p_0f_N(x')$ という項が残り，定理1.5における表現の一意性に反する．故に上の式の両辺は0となり(4.8)が示された．ついでに $E(x)=\lim_{\varepsilon\downarrow 0}\theta(x_1-\varepsilon)E(x)$ も得られた．▮

以上を総合すれば双曲型作用素に対する次の基本定理が得られる．

定理 4.2　次の諸条件は同値である．

(1)　$p(D)$ は ν 方向に双曲型.

(2)　半空間 $x_1>0$ 内の固有閉凸錐に台が含まれる基本解が存在する．

(3)　非特性初期平面 $x_1=0$ 上の任意の超関数初期値に対して初期値問題が局所的に必ず解を持つ．——

系　p を ν 方向に双曲型とする．上の定理の(2)で主張された p の基本解 E は一意に定まり supp E の凸包は $\Gamma_p{}^\circ$ と一致する．Γ_p は凸であり，任意の $\vartheta\in\pm\Gamma_p$ について p は ϑ 方向にも双曲型となる．

証明　E, F を上の定理の(2)で主張された性質をもつ二つの基本解とすれば $p(D)(E-F)=0$, $\mathrm{supp}\,(E-F)\subset\{x_1\geqq 0\}$ だから定理4.1により(詳しくは非特性平面族 $x_1=\mathrm{const}$ で掃き出すことにより) $E\equiv F$. 故に定理3.2で作った基本解 $E(x)$ を調べれば十分である．定理4.1の系2により $\mathrm{supp}\,E\subset\Gamma_p{}^\circ$ はすでにわかっている．故に $\vartheta\in\Gamma_p$ ならば supp E は半空間 $\langle x,\vartheta\rangle>0$ 内の固有閉凸錐ともなる．したがって線型座標変換で初期平面を $x_1=0$ から $\langle x,\vartheta\rangle=0$ に変更して補題4.2を適用することができ，p は ϑ 方向に双曲型となる．補題4.3により p は $-\vartheta$ 方向にも双曲型である．$(\mathrm{ch}\,\Gamma_p)^\circ=\Gamma_p{}^\circ$ だからこの推論は $\vartheta\in\mathrm{ch}\,\Gamma_p$ に対しても同様に成り立つ．故に p は ch Γ_p に含まれる各方向に対しても双曲型となり，特に $\mathrm{ch}\,\Gamma_p\subset\{p^0(\xi)\neq 0\}$．したがって $\Gamma_p=\mathrm{ch}\,\Gamma_p$ である．最後に，もし supp E が $\Gamma_p{}^\circ$ より真に小さい閉凸錐に含まれれば，同じ推論により p は Γ_p を含むさらに大きい開凸錐に含まれる各方向に対しても双曲型となるが，Γ_p の境界点は $p^0(\xi)=0$ を満たしているからこれはあり得ない．▮

supp E 自身は必ずしも $\Gamma_p{}^\circ$ とは一致しない．例えば第3章の問題の2を見ると空間の次元 n が3以上の奇数のとき波動方程式の基本解の台は円錐 $t=r$ の表面と一致しその内部では0となる．これを基本解の**空隙**という．空隙がいかなる場合に生じるかは Petrovskii により初めて組織的に研究され，現代数学における最も深遠な問題の一つとなった．

さて定数係数の作用素では基本解が大域的に存在するので，非特性初期値問題の局所的な可解性を仮定すれば必然的に大域的可解性が従う．そこで以下大域的状況を少し調べてみよう．基本解 $E(x)$，あるいは $E_0(x)$ は原点における点衝撃の伝わり方を記述している．x_1 は時間軸に，また残りの x' は空間座標に相当する．$\mathrm{supp}\, E\subset \Gamma_p{}^\circ$ だから時空におけるこの衝撃の影響は $\Gamma_p{}^\circ$ の外へは現われない．空間だけを見れば，この衝撃が伝わる早さは錐 $\Gamma_p{}^\circ$ の開きの大きさに比例する．それは有限な値なので，双曲型作用素によって記述される現象は**有限伝播速度を持つ**といわれる．一般の初期値 $u_j(x')$ に対しては $\mathrm{supp}\, u_j\subset K'$ ならば(4.7)式により解 u の台は $x_1>0$ においては集合 $\{0\}\times K'+\Gamma_p{}^\circ$ に含まれる．この集合を p により記述される現象に関する初期平面内の集合 K' の**影響領域**という．逆に1点 $a\in \boldsymbol{R}^n$ をとるとき初期値問題の解はこの点の近傍において点 a を頂点とする $\Gamma_p{}^\circ$ と逆向きの錐 $a-\Gamma_p{}^\circ$ が初期平面と交わる部分 $(a-\Gamma_p{}^\circ)\cap\{x_1=0\}$ の近傍における初期値の状態によって完全に定まり，この外において初期値を変更しても影響を受けない．これも(4.7)式と解の大域的一意性とから導かれる．そこで錐 $a-\Gamma_p{}^\circ$ を点 a の**依存領域**という．これを初期平面の方から見れば次のようになる．U' を初期平面内の集合とするとき，$(a-\Gamma_p{}^\circ)\cap\{x_1=0\}\subset U'$ なる $x_1\geqq 0$ 内の点 a の全体を U' の**決定領域**という．これについて

定理 4.3　U' を初期平面内の開集合とする．$u_j(x')\in \mathscr{D}'(U')$ $(j=0,\cdots,m-1)$ を初期値とする双曲型方程式 $p(D)u=0$ に対する初期値問題の解は U' の決定領域まで一意に延長できる．初期値が C^∞ 級(解析的)なら解は決定領域において C^∞ 級(解析的)となる．

証明　まず一意性，すなわち開集合 $V'\subset U'$ の上で $u_j\equiv 0$ なら解は V' の決定領域上で0に等しいことを注意しよう．実際，すでに Γ_p が凸であることがわかっているから $a-\Gamma_p{}^\circ$ の内部を掃過する非特性解析的超曲面の族を作ることができるし，定理4.1の系2のように円錐で次々に掃き出しても構わない．そこで $\chi(x')$ を U' 上の $n-1$ 変数 $C_0{}^\infty$ 級関数とする．初期値 χu_j に対する初期値問題の解は公式(4.7)により与えられる．$\chi(x')\equiv 1$ なる領域を次第に拡げて U' に近づけてゆく．上に注意したように解は集合 $\{\chi(x')\equiv 1\}$ の内部 V' の決定領域では始めに与えられた初期値により一意に定まる．故にこの近似の過程は真の解を次々に定めて行くものであり，定理3.10のように収束の心配をする必要はない．

さて u_j が C^∞ 級なら χu_j も C^∞ 級であり，このとき(4.7)は定理3.4の系と定理2.13により C^∞ 級の解を与える．故に真の解も C^∞ 級である．また u_j が解析関数のときは定理2.11と定理2.12を用いて定理2.13の系と同様の考察により

$$\begin{aligned}&A\text{-S. S. } E_k(x_1, x'-y')\chi(y')u_k(y')\\&\quad\subset\{(x_1, x'+y', y'; \theta\xi, (1-\theta)\eta'-\theta\xi')\mid\\&\qquad (x;\xi)\in A\text{-S. S. } E_k(x), y'\in\overline{\{0<\chi(x')<1\}}, 0\leqq\theta\leqq 1\}.\end{aligned}$$

したがって定理2.13により(4.7)の A-特異スペクトルは集合

$$\{(x;\xi)\mid x\in\{0\}\times\overline{\{0<\chi(x')<1\}}+\operatorname{supp}E\}$$

に含まれるから，$\chi(x')\equiv 1$ の内部 V' の決定領域内で解析関数となる．故に真の解も解析関数である．▮

上の考察はもちろん $-\nu$ 方向にも適用でき，初期値問題の解は過去に向かっても同一の伝播錐 $\Gamma_p{}^\circ$ で表現される伝わり方をする．このように双曲型作用素は時間の逆転に関して性質があまり変わらない．この可逆性は双曲型作用素により記述される現象がエネルギーなどの物理量を短い時間間隔ではほぼ保存することを示唆している．波面，すなわち $\Gamma_p{}^\circ\cap\{x_1=\text{const}\}$ の境界は最初の衝撃を伝えるので基本解はそこで一般に特異性を持つ．これはエネルギー伝播がそこに集中していると考えられるから，エネルギー保存則により基本解はその他の部分で空隙を持たぬ場合も滑らかな関数になっていることが予想される．例えば空間の次元が偶数の場合の波動方程式の基本解(第3章問題の2)を見よ．ただし地震波のように伝播速度の異なる波がいくつか混ざっている現象を記述する方程式では最前線をゆく波面の内側に第2，第3の波面が現われる(章末の問題の3を見よ)．一般の双曲型作用素の場合は $\Gamma_p{}^\circ$ に含まれる有限個の錐面の外で基本解は解析関数になることが知られている．したがって一般に初期値の特異性も実際は伝播錐よりはもっと薄い集合に沿って伝わるわけである(問題の9, 10を見よ)．変数係数の方程式も含めて，特異性の伝播に関する詳細は本講座“線型偏微分方程式論における漸近的方法”を見られたい．

次に非斉次方程式 $p(D)u=f$ に対する初期値問題を考察しよう．$D_1{}^ju$ $(j=0, \cdots, m-1)$ を初期平面に制限できるためには f の x_1 変数に関するある程度の滑らかさが必要である．

定理4.4　初期値(4.1)は初期平面内の開集合 U' 上の超関数とする．$f(x)$ は

U' の決定領域上の超関数で，初期平面を超えて少し延長でき，そこで x_1 を C^∞ 級パラメータとして含むものとする．このとき(4.1)を満たす $p(D)u=f$ の解が U' の決定領域上で一意に存在する．データ u_j, f が C^∞ 級(解析的)なら解も C^∞ 級(解析的)である．

証明　$f\equiv 0$ の場合の解は前定理により既知である．故にそれを未知関数から差し引くことにより初期値はすべて0であると仮定できる．そこで U' の決定領域に f の定義されている $\{0\}\times U'$ の近傍を合併してできる $\boldsymbol{R}^n$ の開集合を U とし，U 内の C_0^∞ 級関数 χ をとって

$$v_\chi(x) = E * \{\theta(x_1)\chi f\} \tag{4.9}$$

とおく．$\mathrm{supp}\, v_\chi \subset \{x_1 \geqq 0\}$ であり，集合 $\{\chi=1\}$ の内部で $p(D)v_\chi=\theta(x_1)f$ である．故に解の一意性により $\{\chi=1\}$ の内部を U 全体に近づけてゆけば $\mathrm{supp}\, v\subset \{x_1 \geqq 0\}$ を満たす $p(D)v=\theta(x_1)f$ の解 v が U で大域的に存在することがわかる．同じ推論は $\mathrm{supp}\, w\subset\{x_1\leqq 0\}$ を満たす $p(D)w=\theta(-x_1)f$ の解 w についても局所的に適用できるから，$u=v-w$ とおけば初期平面の近傍においても $p(D)u=f$ となる．したがって定理3.5の系により u も x_1 を C^∞ 級パラメータとして含み，$x_1=0$ への初期値を考えることができる．これらが0であることを見よう．定理2.14により $D_1{}^j u|_{x_1=0}=\lim_{\varepsilon\downarrow 0} D_1{}^j v|_{x_1=\varepsilon}$ であり，

$$\begin{aligned} D_1{}^j v_\chi|_{x_1=\varepsilon} &= E * D_1{}^j\{\theta(x_1)\chi f\}|_{x_1=\varepsilon} \\ &= E * \sum_{k=0}^{j-1} D_1{}^{j-k-1}\left\{\frac{1}{i}\delta(x_1)D_1{}^k(\chi f)\right\}\Big|_{x_1=\varepsilon} + E * \{\theta(x_1)D_1{}^j(\chi f)\}|_{x_1=\varepsilon} \\ &= \frac{1}{i}\sum_{k=0}^{j-1}\int [D_1{}^{j-k-1}E](\varepsilon, x'-y')D_1{}^k(\chi f)(y')dy' \\ &\quad + \int E(\varepsilon-y_1, x'-y')\theta(y_1)D_1{}^j(\chi f)(y')dy. \end{aligned}$$

ここで補題4.4と定理2.1により第1項は $\varepsilon\downarrow 0$ のとき0に近づく．また第2項も補題4.4の証明の最後で注意した $\lim_{\varepsilon\downarrow 0}\theta(\varepsilon-x_1)E(x)=0$ により0に近づく．故に超関数の収束の局所性により $D_1{}^j u|_{x_1=0}=0$ を得る．

最後に f が C^∞ 級ならば定理2.13の系により C^∞-S.S. v_χ は $x_1\neq 0$ においては消え，$x=0$ の上では ν 方向のみが残る．これは w についても同様であり，一方 $u=v-w$ は $p(D)u=0$ の解として ν 方向に C^∞ 級である．故に u は C^∞ 級関

数となる．f が解析関数のときも集合 $\{\chi=0\}$ の内部では A-特異スペクトルについて全く同様の評価が成り立ち，u は解析関数となる．∎

例 4.1　空間次元 1 の非斉次波動方程式 $\partial^2u/\partial t^2-\partial^2u/\partial x^2=f$ に対する初期値問題の解を上の方法で求めてみよう．第 3 章問題の 2 により $E(t,x)=\theta(t-|x|)/2$. したがって $E_0(t,x)=i\{\theta(t-|x|)-\theta(-t-|x|)\}/2$, $E_1(t,x)=\{\delta(t-|x|)+\delta(t+|x|)\}/2$ だから

$$\begin{cases} [-D_t{}^2+D_x{}^2]v=0, \\ v|_{t=0}=u_0(x), \qquad D_tu|_{t=0}=u_1(x) \end{cases}$$

の解 v は (4.7) により $t>0$ において

$$v(t,x)=\frac{1}{2}\{u_0(x+t)+u_0(x-t)\}+\frac{i}{2}\int_{x-t}^{x+t}u_1(y)dy, \tag{4.10}$$

ここで第 2 項に i が現われたのは初期条件に $\partial/\partial t$ でなく D_t を用いているためである．一方

$$\begin{cases} [-D_t{}^2+D_x{}^2]w=f(t,x), \\ w|_{t=0}=0, \qquad D_tw|_{t=0}=0 \end{cases}$$

の解は (4.9) により $t>0$ において

$$w(t,x)=\frac{1}{2}\int_0^t ds\int_{x-t+s}^{x+t-s}f(s,y)dy. \tag{4.11}$$

この積分領域は点 (t,x) の依存領域の $t\geqq 0$ の部分に相当する．$t>0$ におけるもとの問題の解は (4.10) と (4.11) を加えた $u(t,x)=v(t,x)+w(t,x)$ で与えられる．これを Stokes の波動公式という．これらの公式はデータ u_j, f が超関数の場合も $t>0$ では意味があることに注意せよ．

§4.3　弱双曲型作用素

定理 4.4 において初期値や右辺の f が解析関数ならば，初期値問題の可解性のために双曲型という仮定は実は強すぎるのである．そこで新しい概念を導入しよう．まず本節の始めに述べた注意を拡張する．

補題 4.5　$p(D)$ が ν 方向に双曲型ならば初期値問題の特性根はすべて実数である．特に主部 $p^0(D)$ は ν 方向に双曲型となる．

証明　ξ_1 に関する代数方程式 $p(\xi_1,\xi')=0$ の根 $\tau_1(\xi'),\cdots,\tau_m(\xi')$ と $p^0(\xi_1,\xi')$

$=0$ の根 $\tau_1{}^0(\xi'), \cdots, \tau_m{}^0(\xi')$ との関係を調べよう．$t\to\infty$ のとき

$$t^{-m}p(t\xi_1, t\xi') \longrightarrow p^0(\xi_1, \xi')$$

であるから，代数方程式の根の係数に対する連続性により前者の根 $t^{-1}\tau_j(t\xi')$ は後者の根 $\tau_j{}^0(\xi')$ に収束する．ところで双曲型の仮定により任意の $\xi' \in \boldsymbol{R}^{n-1}$ に対し $\mathrm{Im}\,\tau_j(\xi') \geqq -T$. したがって $\mathrm{Im}\,t^{-1}\tau_j(t\xi') \geqq -T/t$ だから，極限にゆけば $\mathrm{Im}\,\tau_j{}^0(\xi') \geqq 0\ (j=1, \cdots, m)$ となる．$p^0(\xi)$ は同次多項式だからある k について $\tau_j{}^0(-\xi') = -\tau_k{}^0(\xi')$ であり，故に $\mathrm{Im}\,\tau_j{}^0(\xi')=0\ (j=1, \cdots, m)$ でなければならない．▌

初期値問題の特性根がすべて実数のとき p は ν 方向に**弱双曲型**と呼ばれる．この条件は初期値問題の局所可解性の本質を表わしてはいるが，十分条件とはならない．例えば，$D_1{}^2$ は ν 方向に双曲型だが $D_1{}^2+iD_2$ は弱双曲型ではあっても双曲型ではない．もちろん同次多項式 p^0 に対しては双曲型と弱双曲型の条件は同値になる．さて弱双曲型作用素 p に対しては付録の定理 A.1 の系により正定数 $a \leqq (m-1)/m$, c, C があって

$$|\mathrm{Im}\,\tau_j(\xi')| \leqq c|\xi'|^a + C \tag{4.12}$$

が成り立つ．これは G2 より真に弱い条件であるが，$t \geqq C+1$ ならば

$$|p(\xi_1 \mp i(c|\xi'|^a+t), \xi')| = |p^0(\nu)| \prod_{j=1}^{m} |\mp i(c|\xi'|^a+t) - \tau_j(\xi')| \geqq |p^0(\nu)|$$

となるから，積分路 $\xi_1 \mp it$ の代わりに $\xi_1 \mp i(c|\xi'|^a+t)$ をとれば (3.4) に類似の積分を定義することができる．その結果は局所的にも無限階の超関数となるが，台は $\pm\Gamma_p{}^\circ$ に含まれるので，以下に述べるような十分滑らかなデータに対しては前節の議論を追うことができ，初期値問題が解けるのである．

開集合 $U \subset \boldsymbol{R}^n$ 上の C^∞ 級関数 $\varphi(x)$ が示度 $(\gamma_1, \cdots, \gamma_n)$ の Gevrey 級関数であるとは任意のコンパクト集合 $K \subset U$ に対し定数 B, C が存在し K 上一様に

$$|D^\alpha \varphi(x)| \leqq CB^{|\alpha|}(\alpha_1!)^{\gamma_1} \cdots (\alpha_n!)^{\gamma_n}, \qquad \forall \alpha \tag{4.13}$$

なる評価が成り立つことをいう．$\gamma_1 = \cdots = \gamma_n = \gamma$ のときは単に示度 γ の Gevrey 級関数であるという．多項定理より

$$\alpha_1! \cdots \alpha_n! \geqq \frac{|\alpha|!}{n^{|\alpha|}} \geqq \frac{|\alpha|^{|\alpha|}}{n^{|\alpha|}e^{|\alpha|}}$$

だからこのとき (4.13) は定数 B を取り替えれば

(4.14) $$|D^\alpha\varphi(x)| \leqq CB^{|\alpha|}|\alpha|^{\gamma|\alpha|}$$

の形の評価と同値である．示度 $\gamma=1$ の Gevrey 級関数は解析関数に外ならない．これは Cauchy の不等式と Taylor 展開の収束とから導かれる有名な評価である．$\gamma>1$ の場合，このような関数は大変人工的に見えるが，実は偏微分方程式論ではごく自然に現われる．C_0^∞ 級関数の例として初めに掲げた (1.9) も実は Gevrey 級である．これは次の補題から導ける．

補題 4.6　$\sigma>0$ とする．次の関数は示度 $1+1/\sigma$ の Gevrey 級である．

$$\varphi(t)=\begin{cases} e^{-1/t^\sigma}, & t>0, \\ 0, & t\leqq 0. \end{cases}$$

証明　$\varphi(t)$ は $\mathrm{Re}\,t>0$ に正則に拡張される．Cauchy の不等式より

$$|\varphi^{(k)}(t)|=\left|\frac{k!}{2\pi i}\oint_{|\tau-t|=\varepsilon}\frac{\varphi(\tau)}{(\tau-t)^{k+1}}d\tau\right| \leqq \frac{k!}{\varepsilon^k}\sup_{|\tau-t|=\varepsilon}|\varphi(\tau)| = \frac{k!}{\varepsilon^k}\sup_{|\tau-t|=\varepsilon} e^{-\cos(\sigma\arg\tau)/|\tau|^\sigma}$$

ここで $t>0$ とし $\varepsilon=t/(\sigma+1)$ ととれば

$$\cos(\sigma\arg\tau) \geqq \cos(\sigma\tan\arg\tau) \geqq \cos(\sigma/\sqrt{\sigma^2+2\sigma}) \geqq \cos 1.$$

故に $t>0$ のとき初等微分法より得られる $t^{-k}e^{-\lambda/t^\sigma} \leqq (k/\lambda\sigma e)^{k/\sigma}$ を用いて

$$|\varphi^{(k)}(t)| \leqq \frac{(\sigma+1)^k k!}{t^k}\exp\left(-\frac{((\sigma+1)/(\sigma+2))^\sigma\cos 1}{t^\sigma}\right) \leqq \left(\frac{\sigma+2}{(\sigma e\cos 1)^{1/\sigma}}\right)^k k!k^{k/\sigma}$$

と評価される．▌

Leibniz の公式を用いれば示度 γ の二つの Gevrey 級関数の積が再び示度 γ の Gevrey 級関数となることが容易にわかる．故に上の補題により Gevrey 級関数は 1 の分解が使える程度に豊富に存在することがわかる．次の定理は補題 2.3 に対応する．

補題 4.7　コンパクト集合 K に台が含まれる示度 $(\gamma_1,\cdots,\gamma_n)$ の Gevrey 級関数 $\varphi(x)$ の Fourier 変換は次の増大度を持つ整関数として特徴づけられる：ある定数 $C, b_j>0$ が存在して

(4.15) $$|\tilde{\varphi}(\zeta)| \leqq C\exp\{-(b_1|\zeta_1|^{1/\gamma_1}+\cdots+b_n|\zeta_n|^{1/\gamma_n})+H_K(\mathrm{Im}\,\zeta)\}.$$

証明　台の評価は既知だから導関数の評価だけを問題にすればよい．まず (4.15) を仮定すれば

$$|D^\alpha\varphi(x)|=|\mathcal{F}^{-1}[\xi^\alpha\tilde{\varphi}(\xi)]| \leqq \frac{C}{(2\pi)^n}\int\prod_{j=1}^n|\xi_j|^{\alpha_j}\exp(-b_j|\xi_j|^{1/\gamma_j})d\xi$$

$$\leqq \frac{C}{\pi^n}+\frac{C}{(2\pi)^n}\int_{\substack{\max|\xi_j|\geqq 1\\ 1\leqq j\leqq n}}\frac{d\xi}{|\xi|^{n+1}}\cdot n^{(n+1)/2}\prod_{j=1}^n \sup_{|\xi_j|\geqq 1}|\xi_j|^{\alpha_j+n+1}\exp(-b_j|\xi_j|^{1/\gamma_j})$$

$$\leqq C'\prod_{j=1}^n\left\{\frac{\gamma_j(\alpha_j+n+1)}{b_j e}\right\}^{\gamma_j(\alpha_j+n+1)}$$

ここで一般に

$$(k+l)^{k+l}\leqq k^k l^l\left(1+\frac{l}{k}\right)^k\left(1+\frac{k}{l}\right)^l\leqq e^{k+l}k^k l^l \tag{4.16}$$

だから，$n+1$ をずらせばこれより (4.13) が得られる．((4.16) からまた Gevrey 級関数の導関数が再び同じ示度の Gevrey 級関数となることもわかる.)

逆に (4.13) を仮定し $\tilde{\varphi}(\zeta)$ を評価しよう．

$$|\zeta^\alpha\tilde{\varphi}(\zeta)|=|\widetilde{D^\alpha\varphi}(\zeta)|\leqq C|K|B^{|\alpha|}\exp(H_K(\operatorname{Im}\zeta))(\alpha_1!)^{\gamma_1}\cdots(\alpha_n!)^{\gamma_n}.$$

ここで一般に $t\geqq e^\gamma$ のとき

$$\inf_k (k!)^\gamma/t^k\leqq k^{\gamma k}/t^k|_{k=[t^{1/\gamma}/e]}\leqq t\exp\left(-\frac{\gamma}{e}t^{1/\gamma}\right)$$

が成り立つことに注意し上式で α_j をそれぞれ適当にとれば $|\zeta_j|\geqq Be^\gamma$ において

$$|\tilde{\varphi}(\zeta)|\leqq C|K|\exp(H_K(\operatorname{Im}\zeta))\prod_{j=1}^n\frac{|\zeta_j|}{B}\exp\left(-\frac{\gamma}{eB^{1/\gamma_j}}|\zeta_j|^{1/\gamma_j}\right).$$

これより (4.15) を得る．∎

同様に定理 2.6 も Gevrey 級関数に対して拡張できる．証明は全く同様である．さて $\gamma=1$，すなわち解析関数については台がコンパクトなものは存在しないが，ある程度この代わりをつとめるものがある．すなわち

補題 4.8　$\gamma>1$ とする．任意の N に対し $t\leqq -2$ では 0，$t\geqq 2$ では 1 に等しい示度 γ の 1 変数 Gevrey 級関数 $\chi_N(t)$ で

$$\begin{cases}|D^k\chi_N(t)|\leqq B^N k^k, & k=0,1,\cdots,N,\\ |D^k\chi_N(t)|\leqq B^k N^N(k-N)^{\gamma(k-N)}, & k=N+1,\cdots\end{cases}\tag{4.17}$$

を満たすものが存在する．ここに B は N に依らぬ定数である．

証明

$$f_N(t)=\begin{cases}0, & t\leqq -1,\\ \displaystyle\int_{-1}^t(1-t^2)^N dt\Big/\int_{-1}^1(1-t^2)^N dt, & -1\leqq t\leqq 1,\\ 1, & t\geqq 1\end{cases}$$

とおけば，$f_N(t)$ は C^N 級の関数となる．

$$c_N=\int_{-1}^{1}(1-t^2)^N dt=\frac{2(2N)!!}{(2N+1)!!}\geqq\frac{1}{N+1}$$

であるから，$-1\leqq t\leqq 1$ において

$$\begin{aligned}|D^{k+1}f_N(t)|&=|D^k(1-t^2)^N|/c_N=\frac{1}{c_N}\left|\sum_{j=0}^{k}\frac{k!}{j!(k-j)!}D^j(1-t)^N\cdot D^{k-j}(1+t)^N\right|\\&\leqq\frac{1}{c_N}\sum_{j=0}^{k}\frac{k!}{j!(k-j)!}\frac{N!}{N-j!}\frac{N!}{(N-k+j)!}\\&\leqq(N+1)k!\left(\sum_{j=0}^{N}\frac{N!}{j!(N-j)!}\right)^2\leqq 8^N k!.\end{aligned}$$

$\psi(t)$ を台が $|t|\leqq 1$ に含まれ，$\int\psi(t)dt=1$ を満たす示度 γ の Gevrey 級関数とし，$\chi_N(t)=f_N*\psi(t)$ とおこう．明らかに $t\leqq -2$ で $\chi_N(t)=0$，$t\geqq 2$ で $\chi_N(t)=1$ である．導関数を評価するのに，初めの N 階微分までは f_N の方で計算し，以後は $\psi(t)$ の方を微分してみれば (4.17) が成り立っていることがわかる．∎

各変数について上のような関数を作り積をとれば，1 の分解のもとになる関数が得られる．これは N 階までの導関数の評価に関して，コンパクトな台を持つ解析関数の代用となる．

以上の準備の下に次の定理を示そう．

定理 4.5　$p(D)$ は弱双曲型で (4.12) を満たすとする．このとき U' 上の示度 $\gamma\,(1\leqq\gamma<1/a)$ の Gevrey 級関数より成る初期値 (4.1) および U' の決定領域上の同様の示度を持つ Gevrey 級関数 f に対し，初期条件 (4.1) を満たす $p(D)u=f$ の解が U' の決定領域上で一意に存在する．解もデータと同じ Gevrey 級の関数となり，特にデータが解析関数なら解も解析関数となる．

証明　掃き出し法を用いる一意性の議論は主部だけで決まる錐 $\Gamma_p{}^\circ$ に依存しているので，この場合も正しい．故に解の存在と滑らかさだけを示せばよい．さらに

$$v=u-\sum_{j=0}^{m-1}\frac{(ix_1)^j}{j!}u_j(x'),\qquad g=f-p(D)\left(\sum_{j=0}^{m-1}\frac{(ix_1)^j}{j!}u_j(x')\right)$$

とおき $p(D)v=g$ を初期条件 0 で解けば十分である．$\chi(x)$ を定理 4.4 の証明で用いた C_0^∞ 級関数とし，示度 $\rho\,(\gamma\leqq\rho<1/a)$ の Gevrey 級であるとする．(4.9)

式を Fourier 変換した形を想定し

$$v_\chi(x)=\frac{1}{(2\pi)^n}\int\frac{e^{ix\zeta}}{p(\zeta)}\mathscr{F}[\theta(x_1)\chi g](\zeta)d\zeta \tag{4.18}$$

とおく．ここに $\zeta=(\xi_1-i(c|\xi'|^a+t),\xi')\ (\xi\in\boldsymbol{R}^n)$ である．$K=\operatorname{supp}\theta(x_1)\chi g\subset\{x_1\geqq 0\}$ より $H_K(\operatorname{Im}\zeta)=0$ となることに注意し，補題4.7の後半の証明を D' に関する導関数に適用すれば

$$\begin{aligned}|\mathscr{F}[\theta(x_1)\chi g](\zeta)| &\leqq \frac{1}{|\zeta_1|}|\mathscr{F}[D_1\{\theta(x_1)\chi g\}](\zeta)| \\ &\leqq \frac{1}{|\zeta_1|}\{|\mathscr{F}[\chi g|_{x_1=0}](\xi')|+|\mathscr{F}[\theta(x_1)D_1(\chi g)](\zeta)|\} \\ &\leqq \frac{C}{|\zeta_1|}\exp(-b|\xi'|^{1/\rho})\end{aligned} \tag{4.19}$$

が示される．故に積分路変更により現われた増大因子 $\exp(x_1(c|\xi'|^a+t))$ は $\mathscr{F}[\theta(x_1)\chi g](\zeta)$ の評価で打ち消され，(4.18) は x につき広義一様に収束することがわかる．明らかに超関数の意味で $p(D)v_\chi=\theta(x_1)\chi g$ である．さらに (4.18) の x に関する $(m-1)$ 階以下の導関数を積分記号下で形式的に計算したものもまた広義一様収束しており，古典的な初期値

$$D_1{}^jv_\chi|_{x_1=0}=\frac{1}{(2\pi)^n}\int\frac{\zeta_1{}^j}{p(\zeta)}e^{ix'\xi'}\mathscr{F}[\theta(x_1)\chi g](\zeta)d\zeta,\qquad j=0,\cdots,m-1$$

は $t\to+\infty$ と積分路を変更すれば0に等しいことがわかる．χ をいろいろ取り替えれば結局初期値0を持つ $p(D)v=g$ の解が得られた．

最後に解の滑らかさを調べよう．L を U' の影響領域の $x_1>0$ の部分に含まれるコンパクト集合とし，$\chi(x)$ を上述の関数とする．$\chi=1$ なる領域を十分大きくとっておけば，解の一意性により $x\in L$ における $v_\chi(x)$ の値は $\chi\neq 1$ なる領域からの影響を受けない．故に χ の導関数を無視でき

$$\begin{aligned}D^\alpha v_\chi(x) &= \frac{1}{(2\pi)^n}\int\frac{e^{ix\zeta}}{p(\zeta)}\zeta^\alpha\mathscr{F}[\theta(x_1)\chi g](\zeta)d\zeta \\ &= \frac{1}{(2\pi)^n}\int\frac{e^{ix\zeta}}{p(\zeta)}\zeta_1{}^{\alpha_1}\mathscr{F}[\theta(x_1)\chi D'^{\alpha'}g](\zeta)d\zeta,\qquad x\in L\end{aligned} \tag{4.20}$$

となる．この積分を評価するため次のように積分路を変更しよう．ν は p の非特性方向だから，正定数 M,δ を適当にとれば $|\xi_1|\geqq M(|\xi'|+1)$，$|\eta_1|\leqq\delta|\xi_1|$ にお

いて $|p(\xi_1+i\eta_1,\xi')|\geqq C>0$ となる．そこで $|\xi_1|\geqq M(|\xi'|+1)$ においては $\zeta_1=\xi_1+i\delta|\xi_1|$ とし，これと $|\xi_1|\leqq M|\xi'|$ におけるもとの道 $\zeta_1=\xi_1-i(c|\xi'|^a+t)$ とを自然な方法でつなぐ．(より正確には，x_1 に関する導関数 $D_1^{\alpha_1}$ はこの積分路変更を実行した後で計算する方が良い.) すると

$$
(4.21)\quad |D^\alpha v_\chi(x)|\leqq \frac{C}{(2\pi)^n}\int_{|\xi_1|\geqq M|\xi'|}|\xi_1|^{\alpha_1}e^{-x_1\delta|\xi_1|}|\mathcal{F}[\theta(x_1)\chi D'^{\alpha'}g](\zeta)|d\xi
$$
$$
+\frac{C}{(2\pi)^n}\int_{|\xi_1|\leqq M(|\xi'|+1)}|\xi_1|^{\alpha_1}e^{x_1(c|\xi'|^a+t)}|\mathcal{F}[\theta(x_1)\chi D'^{\alpha'}g](\zeta)|d\xi
$$

となる．さて Gevrey 級関数 $D'^{\alpha'}g$ は (4.16) により導関数が

$$
|D^\beta(D'^{\alpha'}g)|\leqq CB^{|\alpha'|+|\beta|}(|\alpha'|+|\beta|)^{\gamma(|\alpha'|+|\beta|)}\leqq C(eB)^{|\alpha'|}|\alpha'|^{\gamma|\alpha'|}(eB)^{|\beta|}|\beta|^{\gamma|\beta|}
$$

と評価される．故に Leibniz の公式により適当な B_1 をとれば

$$
(4.22)\qquad |D^\beta(\chi D'^{\alpha'}g)|\leqq C_1B_1^{|\alpha'|}|\alpha'|^{\gamma|\alpha'|}B_1^{|\beta|}|\beta|^{\rho|\beta|}
$$

が成り立つ．故に (4.19) と同様の計算により

$$
|\mathcal{F}[\theta(x_1)\chi D'^{\alpha'}g](\zeta)|\leqq C_1'B_1^{|\alpha'|}|\alpha'|^{\gamma|\alpha'|}\exp(-b_1|\xi'|^{1/\rho})
$$

を得るから，(4.21) の第1項は $x\in L$ において一様に

$$
C_1'B_1^{|\alpha'|}|\alpha'|^{\gamma|\alpha'|}\int_{-\infty}^{\infty}|\xi_1|^{\alpha_1}e^{-x_1\delta|\xi_1|}d\xi_1\leqq C_1'B_1^{|\alpha'|}|\alpha'|^{\gamma|\alpha'|}\frac{2\alpha_1!}{(x_1\delta)^{\alpha_1+1}}\leqq C_1''B_1'^{|\alpha|}|\alpha|^{\gamma|\alpha|}
$$

で抑えられる．次に第2項を見よう．補題 4.8 において γ の代わりに ρ，また $N=\alpha_1+1$ としたものから得られる $\chi(x)$ を採用すれば，(4.22) の代わりに

$$
|D^\beta\{D_j^{\alpha_1+1}(\chi D'^{\alpha'}g)\}|\leqq C_2B_2^{|\alpha|}|\alpha|^{\gamma|\alpha|}B_2^{|\beta|}|\beta|^{\rho|\beta|},\qquad j=2,\cdots,n,
$$

したがって

$$
|\xi_j|^{\alpha_1+1}|\mathcal{F}[\theta(x_1)\chi D'^{\alpha'}g](\zeta)|\leqq C_2'B_2^{|\alpha|}|\alpha|^{\gamma|\alpha|}\exp(-b_2|\xi'|^{1/\rho})
$$

が成り立つから，(4.21) の第2項は

$$
C_2''B_2^{|\alpha|}|\alpha|^{\gamma|\alpha|}\int\exp\{x_1(c|\xi_1|^a+t)-b_2|\xi'|^{1/\rho}\}d\xi'\int_{|\xi_1|\leqq M(|\xi'|+1)}\frac{|\xi_1|^{\alpha_1}}{(|\xi'|+1)^{\alpha_1+1}}d\xi_1
$$
$$
\leqq C_2'''B_2'^{|\alpha|}|\alpha|^{\gamma|\alpha|}
$$

で抑えられる．以上により $\gamma=1$ の場合も含めて所要の評価が得られ，$x_1>0$ における解の滑らかさが確かめられた．初期平面の近傍における解の滑らかさは $x_1=\mathrm{const}>0$ 上に既得のデータを与えて逆向きに初期値問題を解いてみればわかる．▮

$\gamma=1/a$ の場合は g の滑らかさ ((4.14) の定数 B の方) で決まる定数 $T>0$ があ

り，$0 \leqq x_1 < T$ においては以上の議論がそのまま通用する．

さて，解析的なデータに対しては次に述べる Cauchy-Kovalevskaja の定理により非特性初期値問題は常に解けることが知られている：$p(x, D)$ が $x_1=0$ を非特性面とする A-係数作用素で，初期値 (4.1) および f が解析関数なら $p(x, D)u=f$ の初期値問題の解が初期平面の近傍で一意に存在する (本講座 “1階偏微分方程式” 参照)．双曲型方程式の初期値問題と Cauchy-Kovalevskaja の定理との間は一般の作用素に関する特性根の虚実と許される初期データとの興味深い関係によって連続的につながっている．そこまで視野を広げて初めて双曲型作用素の意義が明らかとなる．これについては次章で境界値問題に一般化して再考することとしよう．

最後に定理 4.5 と Cauchy-Kovalevskaja の定理との違いを注意しておこう．p が弱双曲型でなければ後者の与える解析解の存在範囲について一般には何も期待できない．例えば Δ を $\boldsymbol{R}^3$ 上の Laplace 作用素とし，$D_1{}^j(-1/4\pi|x-a|)|_{x_1=0}$ $(j=0, 1)$ を初期値として $\Delta u=0$ に対する初期値問題を考えよう．$a_1 \neq 0$ なら初期値は全平面 $x_1=0$ で解析的だが解 $u=-1/4\pi|x-a|$ は $x=a$ に特異点を持ち，それは a_1 とともにいくらでも初期平面に近づく．解析的なデータに対する非特性初期値問題が一定の大きさの決定領域を持つことは弱双曲型と同値な条件であることも知られている．

変数係数の方程式の場合も弱双曲型，すなわち特性根が実数になることは初期値問題の局所可解性の必要条件である (溝畑)．逆に変数係数弱双曲型方程式に関して定理 4.5 に相当することも最近いろいろ知られている．これに対し前節で述べた超関数に対する本来の初期値問題の可解性の必要十分条件は変数係数の方程式についてはまだ完全にはわかっていない．最も簡単な十分条件は Petrovskiĭ が与えた特性根が実で互いに異なるというものである．このような作用素は**強双曲型**と呼ばれる．特性根が重複すると一般に低階の部分が複雑に影響して来て難しくなるのである．(なお付録の問題の 3 参照.)

問　題

1 座標変換 $y=F(x)$ により $p(x, D_x)$ が $q(y, D_y)$ に書き換えられるとする．このとき

両者の主部の間に $q^0(y,\eta)=p^0(x,{}^t dF(x)\eta)$ なる関係がある．$(x;\xi)$ が p の（非）特性点ならば $(F(x);{}^t dF(x)^{-1}\xi)$ は q の（非）特性点である．また超曲面 $S=\{\varphi(x)=0\}$ が p に関して非特性的ならば，$\psi(y)=\varphi(F^{-1}(y))$ とおくとき超曲面 $T=\{\psi(y)=0\}$ は q に関して非特性的である．

［ヒント］ $\dfrac{\partial}{\partial x_j}=\sum_{k=1}^{n}\dfrac{\partial y_k}{\partial x_j}\dfrac{\partial}{\partial y_k}$ より $D_x={}^t dF(x)D_y$．一方 $d_x\varphi=d_x\psi(F(x))=d_y\psi\cdot dF(x)$ だから余法線ベクトルの成分の方はやはりこの転置行列で変換される．

2　定理 4.1 は S が C^1 級でも成り立つことを示せ．

［ヒント］ p につき非特性的な解析的超曲面の族で S を突破する．S に角があるときも余法線の意味を拡張すれば同様のことが成り立つ．

3　第1章の問題の1を§4.2の方法を追うことにより解け．特に，超関数の不定積分とは何か？

［ヒント］ $E(x)=i^m x_1{}^{m-1}\theta(x_1)/(m-1)!$．

4　空間の次元 $n=2,3$ のとき非斉次波動方程式 $\partial^2 u/\partial t^2-\triangle u=f$ の初期値問題の解を具体的に計算せよ．

［答］ $n=2$ のとき

$$iD_t\left\{\frac{1}{4\pi}\int_0^t\frac{sds}{\sqrt{t^2-s^2}}\int_{S^1}u_0(x+s\omega)\,d\omega\right\}+\frac{i}{4\pi}\int_0^t\frac{sds}{\sqrt{t^2-s^2}}\int_{S^1}u_1(x+s\omega)\,d\omega$$
$$+\frac{1}{2\pi}\int_0^t ds\iint_{|x-y|\le t}\frac{f(t-s,y)}{\sqrt{s^2-(x-y)^2}}dy.$$

$n=3$ のとき

$$iD_t\left\{\frac{t}{4\pi}\iint_{S^2}u_0(x+t\omega)\,d\omega\right\}+\frac{it}{4\pi}\iint_{S^2}u_1(x+t\omega)\,d\omega$$
$$+\frac{1}{4\pi}\iiint_{|x-y|\le t}\frac{f(t-|x-y|,y)}{|x-y|}dy.$$

5　空間次元 $n=3$ のとき反復 d'Alembert 作用素 $((1/c_1{}^2)\partial^2/\partial t^2-\triangle)((1/c_2{}^2)\partial^2/\partial t^2-\triangle)$ $(0<c_2<c_1)$ の基本解で台が $t\geqq 0$ に含まれるものを求め，その台と特異台を決定せよ．

［答］ $c_1c_2\theta(c_2t-r)/4\pi(c_1+c_2)+c_1c_2{}^2(c_1t-r)\theta(c_1t-r)\theta(r-c_2t)/4\pi(c_1{}^2-c_2{}^2)r$．特異台は二つの円錐面 $r=c_1t$，$r=c_2t$ より成り，それぞれ速さ c_1, c_2 の波面に対応するものと考えられる．空隙は存在せず，台は伝播錐 $r\leqq c_1t$ と一致する．

6　波動方程式に対する初期値問題の基本解を次に述べる平面波の方法で計算せよ．一般に方程式 $p(D_t,D_x)$ をとる．各 $\omega\in S^{n-1}$ に対し2変数 t,s の作用素 $p_\omega(D_t,D_s)$ を $p_\omega(D_t,D_s)f(t,s)=p(D_t,D_x)f(t,x\omega)|_{x\omega=s}$ で定義する（$\square_\omega=-D_t{}^2+D_s{}^2$ となる）．次に初期条件 $D_t{}^{m-1}E_0(t,s;\omega)=(n-1)!/(-2\pi i)^n(s+i0)^n$，$D_t{}^jE_0(t,s;\omega)=0$ $(0\leqq j\leqq m-2)$ を満たす $p_\omega(D_t,D_s)E_0(t,s;\omega)=0$ の解を求める．$E_0(t,x)=\int_{S^{n-1}}E_0(t,x\omega;\omega)\,d\omega$ が超関数の意味で収束すれば (2.26) によりこれは求める基本解となる．つまり空間次元1の場合に帰着されるのである．故に第1章の問題の2は決してつまらぬ内容ではない．

7　前問の方法により結晶光学に現われる作用素 $\partial^4/\partial t^4-\left(\sum_{j=1}^{3}(a_{j+1}+a_{j+2})\partial^2/\partial x_j{}^2\right)\partial^2/\partial t^2+\sum_{j=1}^{3}a_{j+1}a_{j+2}\partial^2/\partial x_j{}^2\triangle$ の基本解を求め台と特異台を調べよ．ここに係数の添え字は mod 3 の規約が用いてある．

［答］ $\dfrac{1}{8\pi^2}\displaystyle\int\int_{S^2\cap\{\omega x\leqq-\tau_j(\omega)t\}}\dfrac{d\omega}{p_\tau(\tau_j(\xi),\xi)}$．ここに $p_\tau(\tau,\xi)$ は上の方程式に対応する多項式 $p(\tau,\xi)$ の τ に関する偏導関数，$\tau_j(\xi)$，$1\leqq j\leqq 4$ は特性根である．この基本解の特異台は二つの錐面から成り，内側の錐面の内部は空隙となる．

8　双曲型方程式 $p(D)u=f$ に対する初期値問題の解は次の意味で適切である（すなわちデータに対する連続性を持つ）．(1) 初期値が $\mathscr{D}'(U')$ において $u_j{}^k(x')\to u_j(x')$ と収束すれば，解 $u^k(x)$ は極限の初期値に対応する解 $u(x)$ に U' の決定領域上の超関数として収束する．ただし f は U' の決定領域上の超関数で x_1 を C^∞ 級パラメータとして含むものとする．(2) $C^\infty(U')$ において $u_j{}^k(x')\to u_j(x')$ ならば，解は U' の決定領域において C^∞ 級関数の意味で $u^k(x)\to u(x)$．ただし f も C^∞ 級とする．(3) 任意の時刻 t_0 に対し $u_j(x')\mapsto D_1{}^ju(t,x)|_{t=t_0}$ の対応も上と同様の連続性を持つ．

9　d'Alembert 作用素 $\Box=\partial^2/\partial t^2-\triangle$ の基本解 E の A-特異スペクトルは次の集合に含まれる：$\{(t,x;\tau,\xi)\,|\,t=|x|,\tau x+\xi|x|=0\}$．$(\tau^0)^2-(\xi^0)^2=0$ のとき $\boldsymbol{R}^{n+1}\times\boldsymbol{S}^n$ の曲線 $t=t^0+k\tau^0$，$x=x^0-k\xi^0$，$\tau=\tau^0$，$\xi=\xi^0$ $(k\in\boldsymbol{R})$ を点 $(t^0,x^0;\tau^0,\xi^0)$ を通る $\Box$ の陪特性帯という．上の集合は $\boldsymbol{R}^{n+1}$ の原点上の繊維 $\{0\}\times\boldsymbol{S}^n$ およびそれに含まれる $\Box$ の各特性点から発する陪特性帯の $t\geqq 0$ の部分の和集合に等しい．このことを用いて $\Box u=0$ の解 u について $(t^0,x^0;\tau^0,\xi^0)\notin A$-S. S. u ならば $(t^0+k\tau^0,x^0-k\xi^0;\tau^0,\xi^0)\notin A$-S. S. u $(\forall k\in\boldsymbol{R})$ を示せ．

［ヒント］ Ω を $(\tau^0,\xi^0)\in\boldsymbol{S}^n$ の十分小さい近傍とし，u の台を切断したあと (2.40) 式により $u=u_\Omega+u_{S^n\setminus\Omega}$ と分解する．定理 2.10 により u_Ω は点 (t^0,x^0) の近傍で解析関数となり，一方考えている領域で $\Box u_\Omega=-\Box u_{S^n\setminus\Omega}$ は Ω 方向に解析的である．故に $\theta(t-t^0)u_\Omega=\Box[\theta(t-t^0)u_\Omega]*E$ に定理 2.13 の系を適用すれば $k>0$ のとき上の主張を得る．$k<0$ に対しては E と逆向きの基本解を用いる．C^∞-特異スペクトルについても同様の伝播定理が成り立つ．

10　$\partial^2u/\partial t^2-\triangle u=0$ の解で A-S. S. u が1本の陪特性帯と一致するものを求めよ．

［ヒント］ 例えば $1/(x\omega+i(x^2-(x\omega)^2)+i0)$ を初期値にとる．

11　非特性初期値問題が任意の C^∞ 級初期値 (4.1) に対して局所的に C^∞ 級解を持つためには $p(D)$ が ν 方向に双曲型であることが必要かつ十分である．

［ヒント］ 必要性は (4.6) の $\delta(x')$ を $C_0{}^\infty$ 級関数でおき換えた初期値問題の解 $F(x)$ をとり $\theta(x_1)F(x)$ に補題 4.2 の証明を適用する．

12　$K\subset\boldsymbol{R}^2$ をコンパクト凸集合とする．空間の次元1の熱方程式 $(iD_t+D_x{}^2)u=0$ の解析的な解 u が $\{t<0\}\setminus K$ で存在すれば，u は $\{t<0\}$ における解析解に一意に延長できる．

［ヒント］ 定理 4.5 と解析接続の一意性．

13　$p(D)$ を準楕円型作用素とするとき $p(D)u=0$ の超関数解は必然的に p により定まるある示度の Gevrey 級関数となる．

第5章　境界値問題

§5.1　両側境界値問題

$p(x, D)$ を m 階線型偏微分作用素とし，超平面 $x_1=0$ は p に関して非特性的であるとする．u が $x_1>0$ で定義された方程式 $p(x, D)u=0$ の C^m 級の解で $x_1 \leqq 0$ に C^m 級関数として延長できれば，$x_1=0$ 上へのデータ (4.1) を考えることができる．u が $x_1 \leqq 0$ でも $p(x, D)u=0$ を満たしていればこのデータは初期値に外ならない．しかし一般には u は $x_1 \leqq 0$ では $p(x, D)u=0$ を満たすように延長できるとは限らないので，初期値と区別してこれを**境界値**と呼ぶ．

さらに一般に $b_j(x, D)$ を j 階の線型偏微分作用素，$j=0, \cdots, m-1$ とし，$x_1=0$ は各 b_j に関して非特性的とする．このような微分作用素の集まり $\{b_j(x, D)\}_{j=0}^{m-1}$ を**正規境界作用素系**という．(4.1) を一般化して

$$b_j(x, D)u|_{x_1=0} = u_j(x'), \quad j = 0, \cdots, m-1 \tag{5.1}$$

を考えることができる．右辺を先に指定する立場からはこれを**正規境界条件**という．m 個のデータを全部扱う限り (5.1) と (4.1) は変数 x' の微分作用素を要素とする可逆な行列を用いて互いに書き換えが可能である．実際

$$b_j(x, D) = \sum_{k=0}^{j} b_{jk}(x, D')D_1^{j-k} \tag{5.2}$$

と仮定すれば

$$\begin{bmatrix} b_0(x, D)u|_{x_1=0} \\ b_1(x, D)u|_{x_1=0} \\ \vdots \\ b_{m-1}(x, D)u|_{x_1=0} \end{bmatrix}$$

$$= \begin{bmatrix} b_{00}(0, x') & & & 0 \\ b_{11}(0, x', D') & b_{10}(0, x') & \ddots & \\ \vdots & \vdots & & \\ b_{m-1,m-1}(0, x', D') & b_{m-1,m-2}(0, x', D') & \cdots & b_{m-1,0}(0, x') \end{bmatrix} \begin{bmatrix} u|_{x_1=0} \\ D_1u|_{x_1=0} \\ \vdots \\ {D_1}^{m-1}u|_{x_1=0} \end{bmatrix}$$

である．係数行列の主対角成分は $x_1=0$ が非特性面という仮定により 0 にならな

い関数だから，この式は上から順番に逆に解くことができる．同様に(5.2)自身も $x_1=0$ の近くで逆に解ける．それを

$$D_1{}^j=\sum_{k=0}^{j}a_{jk}(x,D')b_{j-k}(x,D) \tag{5.3}$$

と記そう．境界作用素をこのように一般化する理由は，まず第1に一般の非特性超曲面に対する境界値問題を座標変換で $x_1=0$ の場合に帰着させたとき，曲面上で直交性が保存されるような座標変換を採用しない限り法線方向の微分は必ずしも(4.1)の形には変換されず(5.1)のように一般の形のものが出てくるからである．故に始めから境界面に**横断的**な(すなわち境界面がそれに関して非特性的となるような)任意の方向微分を考えておけば計算に都合が良い．第2に方程式の階数よりは少ない個数の境界値を指定するような問題では境界条件の一般化は本質的に新しい内容をもたらす．これは§5.3で展開される．

さて，u が $x_1>0$ で定義された $p(x,D)u=0$ の超関数解の場合にはその境界値(5.1)はどのように定義したらよいであろうか．ただし本講では u が $x_1\leqq 0$ に超関数として延長できる場合のみを考える．こう仮定しても $x_1\leqq 0$ では延長された超関数は $p(x,D)u=0$ を満たすとは限らないので，u は x_1 を C^∞ 級パラメータとして含むかどうかわからない．したがって初期値問題のように $x_1=0$ への制限をとることはできない．そこで境界値を定義するためまず $\{b_j(x,D)\}_{j=0}^{m-1}$ の**双対境界作用素系**を定義する．正規境界作用素系 $\{c_j(x,D)\}_{j=0}^{m-1}$ が $p(x,D)$ に関する $\{b_j(x,D)\}_{j=0}^{m-1}$ の双対系であるとは，$x_1=0$ の近傍で C^m 級の任意の関数 $u(x)$ に対し

$$p(x,D)\{\theta(x_1)u\}=\theta(x_1)p(x,D)u+\sum_{j=0}^{m-1}{}^t c_{m-j-1}(x,D)\{\delta(x_1)b_j(x,D)u\} \tag{5.4}$$

を満たすことをいう．例えば $b_j(x,D)=D_1{}^j\ (j=0,\cdots,m-1)$ のときはこれに対する双対系 $\{q_j(x,D)\}$ は，p を(4.2)の形とすれば(4.4)を導いたのと同様にして上の定義式から，

$$q_j(x,D)={}^t\left\{\frac{1}{i}\sum_{k=0}^{j}p_k(x,D')D_1{}^{j-k}\right\}$$

と求まる．故に(5.2)式の逆変換(5.3)を用いて一般には

$$p(x,D)\{\theta(x_1)u\}=\theta(x_1)p(x,D)u$$

$$+\sum_{j=0}^{m-1}{}^t q_{m-j-1}(x,D)\left\{\delta(x_1)\sum_{k=0}^{j}a_{jk}(x,D')b_{j-k}(x,D)u\right\}$$
$$=\theta(x_1)p(x,D)u$$
$$+\sum_{l=0}^{m-1}\sum_{j=l}^{m-1}{}^t q_{m-j-1}(x,D)a_{j,j-l}(x,D')\{\delta(x_1)b_l(x,D)u\},$$

したがって

$$c_j(x,D)=\sum_{k=0}^{j}{}^t a_{m-1-j+k,k}(x,D')q_{j-k}(x,D) \tag{5.5}$$

となる．特に

$$c_0(x,D)={}^t a_{m-1,0}(x)q_0(x,D)=\frac{p_0(x)}{ib_{m-1,0}(x)} \tag{5.6}$$

である．この式も q_j について解くことができ

$$q_j(x,D)=\sum_{k=0}^{j}{}^t b_{m-1-j+k,k}(x,D')c_{j-k}(x,D)$$

であることが容易にわかる．

双対作用素の形(1.11)により，(5.4)式を満たす $\{c_j(x,D)\}$ が一つあればこれに $x_1=0$ で消えるような係数を持つ任意の作用素を加えたものもまた(5.4)を満たすことが容易にわかる．しかし一般に $\{b_j(x,D)\}$ も $\{b_j(0,x',D)\}$ も同一の境界値を与えるのでこの不定性は本質的ではない．座標系を決めて議論する場合は(5.5)を定義とするかあるいは初めから境界作用素は係数に x_1 を含まないことにすればよい．

さて $p(x,D)$ は C^∞-係数の線型偏微分作用素で，$x_1=0$ は考えている領域 U において p に関し非特性的とする．

$$U^+=U\cap\{x_1>0\},\qquad U^0=U\cap\{x_1=0\},\qquad \overline{U^+}=U\cup U^0 \tag{5.7}$$

とおく．U^0 を $\boldsymbol{R}^{n-1}$ の開集合と考えるときは U' と書くことにする．すなわち $U^0=\{0\}\times U'$ とする．一般に開でも閉でもない集合 $\overline{U^+}$ の近傍とは，$\overline{U^+}$ を閉部分集合として含む $\boldsymbol{R}^n$ の開集合をさすことにする．U^0 の近傍についても同様である．U は U^0 の一つの近傍である．これに対し U^+ のような集合を U^0 の正側の半近傍と呼ぶことにする．

補題 5.1　u を U^+ で定義された $p(x,D)u=0$ の超関数解で，超関数として $\overline{U^+}$ のある近傍に延長可能であるとする．このとき u の U 全体への延長 $[u]^+$

で $\mathrm{supp}\,[u]^+\subset\overline{U^+}$ を満たすものを適当に選べば，U' で定義された $n-1$ 変数 x' の超関数 $u_j(x')$ $(j=0,\cdots,m-1)$ が存在して

$$p(x,D)[u]^+=\sum_{j=0}^{m-1}{}^t c_{m-j-1}(x,D)(\delta(x_1)u_j(x')) \tag{5.8}$$

という式が成り立つ．$[u]^+$ および $u_j(x')$ は u により一意に定まる．

証明　補題1.5により u の U 全体への延長 v で $\mathrm{supp}\,v\subset\overline{U^+}$ なるものが存在する．U^+ において $v=u$ は方程式 $p(x,D)v=0$ を満たしているから，U 上の超関数として $\mathrm{supp}\,p(x,D)v\subset U^0$ となる．故に定理1.5により

$$p(x,D)v=\sum_{k=0}^{M}D_1{}^k\delta(x_1)f_k(x') \tag{5.9}$$

と局所的に書ける．ところで $M\geqq m$ なら

$$D_1{}^M\delta(x_1)f_M(x')=p(x,D)D_1{}^{M-m}[\delta(x_1)f_M(x')/p_0(x)]+\sum_{k=0}^{M-1}D_1{}^k\delta(x_1)g_k(x')$$

と書き直せるから，v を $v-D_1{}^{M-m}[\delta(x_1)f_M(x')/p_0(x)]$ にとり換えれば M を1だけ減らすことができる．後者も台が $\overline{U^+}$ に含まれるような u の一つの拡張だから，この操作を繰返せば結局 $M=m-1$ とできる．このときの u の延長を $[u]^+$ と書き，また右辺の係数を $v_j(x')$ と書けば

$$p(x,D)[u]^+=\sum_{j=0}^{m-1}D_1{}^{m-j-1}\delta(x_1)v_j(x') \tag{5.10}$$

となる．すなわち $c_j(x,D)={}^tD_1{}^j$ の場合の (5.8) 式が局所的に得られた．

(5.10) における $[u]^+$ と $v_j(x')$ が u により局所的に一意に定まることを見よう．背理法により，他の延長 $[u]'^+$ に対しても

$$p(x,D)[u]'^+=\sum_{j=0}^{m-1}D_1{}^{m-j-1}\delta(x_1)w_j(x')$$

の形の式が成り立つとする．$\mathrm{supp}\,([u]^+-[u]'^+)\subset U^0$ だから $[u]^+-[u]'^+\neq 0$ なら定理1.5により

$$[u]^+-[u]'^+=\sum_{j=0}^{M}D_1{}^j\delta(x_1)h_j(x'),\qquad h_M(x')\neq 0$$

と局所的に書けるが

$$\begin{aligned}p(x,D)([u]^+-[u]'^+)&=D_1{}^{M+m}\delta(x_1)p_0(0,x')h_M(x')+\cdots\\&\neq\sum_{j=0}^{m-1}D_1{}^{m-j-1}\delta(x_1)(v_j(x')-w_j(x'))\end{aligned}$$

となり定理1.5における係数の一意性に反する．故に $[u]^+$ および $v_j(x')$ は u から局所的に一意に定まる．したがって超関数の局所性により (5.10) は U 全体で成立しているものと思うことができる．

最後に一般の $\{c_j(x, D)\}$ の場合

$$c_j(x, D) = \sum_{k=0}^{j} c_{jk}(x, D')\,{}^tD_1{}^{j-k}$$

とおけば，これを

$${}^tD_1{}^j = \sum_{k=0}^{j} d_{jk}(x, D')c_{j-k}(x, D)$$

と逆に解くことができるから，上で求めた $[u]^+$ に対し (5.10) を書き直せば

$$\begin{aligned} p(x, D)[u]^+ &= \sum_{j=0}^{m-1}\sum_{k=0}^{m-j-1} {}^tc_{m-j-1-k}(x, D)\,{}^td_{m-j-1,k}(x, D')\{\delta(x_1)v_j(x')\} \\ &= \sum_{l=0}^{m-1} {}^tc_{m-l-1}(x, D)\left\{\delta(x_1)\sum_{k=0}^{l} {}^td_{m-l-1+k,k}(x, D')v_{l-k}(x')\right\}, \end{aligned}$$

すなわち

$$u_j(x') = \sum_{k=0}^{j} {}^td_{m-j-1+k,k}(0, x', D')v_{j-k}(x') \tag{5.11}$$

と求まった．この式も逆に $v_j(x')$ について解けるので，$u_j(x')$ も u から一意に定まることがわかる．▌

$[u]^+$ を U^+ で定義された $p(x, D)u=0$ の解 u の**標準的延長**と呼ぶ．これは境界系の選び方によらずに定まることに注意しよう．$u_j(x')$ $(j=0, \cdots, m-1)$ を境界系 $\{b_j(x, D)\}$ に関する u の**境界値**という．制限と区別するためこれを

$$b_j(x, D)u|_{x_1\to+0} = u_j(x'), \qquad j = 0, \cdots, m-1 \tag{5.12}$$

と記す．u が $\overline{U^+}$ の近傍へ C^m 級に延長されるときは定義式 (5.4) により $[u]^+=\theta(x_1)u$ でよい．故にこのとき (5.12) は古典的な意味でのデータ $b_j(x, D)u|_{x_1=0}$ $(j=0, \cdots, m-1)$ に等しい．また u が超関数解として $\overline{U^+}$ の近傍に延長できるときは，u は x_1 を C^∞ 級パラメータとして含む (これは $p(x, D)$ が定数係数の作用素から C^∞ 級座標変換で得られたものならば定理3.4の系と定理2.9により証明済みである)．したがってこの場合も積 $[u]^+=\theta(x_1)u$ が定義できる．(4.4) を導いたのと同様の計算で，これが確かに u の標準的延長を与え，境界値 (5.12) が初期値 $b_j(x, D)u|_{x_1=0}$ $(j=0, \cdots, m-1)$ に等しいことがわかる．

次の補題は境界値の極限記号を正当化するものである．

補題 5.2 $U=\{|x_1|<\delta\}\times U'$ とし，u を U^+ で定義された $p(x,D)u=0$ の解で $\overline{U^+}$ のある近傍まで超関数として延長できるものとする．$\varepsilon\downarrow 0$ のとき $\mathcal{D}'(U')$ において

$$b_j(x,D)u|_{x_1=\varepsilon}\longrightarrow b_j(x,D)u|_{x_1\to+0}.$$

証明 C^∞ 級関数による積や微分の連続性により $\{b_j(x,D)\}=\{D_1{}^j\}$ の場合を調べれば十分である．また $\mathcal{D}'(U')$ における収束は局所的だから，少し狭いところに制限して考えれば C^1 級関数 $v(x)$ を用いて $u=q(D)v$ と書けていると仮定できる．ここに $q(D)$ は ν を非特性方向とする N 階の定数係数線型微分作用素である．v は U^+ における $p(x,D)q(D)v=0$ の解である．この作用素に関する v の境界値 $D_1{}^jv|_{x_1\to+0}=v_j(x')$ は，$\{r_j(x,D)\}$ を $p(x,D)q(D)$ に関する $\{D_1{}^j\}$ の双対系として

$$p(x,D)q(D)\{\theta(x_1)v\}=\sum_{j=0}^{m+N-1}{}^tr_{m+N-j-1}(x,D)\{\delta(x_1)v_j(x')\} \tag{5.13}$$

で与えられる．実際，$k\geqq m+N$ のとき

$$\int\frac{[(\varepsilon-x_1)^+]^k}{k!}\cdot a(x)D_1{}^j\{\theta(x_1)v\}dx_1$$
$$=\int\theta(x_1)v\cdot(-D_1)^j\left\{a(x)\frac{[(\varepsilon-x_1)^+]^k}{k!}\right\}dx_1\longrightarrow 0\qquad(\varepsilon\to 0)$$

等により (5.13) の右辺にはこれより高次の項は現われない．$\varepsilon\to 0$ のとき明らかに $\mathcal{D}'(U)$ において $\theta(x_1-\varepsilon)v\to\theta(x_1)v$ だから

$$\sum_{j=0}^{m+N-1}{}^tr_{m+N-j-1}(x,D)\{\delta(x_1-\varepsilon)D_1{}^jv|_{x_1=\varepsilon}\}$$
$$\longrightarrow\sum_{j=0}^{m+N-1}{}^tr_{m+N-j-1}(x,D)\{\delta(x_1)v_j(x')\},$$

したがって順に $(x_1-\varepsilon)^j/j!$ $(j=m+N-1,\cdots,0)$ を掛けて x_1 につき積分してみれば，解 v に関しては補題の主張する極限移行が成立していることがわかる．さて

$$\theta(x_1-\varepsilon)u=\theta(x_1-\varepsilon)q(D)v$$
$$=q(D)\{\theta(x_1-\varepsilon)v\}+\sum_{j=0}^{N-1}q_{N-j-1}(D)\{\delta(x_1-\varepsilon)D_1{}^jv|_{x_1=\varepsilon}\}$$

において $\varepsilon\downarrow 0$ のとき右辺の各項は収束することがわかったから，$\theta(x_1-\varepsilon)u$ も収束する．その極限を $[u]$ とすれば

$$p(x, D)[u] = \lim_{\varepsilon\downarrow 0} p(x, D)\{\theta(x_1-\varepsilon)u\}$$

$$= \lim_{\varepsilon\downarrow 0}\sum_{j=0}^{m-1} p_{m-j-1}(x, D)\{\delta(x_1-\varepsilon)D_1{}^j u|_{x_1=\varepsilon}\}$$

となる．先と同じく順に $(x_1-\varepsilon)^j/j!$ $(j=m-1, \cdots, 0)$ を掛けて x_1 につき積分すれば，$[u]$ が u の標準的延長で各 $D_1{}^j u|_{x_1=\varepsilon}$ が対応する境界値に収束していることがわかる．▌

以上の議論は $U^-=U\cap\{x_1<0\}$ で定義された $p(x, D)u=0$ の解 u の $x_1=0$ 上への境界値に対しても同様である．境界値

$$b_j(x, D)u|_{x_1\to -0} = u_j(x'), \qquad j = 0, \cdots, m-1 \tag{5.14}$$

は次の式で定まる．

$$-p(x, D)[u]^- = \sum_{j=0}^{m-1} {}^t c_{m-j-1}(x, D)(\delta(x_1)u_j(x')). \tag{5.15}$$

ここに $[u]^-$ は $\mathrm{supp}\,[u]^-\subset\overline{U^-}=U^-\cup U^0$ を満たす u の延長で，やはり標準的延長と呼ばれる．u が $\overline{U^-}$ の近傍に C^m 級関数としてあるいは $p(x, D)u=0$ の解として延長されるときには $[u]^-=\theta(-x_1)u$ でよい．実際このときは (5.4) 式から

$$p(x, D)\{\theta(-x_1)u\} = p(x, D)u-p(x, D)\{\theta(x_1)u\}$$

$$= \theta(-x_1)p(x, D)u-\sum_{j=0}^{m-1} {}^t c_{m-j-1}(x, D)\{\delta(x_1)b_j(x, D)u\}$$

となり $b_j(x, D)u|_{x_1\to -0}=b_j(x, D)u|_{x_1=0}$ である．

補題 5.3 $u^\pm$ をそれぞれ $U^\pm$ で定義された $p(x, D)u=0$ の解とし，ある正規境界作用素系に関する $x_1=0$ への境界値 $b_j(x, D)u^+|_{x_1\to +0}$ と $b_j(x, D)u^-|_{x_1\to -0}$ がすべての $j=0, \cdots, m-1$ に対して一致するとする．このとき U 全体で定義された $p(x, D)u=0$ の解 u で $U^\pm$ 上でそれぞれ $u^\pm$ に等しいものがただ一つ存在し

$$b_j(x, D)u^+|_{x_1\to +0} = b_j(x, D)u^-|_{x_1\to -0} = b_j(x, D)u|_{x_1=0}.$$

証明 $[u^\pm]^\pm$ をそれぞれ $u^\pm$ の標準的延長とすれば仮定により $u=[u^+]^+ + [u^-]^-$ は U において $p(x, D)u=0$ を満たす．補題 5.1 における一意性の証明と同様にして，台が U^0 に含まれるような $p(x, D)u=0$ の解は 0 以外に存在しないことがわかるから，このような u は一つしかない．▌

さて境界値問題とは大雑把にいえば(5.12)あるいは(5.14)のデータを達成するような$p(x,D)u=0$の解$u^{\pm}$を求める問題である．まず一意性を調べよう．

定理 5.1 $p(x,D)$は定数係数の作用素から解析的座標変換によって得られたものとする．U^{+}で定義された$p(x,D)u=0$の解uの境界値(5.12)がすべて0ならば，uはU^{0}のある近傍で恒等的に0に等しい．

証明 (5.8)式より$p(x,D)[u]^{+}=0$．故に定理4.1より境界面の近傍で$[u]^{+}\equiv 0$．したがってそこで$u\equiv 0$となる．▌

第4章の問題の2(および1)によれば$p(x,D)$が定数係数の作用素からC^{∞}級の座標変換で得られる場合も上の主張は正しいことがわかる．

さて境界値問題の可解性の方はどうであろうか．m個のデータ(5.12)のすべてを達成するような$p(x,D)u=0$の解がU^{+}で必ず存在するような方程式は実は境界値問題としてはつまらない(章末の問題の2を見よ)．内容を豊かにするためには境界U'上に与えられたデータが$U^{\pm}$における解$u^{\pm}$の境界値(5.12)および(5.14)の差として達成される場合を許さねばならない．すると問題は与えられたデータが$u^{\pm}$にどのように分与されるかを調べ，さらにm個のデータのうちの何個が片側だけの解で達成されるかを調べることとなる．

定理 5.2 $p(D)$を定数係数の作用素，$E(x)$をその基本解とする．$x_1=0$がpに関して非特性的ならば，任意の正規境界系$\{b_j(x,D)\}$に対して

$$
(5.16)\quad \begin{cases} b_{m-1}(x,D)E|_{x_1\to+0}-b_{m-1}(x,D)E|_{x_1\to-0}=\dfrac{ib_{m-1}{}^{0}(0,x',\nu)}{p^{0}(\nu)}\delta(x'), \\ b_j(x,D)E|_{x_1\to+0}-b_j(x,D)E|_{x_1\to-0}=0, \qquad 0\leqq j\leqq m-2. \end{cases}
$$

ここに$b_{m-1}{}^{0}, p^{0}$はそれぞれb_{m-1}, pの主部を表わす．

証明 $b_j(x,D)E|_{x_1\to\pm0}=u_j{}^{\pm}(x')\ (j=0,\cdots,m-1)$とおけば(5.8), (5.15)により

$$
p(D)[E]^{\pm}=\pm\sum_{j=0}^{m-1}{}^{t}c_{m-j-1}(x,D)\{\delta(x_1)u_j{}^{\pm}(x')\},
$$

したがって

$$
p(D)([E]^{+}+[E]^{-})=\sum_{j=0}^{m-1}{}^{t}c_{m-j-1}(x,D)\{\delta(x_1)(u_j{}^{+}(x')-u_j{}^{-}(x')\}.
$$

一方(5.6)より${}^{t}c_0(x,D)=p_0/ib_{m-1,0}(x)=p^{0}(\nu)/ib_{m-1}{}^{0}(x,\nu)$だから

$$
p(D)E=\delta(x)={}^{t}c_0(x,D)\left\{\delta(x_1)\frac{ib_{m-1}{}^{0}(x,\nu)}{p^{0}(\nu)}\delta(x')\right\}.
$$

$[E]^+ + [E]^- - E$ の台は $x_1=0$ に含まれるから，補題5.1の一意性の証明と同様にして $[E]^+ + [E]^- = E$ となり上の二つの式の右辺が一致することがわかる．各係数を比較すれば(5.16)を得る．▮

この定理は証明を見ればわかるように $p(x, D)E=\delta(x)$ の解 E が存在するような作用素 $p(x, D)$ に対してはいつでも成り立つ．したがって特に $p(x, D)$ が定数係数の作用素から座標変換で得られたものならばよい．

さて，$0, \cdots, 0, \delta(x')$ というデータは初期値問題の場合と同様に基本的な役割を果たす．上の定理は基本解がこの意味でも基本的な解であることを示している．特にこれから次の**両側境界値問題**の可解性が従う．

系 $u_j(x')$ $(j=0, \cdots, m-1)$ をコンパクトな台を持つ $n-1$ 変数超関数とするとき，$\pm x_1>0$ における $p(D)u=0$ の解 $u^{\pm}$ で

(5.17) $\quad b_j(x, D)u^+|_{x_1\to+0} - b_j(x, D)u^-|_{x_1\to-0} = u_j(x'), \qquad j=0, \cdots, m-1$

を満たすものが存在する．このような $u^{\pm}$ の組は局所的に $x_1=0$ の近傍における $p(D)u=0$ の解を法として一意に定まる．

証明 y' を境界面 $x_1=0$ を動くパラメータとする．一般に $\varphi(x)\delta(x-y)=\varphi(y)\delta(x-y)$ だから(1.11)式より

$$ {}^t c_k(x, D_x)\delta(x-y) = {}^t c_k(y, D_x)\delta(x-y) = c_k(y, D_y)\delta(x-y) $$

となる．故に

(5.18) $\qquad E_k(x, y') = c_k(y, D_y)E(x-y)|_{y_1=0}, \qquad k=0, \cdots, m-1$

とおけば，$p(D)E_k = {}^t c_k(x, D_x)\{\delta(x_1)\delta(x'-y')\}$ となるから，前定理の証明と同様にして

$$ b_j(x, D)E_k|_{x_1\to+0} - b_j(x, D)E_k|_{x_1\to-0} = \delta_{j,m-k-1}\delta(x'-y'), \qquad j, k=0, \cdots, m-1 $$

を得る．解と境界値の対応は明らかに線型だから

$$ u^{\pm}(x) = \sum_{k=0}^{m-1} \int E_{m-k-1}(x, y')u_k(y')dy', \qquad \pm x_1 > 0 $$

とおけば，これは(5.17)を満たす $p(D)u=0$ の解となる．最後に，v もまたこのような解であるとすれば，差 $u-v$ は両側からの境界値が一致し，したがって補題5.3により $x_1=0$ の近傍でも $p(D)(u-v)=0$ を満たす．▮

この系も，考えている領域で基本解($p(x, D)E(x, y)=\delta(x-y)$ の解)が存在する限り変数係数の方程式について成り立つ．証明は全く変更の必要はない．さ

らに境界が一般の非特性超曲面の場合にも y' の代わりに曲面上のパラメータをとれば同様の議論ができる．また，データ $u_j(x') \in \mathcal{D}'(U')$ の台がコンパクトでなくても U^0 の近傍で解を作れる場合があるが，これには§3.3でやったような逐次近似的考察が必要となる．特に定数係数の作用素でデータが C^∞ 級関数のときは，定理3.10の証明中に示した近似定理がそのまま使えるので練習問題としておく(章末の問題の5参照)．

例5.1 Laplace 方程式 $\triangle u=0$ を考えよう．$b_0(x, D)=1$, $b_1(x, D)=iD_1$ とすれば，この双対系は(5.4)により $c_0(x, D)=1$, $c_1(x, D)=-iD_1$ となる．(1.16)と(5.18)より

$$
(5.19)\qquad \begin{cases} E_0(x, y') = \dfrac{\Gamma(n/2)}{2(2-n)\pi^{n/2}} \dfrac{1}{(x_1{}^2+(x'-y')^2)^{(n-2)/2}}, \\[2ex] E_1(x, y') = \dfrac{\Gamma(n/2)}{2\pi^{n/2}} \dfrac{x_1}{(x_1{}^2+(x'-y')^2)^{n/2}}. \end{cases}
$$

$n=3$ のとき，E_0 は点 $(0, y')$ に置かれた単位正電荷の作る静電場のポテンシャル，E_1 は同じ点にあるモーメント $-\boldsymbol{e}_1$ の電気双極子の作る静電場のポテンシャルを表わす．境界面 $x_1=0$ 上の電荷分布 $u_1(x')$ の作るポテンシャルは $u(x)=\int E_0(x, y')u_1(y')dy'$ で与えられる．これはいわゆる1重層ポテンシャルである．$u_1(x')$ が連続関数のとき u の値は境界面を通過するとき連続的に変わるが，その法線微分(すなわち電場の法線成分)は $u_1(x')$ だけ値が飛躍する．また，$x_1=0$ 上の双極子の分布 $u_0(x')$ の作るポテンシャルは $u(x)=\int E_1(x, y')u_0(y')dy'$ で与えられる．これは2重層ポテンシャルと呼ばれ，$u_0(x')$ が連続関数のとき境界面の通過に際しその値が $u_0(x')$ だけ飛躍するが，電場の法線成分は連続的に変化する．開いた境界面 $x_1=0$ 上では電荷と双極子は任意の分布をとり得る．解の方は全空間における $\triangle u=0$ の解の分だけの不定性があるが，ポテンシャルが遠方で減少していることを要請すれば，第2章問題の7により一意に定まる．

§5.2 片側境界値問題

境界値問題の本論に入り，境界面の片側における解には何個の境界値が指定できるかを調べよう．この問題が完全に解けているのは今の所，初期値問題に帰着する双曲型作用素の場合と次節に述べる楕円型作用素の場合だけである．ここで

はこれらの場合を系として含むある程度一般的な考察を試みよう．初期値問題に倣って，ζ_1 に関する代数方程式 $p^0(0, x', \zeta_1, \xi')=0$ の根 $\tau_k{}^0(x', \xi')$ $(k=1, \cdots, m)$ を境界値問題の特性根と呼ぶことにする．すると，理念的にいえば $\pm x_1>0$ における $p(x, D)u=0$ の解 $u^{\pm}$ には，これらの特性根のうちで $\pm\mathrm{Im}\,\tau_j{}^0(x', \xi')\geqq 0$ となるものの個数とちょうど等しい数の境界条件が指定できるのである．

定理 5.3 $p(D)$ は $x_1=0$ を非特性面とする定数係数作用素とし，$I\subset \boldsymbol{S}^{n-2}$ を開集合とする．I の任意のコンパクト部分集合 K に対し，正定数 T_K を適当にとれば $\xi'/|\xi'|\in K$ なる各点 ξ' において ζ_1 に関する代数方程式 $p(\zeta_1, \xi')=0$ の根 $\tau_k(\xi')$ $(k=1, \cdots, m)$ の中に $\mathrm{Im}\,\tau_k(\xi')\geqq -T_K$ を満たすものが少なくとも μ 個存在するとする．このとき境界面内の開集合 U' 上の超関数で A-S.S. $u_j\subset U'\times I$ を満たす任意の μ 個のデータに対し，少し狭い開集合 $V'\Subset U'$ をとれば，$\{0\}\times V'$ のある正側半近傍における $p(D)u=0$ の解 u で

$$b_j(x, D)u|_{x_1\to+0} = u_j(x')|_{V'}, \qquad j = 0, \cdots, \mu-1 \tag{5.20}$$

を満たすものが存在する．ここに $\{b_j(x, D)\}_{j=0}^{\mu-1}$ はある正規境界作用素系の初めの μ 個とする．

証明 境界作用素の階数は下から順にそろっているので (5.3) により予め $D_1{}^j$ $(j=0, \cdots, \mu-1)$ に対する境界値に書き直しておくことができる．故に始めから $b_j(x, D)=D_1{}^j$ と思ってよい．さて，$\overline{V'}$ の近傍で 1 に等しい $C_0{}^\infty$ 級関数 $\chi(x')$ をとり，各 $\chi(x')u_j(x')$ に定理 2.10 を適用して $\chi(x')u_j(x')=\sum u_{j,I_k}(x')$ と分解する．ここに $\bigcup_k I_k=\boldsymbol{S}^{n-2}$ である．この分割を十分細かくすれば，仮定により $I_k\Subset I$ なる成分以外は $\overline{V'}$ の近傍で解析関数となる．故に $I_k\Subset I$ なる各成分について $u_{j,I_k}(j=0, \cdots, \mu-1)$ を境界値とする解を求め，次いで Cauchy-Kovalevskaja の定理により（μ 個の解析的データに $m-\mu$ 個の 0 データを人為的に追加して）差額の解析的データに対する解を求めて，これらを総計すれば，$\{0\}\times V'$ の近傍で所要の解が得られる．さらに，上の分解を作る際 $\chi(x')u_j(x')$ の代わりに $e^{x'^2}\chi(x')u_j(x')$ に定理 2.10 を適用し，結果を $e^{x'^2}$ で割ってもよい．こうすれば各 $u_{j,I_k}(x')$ は指数的減少の超関数と仮定できる．故に Γ_k を $\overline{I_k}\Subset\Gamma_k{}^\circ\cap\boldsymbol{S}^{n-2}\subset I$ なる任意の開凸錐とすれば，$u_{j,I_k}(x')$ の Fourier 変換 $\widetilde{u_{j,I_k}}(\xi')$ は実軸を含むある柱状領域上の緩増加正則関数となり，$\Gamma_k{}^\circ$ の外では指数的に減少している．ところで曲面波分解の成分 $W_{+0}(x, \omega)$ が $\mathrm{Re}\,\{iz\omega-z^2+(z\omega)^2\}<0$ 上の緩増加正則関

数に解析接続されることから，分解成分 $u_{j,I_k}(x')$ は，ある $R>0$ に対し $\boldsymbol{R}^{n-1}\times i\Gamma_k\cap\{|y'|<R\}$ で緩増加正則な関数に解析接続できることがわかる．故に定理2.7の証明により結局このような錐 $\Gamma_k{}^\circ$ の外ではある $R>0$ に対して $|\widetilde{u_{j,I_k}}(\xi')|\leqq Ce^{-R|\xi'|}$ が成り立つ．

以上の注意のもとに与えられた方程式と境界条件を x' につき部分 Fourier 変換してみよう．簡単のため $u_{j,I_k}(x')$ を $u_j(x')$ と略記し，部分 Fourier 変換を $\hat{u}$ で表わせば

$$p(D_1,\xi')\hat{u}(x_1\,;\xi')=0, \tag{5.21}$$

$$D_1{}^j\hat{u}(x_1\,;\xi')|_{x_1=0}=\widetilde{u_j}(\xi'),\qquad j=0,\cdots,\mu-1 \tag{5.22}$$

という常微分方程式の初期値問題を得る．初期条件は一般に方程式の階数より少ないが，ξ' につき逆 Fourier 変換して超関数 $u(x)$ を定めるためにはパラメータ ξ' につき緩増加な解の中で初期条件を満たすものを探さねばならないので勘定は合っている．まず発見的考察をしよう．簡単のため重根はないものとし，$\tau_1(\xi')$, $\cdots$, $\tau_\mu(\xi')$ を虚部が下に有界な根とする．これらは ξ' につき区分的に連続な関数に選べる．定数係数斉次常微分方程式の解の公式を用いて

$$\hat{u}(x_1\,;\xi')=\sum_{k=1}^{\mu}c_k(\xi')e^{i\tau_k(\xi')x_1} \tag{5.23}$$

とおく．これ以外の根は $x_1>0$ において指数関数が緩増加にならぬので捨てた．これを (5.22) に代入すれば $c_k(\xi')$ の満たす連立1次方程式が得られる．Cramér の公式により $c_k(\xi')$ を求め (5.23) に代入すれば

$$\hat{u}(x_1\,;\xi')=\sum_{k=1}^{\mu}\frac{e^{i\tau_k x}}{\varDelta(\tau_1,\cdots,\tau_\mu)}\begin{vmatrix}1 & \overset{k}{\breve{u}_0} & 1\\ \vdots & \vdots & \vdots\\ \tau_1{}^{\mu-1} & u_{\mu-1} & \tau_\mu{}^{\mu-1}\end{vmatrix} \tag{5.24}$$

$$=\sum_{j=0}^{\mu-1}\frac{\widetilde{u_j}(\xi')}{\varDelta(\tau_1,\cdots,\tau_\mu)}\begin{vmatrix}1 & \cdots & 1\\ e^{i\tau_1x_1} & \cdots & e^{i\tau_\mu x_1}\\ \tau_1{}^{\mu-1} & \cdots & \tau_\mu{}^{\mu-1}\end{vmatrix}(j+1$$

を得る．ここに $\varDelta(\tau_1,\cdots,\tau_\mu)$ は $\tau_1,\cdots,\tau_\mu$ の Vandermonde 行列式を表わす．最後の式では $\widetilde{u_j}$ の係数は $\tau_1,\cdots,\tau_\mu$ の関数として分母が分子を割り切っているので，増大度が高々 $C(1+x_1)^{\mu-1}\sup_k|e^{i\tau_kx_1}|\sup_k|\tau_k|^{\mu(\mu-1)/2}$ の $\tau_1,\cdots,\tau_k$ の整関数となる．(この証明は初等的にもできるが詳しくは次節の補題5.5を見よ.) 故に重根が現

われる場合も意味を持ち，$\tau_k=\tau_k(\xi')$ を代入したときこれらの係数は ξ' の区分的連続な関数となる．それらは $\xi'\in\Gamma_k^\circ$ では仮定により緩増加である．また Γ_k° の外では一般に $|\tau_k(\xi')|\leqq M|\xi'|$ よりそれらは ξ' につき指数的に増大するが，ここでは先に注意したように $x_1<R/M$ なる限り $\widetilde{u_j}(\xi')$ の方がそれらより速く指数的に減少しているため全体としてはやはり緩増加になっている．故に

$$u(x)=\frac{1}{(2\pi)^{n-1}}\int e^{ix'\xi'}\hat{u}(x_1\,;\xi')d\xi' \tag{5.25}$$

とおくことができる．この広義積分は $0<x_1<R/M$ において x の超関数として収束していることが容易に確かめられる．故に $p(D)u=0$ が成り立つ．また $x_1=\varepsilon>0$ では制限 $D_1{}^ju|_{x_1=\varepsilon}$ が意味を持つが，これは (5.24) において $x_1=\varepsilon$ とおいたものの逆 Fourier 変換に等しいことが容易に確かめられる．故に定義関数 $\varphi(x')$ を用いて $D_1{}^ju(x)|_{x_1=\varepsilon}\to u_j(x')$ $(j=0,\cdots,\mu-1)$ が確かめられ，したがって補題 5.2 により境界条件が満たされていることがわかる．▮

上の証明で構成した解 u について，$D_1{}^ju|_{x_1=\mathrm{const}}$ の A-特異スペクトルの方向成分は $\bigcup_j A\text{-S.S.}\,u_j(x')$ の方向成分の小近傍に含まれることが容易にわかる．また境界値 $u_j(x')$ がすべて C^∞ 級ならば上で構成した解も C^∞ 級である．実際このときは $\widetilde{u_j}(\xi')$ が急減少だから (5.24) 式の右辺も ξ' につき急減少となる．

$\mathrm{Im}\,\tau_j{}^0(\xi')\geqq 0$ という主部に対する条件と上で仮定された条件 $\mathrm{Im}\,\tau_j(\xi')\geqq -T_K$ との間には差があるが，これはちょうど弱双曲型と双曲型の差に相当する．次の系は特性根だけで判定できる場合である．

系 1　$p(D), I$ は定理 5.3 と同じとする．$\xi'\in I$ のとき境界値問題の特性根 $\tau_k{}^0(\xi')$ の中に虚部が正のものが常に少なくとも μ 個存在すれば，定理 5.3 に述べた意味で境界値問題が可解となる．

証明　根の連続性により $\tau_k{}^0(\xi')$ $(k=1,\cdots,\mu)$ を ξ' につき区分的連続としかつ任意のコンパクト集合 $K\subset I$ に対し $\xi'\in K$ のとき $\mathrm{Im}\,\tau_k{}^0(\xi')\geqq c_K>0$ を満たすように番号付けられる．すると同次性により $\xi'/|\xi'|\in K$ のとき $\mathrm{Im}\,\tau_k{}^0(\xi')\geqq c_K|\xi'|^m$ が成り立つ．故に付録の定理 A.1 の系により C を十分大きくとれば $|\xi'|\geqq C$, $\xi'/|\xi'|\in K$ において $\mathrm{Im}\,\tau_k(\xi')\geqq(c_K/2)|\xi'|^m$ も成り立つ．これらの根に定理 5.3 を適用すればよい．▮

この系の場合は上の証明中に与えた根の評価により (5.24) の右辺は $x_1>0$ に

おいて ξ' の指数的減少関数となる．故に逆 Fourier 変換(5.25)で与えられる解は $x_1>0$ において解析関数となる．

$x_1<0$ に対する境界値問題の場合は，以上の議論で根の条件における虚部の符号を逆にすればよい．さらに，補題5.3により初期値問題を解くことは正負の方向への境界値問題を同時に解くことであったことを思い出せば次の系も得られる．

系 2 $p(D), I, U', V', \tau_k(\xi')$ の意味は定理5.3と同じとする．I の任意のコンパクト部分集合 K に対し，正定数 T_K を適当にとれば $\xi'/|\xi'|\in K$ なる各点 ξ' において $\tau_k(\xi')$ の中に $|\mathrm{Im}\,\tau_k(\xi')|\leqq T_K$ を満たすものが少なくとも μ 個存在するとする．このとき，U' 上の超関数で A-S. S. $u_j\subset U'\times I$ を満たす任意の μ 個のデータに対し $\{0\}\times V'$ のある近傍における $p(D)u=0$ の解で初期条件 $D_1{}^ju|_{x_1=0}=u_j(x')$ $(j=0,\cdots,\mu-1)$ を満たすものが存在する．——

例 5.2 (Volterra) 波動方程式 $p(D)=D_1{}^2+D_2{}^2+\cdots+D_{n-1}{}^2-D_n{}^2$ を考える．x_n 軸が時間を表わす．$I=\{\xi_2{}^2+\cdots+\xi_{n-1}{}^2<\xi_n{}^2\}$ とすれば定理5.3の系2の条件が満たされ，したがって A-S. S. $u_j(x')\subset \boldsymbol{R}^{n-1}\times I$ なる任意の初期データ $u_j(x')$ $(j=0,1)$ に対し初期値問題

$$\begin{cases}(D_1{}^2+\cdots+D_{n-1}{}^2-D_n{}^2)u=0,\\ D_1{}^ju|_{x_1=0}=u_j(x'), \qquad j=0,1\end{cases}$$

が局所的に解ける．——

次に解の一意性と根の虚実との関係を調べよう．境界条件の個数が方程式の階数より一般に少ないため，完全な一意性は期待できず，常に境界を越えて延長できるような解の不定性が残る．これを消去するには，他の付加条件，例えば今考えている境界面 $x_1=0$ と交叉する他の面上のデータが必要となる．そのような問題は一般に混合問題と呼ばれるがここでは立ち入らない．

定理 5.4 $p(D)$, $I\subset \boldsymbol{S}^{n-2}$, U' は定理5.3と同じとする．$\xi'\in I$ のとき境界値問題の特性根の中に虚部負のものが少なくとも $m-\mu$ 個存在するならば，U^+ における $p(D)u=0$ の解で，境界条件

$$\begin{aligned}&b_j(x,D)u|_{x_1\to+0}=0, \qquad j=0,\cdots,\mu-1,\\ &A\text{-S. S. } b_j(x,D)u|_{x_1\to+0}\subset U'\times I, \qquad j=\mu,\cdots,m-1\end{aligned}$$

を満たすものは $p(D)u=0$ の(解析的な)解として $x_1<0$ へ $\overline{U^+}$ のある近傍まで延長できる．

証明　仮定より

$$p(D)[u]^{+}=\sum_{j=0}^{m-\mu-1}{}^{t}c_{j}(x,D)\{\delta(x_{1})u_{m-j-1}(x')\},$$

$$A\text{-S. S.}\, u_{j}(x')\subset U'\times I$$

と書ける．このとき必然的に境界値 $u_{m-j-1}(x')$ $(j=0,\cdots,m-\mu-1)$ が解析関数となることを示そう．そうすれば Cauchy-Kovalevskaja の定理と定理 5.1 により解 u は実はこれらのデータを 0 データで補ったものを初期値とする初期値問題の解析的な解と一致し，したがってもちろん $x_1<0$ に延びることとなる．

$V'\Subset U'$ とし，$\chi(x')$ を $\overline{V'}$ の近傍で 1 に等しい $n-1$ 変数の C_0^∞ 級関数とすれば

$$p(D)\{\chi(x')[u]^{+}\}=\sum_{j=0}^{m-\mu-1}{}^{t}c_{j}(x,D)v_{m-j-1}(x')+f(x) \tag{5.26}$$

となる．ここに $v_{m-j-1}(x')=\lim_{\varepsilon\downarrow 0}b_{m-j-1}(x,D)(\chi(x')u)|_{x_1=\varepsilon}$ は V' 上でもとの境界値 $u_{m-j-1}(x')$ と等しいコンパクトな台を持つ超関数であり，残余項 $f(x)=\lim_{\varepsilon\downarrow 0}\theta(x_1-\varepsilon)p(D)(\chi(x')u)$ の台は $\{x_1\geqq 0\}\times(U'\setminus V')$ に含まれる．指数減少する曲面波を成分とする $\delta(x')$ の分解

$$\delta(x')=e^{-x'^2}\delta(x')=\int_{S^{n-2}}e^{-x'^2}W_{+0}(x',\omega')d\omega'$$

を用意する．開部分集合 $I'\Subset I$ を $A\text{-S. S.}\, u_j|_{\overline{V'}\times S^{n-2}}\subset\overline{V'}\times I'$ となるように選ぶ．一般に $J\subset S^{n-2}$ に対し $J\cap I'=\phi$ ならば仮定と定理 2.13 の系により $v_{m-j-1}(x')*\{e^{-x'^2}W_{+0}(x',J)\}$ は V' において解析関数となる．故に各点 $\xi'\in I$ に対しその十分小さい近傍 $J\Subset I$ をとるとき $v_{m-j-1}(x')*\{e^{-x'^2}W_{+0}(x',J)\}$ が V' で解析関数となることを示せばよい．$\xi'\in\bar{J}$ のとき考えている虚部負の特性根 $\tau_{\mu+1}{}^0(\xi'),\cdots,\tau_m{}^0(\xi')$ は他の根から一様に分離していると仮定しよう．このとき $\delta>0$ を十分小さくとれば $\xi'/|\xi'|$ が J の δ-近傍を動きかつ $|\xi'|\geqq C$, $|\eta'|\leqq\delta|\xi'|$ のとき $\zeta'=\xi'+i\eta'$ においてこれらに対応する $p(\zeta_1,\zeta')=0$ の根 $\tau_{\mu+1}(\zeta'),\cdots,\tau_m(\zeta')$ も他の根から一様に分離している．故に $\tau_{\mu+1}(\zeta'),\cdots,\tau_m(\zeta')$ の対称多項式はこの領域で 1 価正則になる．実際，複素平面において根 $\tau_{\mu+1}(\zeta'),\cdots,\tau_m(\zeta')$ を囲み他の根を内部に含まぬような単純閉曲線 $\gamma_{\zeta'}$ を ζ' につき局所的に一定となるようにとれば，留数定理により

$$\sum_{j=\mu+1}^{m}[\tau_j(\zeta')]^k = \frac{1}{2\pi i}\oint_{\gamma_{\zeta'}} \frac{\dfrac{\partial p}{\partial \zeta_1}(\tau, \zeta')}{p(\tau, \zeta')}\tau^k d\tau, \qquad k = 1, \cdots, m-\mu$$

と表わされるからである．もしある点 $\xi' \in I$ の近傍において $m-\mu$ 個の虚部負の特性根が分離できなければ，この他にも虚部負の特性根が存在することになるが，それらも仲間に入れ，この近傍 J に対しては μ を適当に小さく取り直して以下の議論を適用すればよい．

さて $0 \leqq k \leqq m-\mu-1$ なる k を一つ固定する．上に拾い出した特性根は逆に ξ' が $-J$ の近傍を動くとき虚部正となる．故に定理5.3の系1により**双対境界値問題**

$$(5.27) \quad \begin{cases} {}^t p(D)w = 0, \\ c_j(x, D)w|_{x_1 \to +0} = \delta_{jk} e^{-x'^2} W_{+0}(-x', J), \qquad j = 0, \cdots, m-\mu-1 \end{cases}$$

の解 $w(x)$ を作ることができる．(${}^t p$ は p と同じ特性根を持つことに注意せよ.) そこでの注意により，この解は $x_1 > 0$ において解析関数となる．さらに $w(x)$ は原点以外では境界面 $x_1 = 0$ を越えて解析接続できることを示そう．これには(5.27)の残りの境界値も原点以外で解析的となることを見ればよい．何故ならこのとき定理5.1により解 w は $\{x_1=0, x' \neq 0\}$ の十分小さい近傍においてはこれらの解析的データを初期値として Cauchy-Kovalevskaja の定理により与えられる解と一致するからである．さて(5.27)の他の境界値は(5.24)式より $\tau_{\mu+1}(\xi'), \cdots, \tau_m(\xi')$ の対称多項式の逆 Fourier 変換と $e^{-x'^2} W_{+0}(-x', J)$ のたたみ込みの形の関数である．このたたみ込みの第1成分の $-J$ 方向の特異スペクトルは原点上の繊維にしか含まれない．これは上に注意したように $\xi'/|\xi'|$ が J の近傍を動き $|\xi'| \geqq C$ のとき $\tau_{\mu+1}(\xi'), \cdots, \tau_m(\xi')$ の対称多項式が $|\eta'| \leqq \delta|\xi'|$ まで解析接続できることを用いて定理3.4の証明と同じ手法により示される．故に(台を適当に切って)定理2.13の系を適用すれば，たたみ込みの結果は原点以外で解析的となる．さて y' をパラメータとすれば $w(x_1, x'-y')$ は x の関数として

$$(5.28) \quad \begin{cases} {}^t p(D)w(x_1, x'-y') = 0, \\ c_j(x, D)w(x_1, x'-y')|_{x_1=0} = \delta_{jk} e^{-(x'-y')^2} W_{+0}(y'-x', J), \\ \quad j = 0, \cdots, m-\mu-1 \end{cases}$$

を満たす．

以上の準備の下に $v_{m-k-1}*e^{-x'^2}W_{+0}(x',J)$ の解析性を示そう．まず(5.26)を次のように変形する．

$$
\begin{aligned}
&p(D)\{\theta(\varepsilon_0-x_1)\chi(x')[u]^+\}\\
&=\sum_{j=0}^{m-\mu-1}{}^tc_j(x,D)\{\delta(x_1)v_{m-j-1}(x')\}\\
&\quad-\sum_{j=0}^{m-1}{}^tc_j(x,D)\{\delta(x_1-\varepsilon_0)b_{m-j-1}(x,D)(\chi(x')u)|_{x_1=\varepsilon_0}\}+\theta(\varepsilon_0-x_1)f(x).
\end{aligned}
$$

この両辺に $w(x_1+\varepsilon,x'-y')$ を掛け x につき全空間で積分すれば部分積分により

$$
\begin{aligned}
0=&\sum_{j=0}^{m-\mu-1}\int c_j(x,D)w(x_1,x'-y')|_{x_1=\varepsilon}v_{m-j-1}(x')dx'\\
&-\sum_{j=0}^{m-1}\int c_j(x,D)w(x_1+\varepsilon,x'-y')b_{m-j-1}(x,D)(\chi(x')u)|_{x_1=\varepsilon_0}dx'\\
&+\int\theta(\varepsilon_0-x_1)f(x)w(x_1+\varepsilon,x'-y')dx_1dx'.
\end{aligned}
$$

ここで $\varepsilon\downarrow 0$ とすれば第1項は(5.27)の境界条件と補題5.2およびたたみ込みの連続性により

$$
\begin{aligned}
(5.29)\qquad &\int e^{-(x'-y')^2}W_{+0}(y'-x',J)v_{m-k-1}(x')dx'\\
&=[v_{m-k-1}*\{e^{-x'^2}W_{+0}(x',J)\}](y')
\end{aligned}
$$

に近づく．同様に第2項は

$$
-\sum_{j=0}^{m-1}\int c_j(x,D)w(x_1,x'-y')b_{m-j-1}(x,D)(\chi(x')u)|_{x_1=\varepsilon_0}dx'
$$

に近づき，これは y' の解析関数である．最後に第3項は

$$
\int\theta(\varepsilon_0-x_1)f(x)w(x_1,x'-y')dx_1dx'
$$

に近づく．実際 $y'\in V'$ なら $w(x_1,x'-y')$ は $\operatorname{supp} f$ の近傍において x の解析関数となるから，この極限移行やその結果生ずる積分記号下の積は正当である．定理2.13によりこの積分の結果は $y'\in V'$ の解析関数となる．故に(5.29)は V' において解析関数となり証明が完了した．∎

上の結果は非常に部分的なものである．一般の場合に片側境界値問題が解けるための m 個の境界値の満たす必要十分条件を決定すれば理論は完全なものとなるが，これは目下のところ偏微分方程式論の魅惑的な問題の一つである．

§5.3 楕円型境界値問題

前節の議論がうまくゆく典型的な例として楕円型作用素をとり上げよう．

補題 5.4 $n \geqq 3$ とする．このとき $\boldsymbol{R}^n$ 上の任意の楕円型作用素 $p(D)$ の階数 m は偶数であり，任意の $\xi' \in \boldsymbol{R}^{n-1}$ に対し境界値問題の特性根は虚部が正および負のものそれぞれちょうど $\mu = m/2$ 個ずつに分かれる．

証明 楕円型作用素の定義により $p^0(\zeta)=0$ は 0 以外に実の零点を持たぬから，特性方程式 $p^0(\zeta_1, \xi')=0$ は $\xi'^{(0)} \neq 0$ なる任意の $\xi'^{(0)} \in \boldsymbol{R}^{n-1}$ に対し実根を持たない．$\tau_1{}^0(\xi'^{(0)}), \cdots, \tau_\mu{}^0(\xi'^{(0)})$ を虚部が正の根，$\tau_{\mu+1}{}^0(\xi'^{(0)}), \cdots, \tau_m{}^0(\xi'^{(0)})$ を虚部が負の根としよう．方程式の同次性により $p^0(\zeta_1, -\xi'^{(0)})$ は逆に虚部が正の根を $m-\mu$ 個，虚部が負の根を μ 個持つはずである．ところで $n \geqq 3$ ならば $\boldsymbol{R}^{n-1} \setminus \{0\}$ は連結だから，$\xi'^{(0)}$ と $-\xi'^{(0)}$ を原点を通らぬ $\boldsymbol{R}^{n-1}$ 内の連続曲線 γ で結べる．ξ' を γ に沿って $\xi'^{(0)}$ から $-\xi'^{(0)}$ まで動かせば，各根 $\tau_j{}^0(\xi')$ は連続的に変わるが，途中決して $\tau_j{}^0(\xi')$ の虚部は 0 になり得ない．故に $\xi'=\xi'^{(0)}$ における虚部正（負）の根は $\xi'=-\xi'^{(0)}$ における虚部正（負）の根に移らねばならない．故に $\mu = m-\mu$，すなわち $m=2\mu$ となる．▌

上の補題の結論に述べられた特性根が正負それぞれ同数という性質を持つ楕円型作用素を**固有楕円型作用素**という．

系 $p(D)$ を 2μ 階の固有楕円型作用素とする．任意の $u_j(x') \in \mathscr{D}'(U')$ $(j=0, \cdots, \mu-1)$ に対し境界値問題

$$\begin{cases} p(D)u = 0, \\ b_j(x, D)u|_{x_1 \to +0} = u_j(x'), \quad 0 \leqq j \leqq \mu-1 \end{cases}$$

の解は $x_1>0$ において局所的に存在し，それは境界面を超えて $x_1<0$ に延長できる解の不定性を除いて局所的に一意に定まる．$x_1<0$ に対する境界値問題も同様である．

証明 定理 5.3 の系 1 と定理 5.4 より直ちに導かれる．▌

$\boldsymbol{R}^2$ 上には奇数階の，したがって固有でない楕円型作用素が存在する．Cauchy-Riemann 作用素 $\bar{\partial} = (\partial/\partial x_1 + i\partial/\partial x_2)/2$ がその典型的な例である．関数論と記号を合わせるため $z = x_1 + ix_2$ と思い，実軸 $x_2=0$ への境界値問題を考えよう．特性根は $\zeta_2 = i\xi_1$ である．故に境界値 $u_0(x_1)$ が A-S. S. $u_0(x_1) \subset \boldsymbol{R}^1 \times \{+1\}$ を満たせば $\bar{\partial}u=0$ の解で $u|_{x_2 \to +0} = u_0(x_1)$ を満たすものが $x_2>0$ において局所的に一意

に存在する．逆に A-S. S. $u_0(x_1)\subset \boldsymbol{R}^1\times\{-1\}$ を満たせば $x_2<0$ において同様の解が存在する．(前節との座標の違いから特異スペクトルの向きに逆転が起こるのではないかと思われるかもしれないが，x_1 を $-x_1$ でおき換えれば境界面の正負の側と同時に特性根の符号も逆転するので，前節の議論は空間の向きづけに依存していない.) A-特異スペクトルの理論によれば一般の超関数はこのようなものの差に分解できるのであったが，これは両側境界値問題の可解性定理の主張に他ならない．すなわち，A-特異スペクトル分解の理論は境界値問題の特別な場合となる．

さて，境界値問題が簡単に解けてしまったので次に境界条件を一般化することを考えよう．$p(D)$ を $m=2\mu$ 階の固有楕円型作用素，$\{b_j(D)\}_{j=0}^{m-1}$ を定数係数の正規境界系とする．$0\leqq j_1<j_2<\cdots<j_\mu\leqq m-1$ とし

$$
(5.30)\qquad \begin{cases} p(D)u=0, \\ b_j(D)u|_{x_1\to+0}=u_j(x'), \qquad j=j_1,\cdots,j_\mu \end{cases}
$$

という境界値問題を考える．$\tau_1(\xi'),\cdots,\tau_\mu(\xi')$ を虚部正の特性根に対応する $p(\zeta_1,\xi')=0$ の根とし，定理5.3の証明を振り返るとき，(5.30) が解けるためには (5.24) の代わりに

$$
(5.31)\qquad \hat{u}(x_1;\xi')=\sum_{k=1}^{\mu}\frac{\widetilde{u_{j_k}}(\xi')}{\det(b_{j_k}(\tau_l,\xi'))_{k,l=1,\cdots,\mu}}\begin{vmatrix} b_{j_1}(\tau_1,\xi') & \cdots & b_{j_1}(\tau_\mu,\xi') \\ e^{i\tau_1 x_1} & \cdots & e^{i\tau_\mu x^1} \\ b_{j_\mu}(\tau_1,\xi') & \cdots & b_{j_\mu}(\tau_\mu,\xi') \end{vmatrix}(k
$$

が意味を持てばよいことがわかる．そこで (5.24) と比較するため一般に1変数の整関数 $f_1(\tau),\cdots,f_\mu(\tau)$ に対し

$$
(5.32)\qquad R(\tau_1,\cdots,\tau_\mu;f_1,\cdots,f_\mu)=\frac{1}{\Delta(\tau_1,\cdots,\tau_\mu)}\begin{vmatrix} f_1(\tau_1) & \cdots & f_1(\tau_\mu) \\ & \cdots\cdots & \\ f_\mu(\tau_1) & \cdots & f_\mu(\tau_\mu) \end{vmatrix}
$$

とおこう．ここではまだ $\tau_1,\cdots,\tau_\mu$ は独立変数と考えている．R は $\tau_1,\cdots,\tau_\mu$ につき対称で，これらがすべて異なるところでは明らかに正則である．τ_j の中に等しいものがあれば分母は0になるが，このとき分子も同時に0になるので実は到る所正則となる．これを正確に見るため，1変数の整関数 $f(\tau)$ に対し

$$
f(\tau_1,\tau_2)=(f(\tau_1)-f(\tau_2))/(\tau_1-\tau_2),
$$

$$
f(\tau_1,\cdots,\tau_k)=(f(\tau_1,\cdots,\tau_{k-1})-f(\tau_2,\cdots,\tau_k))/(\tau_1-\tau_k)
$$

により k 変数の整関数 $f(\tau_1, \cdots, \tau_k)$ を帰納的に定めれば，$\tau_1, \cdots, \tau_k$ を囲む単純閉曲線 γ について Cauchy の積分定理により

$$f(\tau_1, \cdots, \tau_k) = \frac{1}{2\pi i}\oint_\gamma \frac{f(\tau)d\tau}{(\tau-\tau_1)\cdots(\tau-\tau_k)}$$

が成り立つ．実際 $\tau_1 \neq \tau_k$ ならば，帰納法を用いて

$$\begin{aligned} f(\tau_1, \cdots, \tau_k) &= \frac{1}{2\pi i}\frac{1}{\tau_1-\tau_k}\oint_\gamma \frac{f(\tau)d\tau}{(\tau-\tau_1)\cdots(\tau-\tau_{k-1})} \\ &\quad -\frac{1}{2\pi i}\frac{1}{\tau_1-\tau_k}\oint_\gamma \frac{f(\tau)d\tau}{(\tau-\tau_2)\cdots(\tau-\tau_k)} \\ &= \frac{1}{2\pi i}\oint_\gamma \frac{f(\tau)d\tau}{(\tau-\tau_1)\cdots(\tau-\tau_k)} \end{aligned}$$

となるから，連続性により $\tau_1=\tau_k$ のときも成り立つ．故に $f(\tau_1, \cdots, \tau_k)$ は $\tau_1, \cdots, \tau_k$ につき対称である．故に定義式から

$$f(\tau_1, \cdots, \tau_k) = \int_0^1 f_{\tau_1}(\tau_k + (\tau_1-\tau_k)t, \tau_2, \cdots, \tau_{k-1})dt$$

を得る．ここに $f_{\tau_1}(\tau_1, \cdots, \tau_{k-1})$ は第1変数に関する偏導関数を表わす．したがって

$$|f(\tau_1, \cdots, \tau_k)| \leqq \sup_{\substack{\sigma_1=\tau_k+(\tau_1-\tau_k)t \\ 0\leqq t\leqq 1}} \left|\frac{\partial}{\partial \sigma_1} f(\sigma_1, \tau_2, \cdots, \tau_{k-1})\right|,$$

以下帰納的に

$$\begin{aligned} \left|\frac{\partial}{\partial\sigma_1} f(\sigma_1, \tau_2, \cdots, \tau_{k-1})\right| &= \left|\frac{\partial}{\partial\sigma_1}\int_0^1 f_{\tau_1}(\tau_{k-1}+(\sigma_1-\tau_{k-1})t, \tau_2, \cdots, \tau_{k-2})dt\right| \\ &\leqq \left|\int_0^1 f_{\tau_1\tau_1}(\tau_{k-1}+(\sigma_1-\tau_{k-1})t, \tau_2, \cdots, \tau_{k-2})tdt\right| \\ &\leqq \frac{1}{2}\sup_{\substack{\sigma_2=\tau_{k-1}+(\sigma_1-\tau_{k-1})t \\ 0\leqq t\leqq 1}} \left|\frac{\partial^2}{\partial{\sigma_2}^2} f(\sigma_2, \tau_2, \cdots, \tau_{k-2})\right| \end{aligned}$$

等となり，結局

$$|f(\tau_1, \cdots, \tau_k)| \leqq \frac{1}{(k-1)!}\sup\{|f^{(k-1)}(\sigma)| \mid \sigma\in \mathrm{ch}\{\tau_1, \cdots, \tau_k\}\}$$

を得る．以上より

補題 5.5

$$(5.33)\quad R(\tau_1, \cdots, \tau_\mu; f_1, \cdots, f_\mu) = \begin{vmatrix} f_1(\tau_1) & f_1(\tau_1, \tau_2) & \cdots & f_1(\tau_1, \tau_2, \cdots, \tau_\mu) \\ & \cdots\cdots\cdots & & \\ f_\mu(\tau_1) & f_\mu(\tau_1, \tau_2) & \cdots & f_\mu(\tau_1, \tau_2, \cdots, \tau_\mu) \end{vmatrix}$$

となる．R は $\tau_1, \cdots, \tau_\mu$ の整関数で

$$|R(\tau_1, \cdots, \tau_\mu; f_1, \cdots, f_\mu)| \leqq \sum_{\sigma \in \mathfrak{S}_\mu} \prod_{k=1}^{\mu} \frac{1}{(k-1)!} \sup \{|f_{\sigma(k)}{}^{(k-1)}(\tau)| \mid \tau \in \mathrm{ch}\{\tau_1, \cdots, \tau_k\}\}$$

が成り立つ．ここに $\mathfrak{S}_\mu$ は μ 次の置換全体を表わす．——

境界値問題(5.30)に戻って，虚部正の特性根に対応する $p(\zeta_1, \xi')=0$ の根 $\tau_1=\tau_1(\xi')$, $\cdots$, $\tau_\mu=\tau_\mu(\xi')$ を $R(\tau_1, \cdots, \tau_\mu; b_{j_1}, \cdots, b_{j_\mu})$ に代入して得られる ξ' の関数 $R(\xi')=R(\tau_1(\xi'), \cdots, \tau_\mu(\xi'); b_{j_1}, \cdots, b_{j_\mu})$ を境界値問題(5.30)の Lopatinskii 行列式という．これは $|\eta'|\leqq\delta|\xi'|$, $|\xi'|\geqq C$ の形の複素領域上の正則関数となる．この事実は，R が $\tau_1, \cdots, \tau_\mu$ の対称多項式であることと，この領域においてこれらの根が残りの根から一様に分離していることを用いれば，定理5.4の証明の中で与えた方法で証明される．Lopatinskii 行列式は一般に ξ' の多項式ではないが，実軸の近くでは多項式と似た性質を持っている．$\tau_1(\xi'), \cdots, \tau_\mu(\xi')$ を特性根 $\tau_1{}^0(\xi'), \cdots, \tau_\mu{}^0(\xi')$ でおき換え，$b_{j_1}, \cdots, b_{j_\mu}$ をその主部 $b_{j_1}{}^0, \cdots, b_{j_\mu}{}^0$ でおき換えたもの

$$R^0(\xi') = R(\tau_1{}^0(\xi'), \cdots, \tau_\mu{}^0(\xi'); b_{j_1}{}^0, \cdots, b_{j_\mu}{}^0)$$

を Lopatinskii 行列式の形式的主部という．これは ξ' の $m(\mu)=(j_1+\cdots+j_\mu)-\mu(\mu-1)/2$ 次の同次関数となり，$R(\xi')$ の遠方での挙動を規制する．$\xi' \in \boldsymbol{R}^{n-1}$, $\xi' \neq 0$ のとき $R^0(\xi') \neq 0$ ならば境界値問題(5.30)は**楕円型**である，あるいは **Lopatinskii-Šapiro の条件**を満たすという．このとき $\delta>0$ を十分小さくとれば実軸の近傍 $|\eta'|\leqq\delta|\xi'|$ において $|R^0(\zeta')|\geqq c|\xi'|^{m(\mu)}$ となる．したがって $|\eta'|\leqq\delta|\xi'|$, $|\xi'|\geqq C$ の形の複素領域の上で $|R(\zeta')|\geqq(c/2)|\xi'|^{m(\mu)}$ となることは明らかであろう．$R(\xi')$ が多項式なら，これは $R(D')$ が $m(\mu)$ 階の楕円型作用素となることを意味している．

定理 5.5 $p(D)$ は 2μ 階固有楕円型作用素とし，境界値問題(5.30)は楕円型とする．このとき補題5.4の系と同様の主張が成り立つ．

証明 まず可解性を見よう．定理5.3の証明を追おう．(5.31)は

$$(5.34)\quad \hat{u}(x_1;\xi')=\sum_{k=1}^{\mu}\frac{\widetilde{u_{j_k}(\xi')}}{R(\xi')}R(\tau_1(\xi'),\cdots,\tau_\mu(\xi');b_{j_1},\cdots,\overset{k}{\breve{e^{i\tau x_1}}},\cdots,b_{j_\mu})$$

と書き直される．この式は $|\xi'|\geqq C$ においては ξ' の緩増加超関数として確かに意味を持つ．$|\xi'|\leqq C$ においては簡単のため 0 でおき換える．すると逆 Fourier 変換(5.25)で得られる関数 $u(x)$ は $x_1>0$ における $p(D)u=0$ の解であって，境界条件は $\widetilde{u_j}(\xi')\chi(\xi')$ の逆 Fourier 変換の分だけもとの境界値と違っている．ここに $\chi(\xi')$ は集合 $\{|\xi'|\leqq C\}$ の定義関数である．これらは x' の解析関数となるので Cauchy-Kovalevskaja の定理によりこの違いを解消できる．故に可解性が示された．

同様に一意性を示すには定理 5.4 の証明を見直す．(5.27) に対応して，(5.30) の双対境界値問題

$$(5.35)\qquad \begin{cases} {}^tp(D)w=0, \\ c_j(D)w|_{x_1\to+0}=\delta_{jk}W_{+0}(-x',J), \qquad j=j_1,\cdots,j_\mu \end{cases}$$

が原点以外で $x_1<0$ に解析的に延長できるような解を持てばよい．そのためには (5.35) が楕円型となればよい．${}^tp(D)$ は $p(D)$ と共に固有楕円型となるから，(5.35) の Lopatinskii 行列式の形式的主部 $R(-\tau_{\mu+1}{}^0(\xi'),\cdots,-\tau_m{}^0(\xi');c_{j_1}{}^0(\tau,-\xi'),\cdots,c_{j_\mu}{}^0(\tau,-\xi'))$ を計算すればよい．(5.4) において $u=e^{ix\xi}$ とおけば，Leibniz の公式 (3.5) に注意して

$$p(D_1+\xi_1,\xi')\theta(x_1)-p(\xi)\theta(x_1)=\sum_{j=0}^{m-1}b_j(\xi){}^tc_{m-j-1}(D_1+\xi_1,\xi')\delta(x_1)$$

を得る．左辺は D_1 を因子に持つから $\{(p(D_1+\xi_1,\xi')-p(\xi))/D_1\}\delta(x_1)/i$ と書き直される．故に両辺を x_1 につき Fourier 変換し，変換後の変数と ξ_1 の和を τ と書き，ξ_1 を σ と書き直せば

$$\frac{1}{i}\frac{p(\tau,\xi')-p(\sigma,\xi')}{\tau-\sigma}=\sum_{j=0}^{m-1}{}^tc_{m-j-1}(\tau,\xi')b_j(\sigma,\xi')$$

という公式を得る．両辺の最高次の部分をとれば

$$(5.36)\qquad \frac{1}{i}\frac{p^0(\tau,\xi')-p^0(\sigma,\xi')}{\tau-\sigma}=\sum_{j=0}^{m-1}{}^tc_{m-j-1}{}^0(\tau,\xi')b_j{}^0(\sigma,\xi')$$

も成り立つ．

$$C=\begin{bmatrix} C_{11} & C_{12} \\ C_{21} & C_{22} \end{bmatrix},$$

$$C_{11}=({}^t c_{m-j_l-1}{}^0(\tau_k{}^0,\xi'))_{k,l=1,\cdots,\mu},\quad C_{12}=({}^t c_{j_l}{}^0(\tau_k{}^0,\xi'))_{k,l=1,\cdots,\mu},$$
$$C_{21}=({}^t c_{m-j_l-1}{}^0(\tau_{\mu+k}{}^0,\xi'))_{k,l=1,\cdots,\mu},\quad C_{22}=({}^t c_{j_l}{}^0(\tau_{\mu+k}{}^0,\xi'))_{k,l=1,\cdots,\mu},$$
$$B=\begin{bmatrix}B_{11} & B_{12}\\ B_{21} & B_{22}\end{bmatrix},$$
$$B_{11}=(b_{j_k}{}^0(\tau_l{}^0,\xi'))_{k,l=1,\cdots,\mu},\quad B_{12}=(b_{j_k}{}^0(\tau_{\mu+l}{}^0,\xi'))_{k,l=1,\cdots,\mu},$$
$$B_{21}=(b_{m-j_k-1}{}^0(\tau_l{}^0,\xi'))_{k,l=1,\cdots,\mu},\quad B_{22}=(b_{m-j_k-1}{}^0(\tau_{\mu+l}{}^0,\xi'))_{k,l=1,\cdots,\mu}$$

とおく．ここに $\tau_k{}^0=\tau_k{}^0(\xi')$ は特性根である．(5.36)より

$$CB=\begin{bmatrix}\dfrac{1}{i}\dfrac{\partial}{\partial\tau}p^0(\tau_1{}^0,\xi') & & 0\\ & \ddots & \\ 0 & & \dfrac{1}{i}\dfrac{\partial}{\partial\tau}p^0(\tau_m{}^0,\xi')\end{bmatrix} \tag{5.37}$$

を得る．ここに $(\partial/\partial\tau)p^0$ は第1変数に関する偏導関数を表わす．さて，行列の第 j 列から第 k 列を引き去り定数で割る基本変形は右からの行列の掛け算によって遂行される．故に(5.32)を(5.33)に変形する手続きで B_{jk} から得られる行列を A_{jk} と書けば(5.37)から

$$\begin{bmatrix}C_{11} & C_{12}\\ C_{21} & C_{22}\end{bmatrix}\begin{bmatrix}A_{11} & A_{12}\\ A_{21} & A_{22}\end{bmatrix}=\begin{bmatrix}P_1 & 0\\ 0 & P_2\end{bmatrix} \tag{5.38}$$

を得る．(正確には B_{jk} の $\tau_1{}^0,\cdots,\tau_m{}^0$ を独立の不定元 $\sigma_1,\cdots,\sigma_m$ でおき換えて計算し，最後に元に戻すのである．) ここに P_1,P_2 は同じ手続きで(5.37)の右辺から得られる上三角行列で，その対角成分の積はそれぞれ $i^{-\mu}\Delta(\tau_1{}^0,\cdots,\tau_\mu{}^0)$, $i^{-\mu}\cdot\Delta(\tau_{\mu+1}{}^0,\cdots,\tau_m{}^0)$ に等しい．$\det A_{11}=R^0(\xi')$ は仮定により $\xi'\in\boldsymbol{R}^{n-1}$, $\xi'\neq0$ において0でないから，(5.38)の両辺をさらに右から $\begin{bmatrix}I & -A_{11}{}^{-1}A_{12}\\ 0 & I\end{bmatrix}$ で変形した後，右下の小行列を比較すれば

$$C_{22}(A_{22}-A_{21}A_{11}{}^{-1}A_{12})=P_2,$$

したがって $\det C_{22}/\Delta(\tau_{\mu+1}{}^0,\cdots,\tau_m{}^0)\neq0$ を得た．${}^t c_j{}^0(\tau,\xi')=c_j{}^0(-\tau,-\xi')$ に注意すれば，これより $R(-\tau_{\mu+1}{}^0,\cdots,-\tau_m{}^0;c_{j_1}{}^0,\cdots,c_{j_\mu}{}^0)\neq0$ を得る．∎

Lopatinskiĭ-Šapiroの条件は境界値問題がうまく解けるために必ずしも必要な条件ではないが，便利な十分条件として広く用いられている．その理由は，この条件が方程式や境界作用素の係数の微小摂動によって壊されず，したがって変数係数の場合も意味があるからである．実際定理5.5は A-係数の方程式や境界

条件に対してもこのままの形で成り立つことが知られている．

例 5.3 Laplace 作用素に対しては $\mu=1$ であり，**Dirichlet 境界条件**（$j_1=0$, $b_0(x,D)=1$）および **Neumann 境界条件**（$j_1=1$, $b_1(x,D)=iD_1$）が古典的である．Lopatinskii 行列式は順に $1, -\sqrt{\xi'^2}$ で境界値問題はともに楕円型である．これらの**境界値問題の基本解**，すなわち

$$\begin{cases} \triangle u = 0, \\ u|_{x_1\to+0} = \delta(x'-y'), \end{cases} \qquad \begin{cases} \triangle u = 0, \\ \left.\dfrac{\partial u}{\partial x_1}\right|_{x_1\to+0} = \delta(x'-y') \end{cases}$$

の解はそれぞれ（解析的な解の不定性を除き）(5.19) の $E_1(x,y'), E_0(x,y')$ の2倍で与えられる．斜交境界条件（$j_1=1$, $b_1(x,D)=D_1+a'D'$）に対しては Lopatinskii 行列式は $i\sqrt{\xi'^2}+a'\xi'$ となる．故に，例えば $a'=(i,0,\cdots,0)$ とすれば Lopatinskii-Šapiro の条件は破れる．このときには実際 $x_1>0$ における $(D_1+iD_2)u=0$ の解，すなわち x_1+ix_2 の正則関数で $x_1\leqq 0$ に解析接続できないものを持って来れば，$\triangle u=0$ および境界条件 $(D_1+iD_2)u|_{x_1\to+0}$ を満たすが $x_1<0$ に延びない解となる．さて $\{1, D_1+iD_2\}$ の双対境界系は $\{-i, iD_1+D_2\}$ である．定理 5.4 の証明はどこでくずれるのであろうか？ 境界値問題

$$\begin{cases} \triangle u = 0, \\ (iD_1+D_2)u|_{x_1\to+0} = \delta(x') \end{cases}$$

はこの場合も解を持つが，もう一つの境界値 $u|_{x_1\to+0}$ の A-特異台は必ず原点からしみ出てしまう．すなわち境界に沿って特異性が伝わるのである．定数係数の場合，Lopatinskii 行列式が実の零点を持っても (5.34) の右辺は緩増加超関数として意味づけできるので解の存在に関しては Lopatinskii-Šapiro の条件は不要である．しかしたとえ Laplace 作用素でも変数係数の境界作用素をとれば境界値問題は解けなくなる場合がある．——

この節の最後に解析的超曲面 ∂U を境界に持つ有界領域 U に対する大域的な境界値問題について概説しよう．まず

$$(5.39) \qquad \begin{cases} p(x,D)u = 0, \\ b_j(x,D)u|_{\partial U} = 0, \qquad j=j_1,\cdots,j_\mu \end{cases}$$

なる境界値問題を考える．ここに $p(x,D)$ は A-係数固有楕円型作用素，$\{b_j(x,D)\}$ は A-係数の境界作用素系とし，境界値の意味は ∂U を座標変換で $x_1=0$ に

直し§5.1における定義を適用するものとする．同じ座標変換により各点でLopatinskii 行列式を作るとき Lopatinskii-Šapiro の条件が満たされているならば，境界値問題(5.39)は楕円型であるという．このとき(5.39)の解 $\boldsymbol{u}$ の全体 $N\subset\mathscr{D}'(U)$ は $\boldsymbol{C}$ 上の有限次元ベクトル空間となる．これは次のようにして示される：定理5.5が A-係数の方程式に対しても成り立つので，N の元は実は $\bar{U}$ の近傍まで $p(x,D)u=0$ の解として延長される．定理3.4の系の後で述べたように，$p(x,D)u=0$ の解は解析関数となるから，結局 $N\subset A(\bar{U})$ となる．すると N は局所コンパクトとなる．なぜなら，閉グラフ定理により N の上で $C^k(\bar{U})$, $k=m-1, m$ から誘導された位相は一致し，したがって Ascoli-Arzelà の定理により N の有界近傍は相対コンパクトとなる．故に N は局所コンパクトなノルム空間となるから有限次元である．

次に非同次境界値問題

$$
(5.40)\qquad \begin{cases} p(x,D)v=0, \\ b_j(x,D)v|_{\partial U}=v_j\in\mathscr{D}'(\partial U), \qquad j=j_1,\cdots,j_\mu \end{cases}
$$

の可解性を考えよう．ここに ∂U 上の超関数とは座標変換により局所的に $\boldsymbol{R}^{n-1}$ 上の超関数として定義されるものである．v の標準的延長(これも座標変換して§5.1により局所的に作ればよい)を $[v]$ とすれば，$w\in C^\infty(\bar{U})$ に対し **Green の公式**

$$
(5.41)\qquad \langle p(x,D)[v],w\rangle=\sum_{j=0}^{m-1}\langle b_j(x,D)v|_{\partial U}, c_{m-j-1}(x,D)w|_{\partial U}\rangle'
$$

が成り立つ．ここに $\langle\ ,\ \rangle$ は $\boldsymbol{R}^n$ 上の積分，$\langle\ ,\ \rangle'$ は ∂U 上の積分を表わす．後者は1の分解を用いれば座標変換により超関数の既知の積分に直される．故に(5.40)が解けるためにはその双対境界値問題

$$
(5.42)\qquad \begin{cases} {}^tp(x,D)w=0, \\ c_j(x,D)w|_{\partial U}=0, \qquad j\notin\{m-j_1-1,\cdots,m-j_\mu-1\} \end{cases}
$$

の任意の解 w に対し直交条件

$$
(5.43)\qquad \sum_{k=1}^{\mu}\langle v_{j_k}, c_{m-j_k-1}(x,D)w|_{\partial U}\rangle'=0
$$

が満たされていなければならない．(5.42)の解の空間 N^* もまた有限次元であることに注意しよう．

以上の結論は方程式の係数や境界 ∂U が C^∞ 級の場合も先験的評価を用いて導くことができる．またある程度滑らかな f に対しては

$$\begin{cases} p(x, D)u = f, \\ b_j(x, D)u|_{\partial U} = u_j, \quad j = j_1, \cdots, j_\mu \end{cases}$$

という非斉次境界値問題を考えることもできる．これらについては本講座“関数解析”または“スペクトル理論”を参照されたい．

問　　題

1 正規境界系 $\{b_j(x, D)\}_{j=0}^{m-1}$ の $p(x, D)$ に関する双対系を $\{c_j(x, D)\}_{j=0}^{m-1}$ とすれば，逆に $\{b_j(x, D)\}_{j=0}^{m-1}$ は ${}^t p(x, D)$ に関する $\{c_j(x, D)\}_{j=0}^{m-1}$ の双対系となる．

［ヒント］ (5.4) の両辺に $v(x)$ を掛けて部分積分．

2 $p(D)$ は $x_1=0$ を非特性面とする m 階定数係数作用素とする．任意の境界値 (5.12) に対し，これを達成する $p(D)u=0$ の解 u^+ が U^0 のある正側半近傍において存在すれば，実は p は ν 方向に双曲型である．

［ヒント］ 定理5.1を用いて補題4.2の証明に帰着．

3 $x_1>0$ における $p(x, D)u=0$ の解が境界を超えて連続関数として延長できるならば，u の標準的延長は $[u]^+=\theta(x_1)u$ で与えられる．また u が C^r 級 $(r\leqq m)$ の関数として延長できれば，境界値 $b_j(x, D)u|_{x_1\to+0}$ $(j\leqq r)$ は古典的な値 $b_j(x, D)u|_{x_1=0}$ $(j\leqq r)$ と一致する．

4 上半平面 $y>0$ で正則な関数 $u^+(z)$ と下半平面 $y<0$ で正則な関数 $u^-(z)$ が実軸上で連続関数としてつながっていれば，実は正則関数としてつながる (Painlevé)．

5 $p(D)$ は $x_1=0$ を非特性面とする m 階定数係数作用素とする． (1) 任意の開集合 $U'\subset \boldsymbol{R}^{n-1}$ に対し，台に関して p-凸な $\boldsymbol{R}^n$ の開集合 U より成る $U^0=\{0\}\times U'$ の基本近傍系が存在する． (2) U が台に関して p-凸ならば U' 上の任意の C^∞ 級境界値 $u_j(x')$ $(j=0, \cdots, m-1)$ に対し $U^\pm$ 上の $p(D)u=0$ の C^∞ 級解 $u^\pm(x)$ で (5.17) を満たすものが存在する．

6 $x_1>0$ における $p(D)u=0$ の超関数解の境界値の特異スペクトルについて次の評価式が成り立つ:

$$\text{A-S. S. } b_j(x, D)u|_{x_1\to+0}\subset\{(x'; \xi')\,|\,\text{Im}\,\tau_j{}^0(\xi')\geqq 0, j=1, \cdots, m\},$$

ここに $\tau_j{}^0(\xi')$ は特性根である．u が $x_1>0$ において $p(D)u=0$ の実解析解ならばこの評価式は次のように改良される:

$$\text{A-S. S. } b_j(x, D)u|_{x_1\to+0}\subset\overline{\{(x'; \xi')\,|\,\text{Im}\,\tau_j{}^0(\xi')>0, j=1, \cdots, m\}}.$$

［ヒント］ 定理5.4の証明を真似る．

7 $p(D)=(D_1+iD_2)(D_1-\alpha D_2)$，$\text{Im}\,\alpha>0$ とし $b_0(D)=1$，$b_1(D)=D_1+\beta D_2$ とする．境界値問題 $p(D)u=0$，$b_1(D)u|_{x_1\to+0}=0$ およびこの双対境界値問題の Lopatinskii 行列式を計算せよ．

[答]　$(\alpha+\beta)\xi_2\ (\xi_2>0)$，$(-i+\beta)\xi_2\ (\xi_2<0)$．双対の方はこの i 倍．

8　Laplace 作用素に対する Dirichlet $(u|_{\partial U}=0)$，Neumann (内向き法線微分 $\partial u/\partial \boldsymbol{n}=0$) 両境界値問題について (5. 39) の解の空間の次元を求めよ．また条件 (5. 43) を具体的に表わせ．

[ヒント]　Green の公式 $\int_U u\triangle v dx+\int_{\partial U} u\frac{\partial v}{\partial \boldsymbol{n}}dS=-\int_U \mathrm{grad}\, u\cdot \mathrm{grad}\, v dx$ を用いる．

[答]　0, 1；無条件，$\int_{\partial U} v_1 dS=0$.

9　第3章問題の4に倣って3次元 Laplace 方程式 $\triangle u=0$ の解の表現公式

$$u(x)=\frac{1}{4\pi}\int_{\partial U}\left\{u(y)\frac{\partial}{\partial \boldsymbol{n}}\left(\frac{1}{|x-y|}\right)-\frac{1}{|x-y|}\frac{\partial u}{\partial \boldsymbol{n}}(y)\right\}dy$$

を導け．(二つのデータ $u|_{\partial U}, \partial u/\partial \boldsymbol{n}|_{\partial U}$ は独立には与えられないのでこの公式は無駄を含んでいる.)

10　$\boldsymbol{R}^2\cong \boldsymbol{C}^1$ の単位円 $\{|z|\leqq 1\}$ 内における Laplace 方程式に対する Dirichlet, Neumann 両境界値問題の解はそれぞれ

$$u(re^{i\theta})=\frac{1}{2\pi}\int_0^{2\pi}\frac{1-r^2}{1+r^2-2r\cos(\theta-\varphi)}u_0(\varphi)\,d\varphi \qquad \text{(Poisson 積分)},$$

$$u(re^{i\theta})=\frac{1}{2\pi}\int_0^{2\pi}\log(1+r^2-2r\cos(\theta-\varphi))\,u_1(\varphi)\,d\varphi \qquad \text{(Dini 積分)}$$

で与えられる．

11　$\boldsymbol{R}^2$ の単位円内における Laplace 方程式の解の Dirichlet, Neumann 両境界値の間の関係式を求めよ．

[答]

$$u_1(\theta)=-\frac{1}{4\pi}\int_0^{2\pi}[\mathrm{f.\,p.}\ 1/\sin^2\{(\theta-\varphi)/2\}]\,u_0(\varphi)\,d\varphi,$$

$$u_0(\theta)=\frac{1}{\pi}\int_0^{2\pi}\log|\sin\{(\theta-\varphi)/2\}|\,u_1(\varphi)\,d\varphi+\mathrm{const}.$$

第6章　特性初期値問題

§6.1　零解の構成

超曲面 S の各余法線要素が $p(x, D)$ の特性点であるとき S は p に関して特性的(あるいは簡単に特性面)と呼ばれる．特性初期値問題とは，滑らかな特性面の上に付加データを与えて方程式を解くものである．$x_1=0$ が定数係数作用素 $p(D)$ の特性面であるための条件は $\nu=(1, 0, \cdots, 0)$ が p の特性方向となることである．このほか錐 $t=|x|$ は d'Alembert 作用素の特性面であるが原点は特異点となる．この上にデータを与えて波動方程式を解くのを Goursat の問題という．この節では特性初期値問題の局所的な一意性をまず検討する．

定理 6.1　$x_1=0$ は定数係数作用素 $p(D)$ に関して特性的とする．このとき $p(D)u=0$ の全空間における C^∞ 級の解 u で，$\operatorname{supp} u$ が半空間 $x_1 \geqq 0$ と一致するものが存在する．

証明　p の非特性方向を一つとる．初期平面 $x_1=0$ を不変にする座標変換でそれを $(0, 1, 0, \cdots, 0)$ とすることができる．このとき定理が主張するような解を変数 $x_3, \cdots, x_n$ を含まない関数の中から求めよう．すると方程式は $p(D_1, D_2, 0)u=0$ となり2変数の場合に帰着される．そこで以下 $n=2$ とし $p^0(0, 1) \neq 0$ と仮定しよう．主部 p^0 は2変数同次多項式で因数分解可能だから

$$p(D) = cD_2{}^{\mu} \prod_{j=1}^{m-\mu} (D_2 - a_j D_1) + q(D), \qquad \mu \geqq 1,\ \ c \neq 0$$

と書ける．ここに $q(D)$ は $m-1$ 階以下である．故に付録の定理 A.1 の系により $p(\zeta_1, \tau)=0$ の根 $\tau=\tau(\zeta_1)$ で $|\zeta_1|$ の大きいところで $|\tau(\zeta_1)| \leqq C|\zeta_1|^{(m-1)/m}$ を満たすものが少なくとも一つ存在する．付録の定理 A.3 により $\tau(\zeta_1)$ は $|\zeta_1|>R$ において(多価)正則である．そこで $(m-1)/m<\gamma<1$ なる γ を選び，台が $0 \leqq x_1 \leqq 1$ と一致する示度 $1/\gamma$ の Gevrey 級関数 $\varphi(x_1)$ (§4.3参照)をとって $t>R$ に対し

$$u(x_1, x_2) = \int_{R-it} e^{i(x_1\zeta_1 + x_2\tau(\zeta_1))} \tilde{\varphi}(\zeta_1) d\zeta_1 \tag{6.1}$$

とおく．補題4.7により $\mathrm{Im}\,\zeta_1 \leqq 0$ において（したがってこの積分路の上で）

$$|\tilde{\varphi}(\zeta_1)| \leqq Ce^{-b|\zeta_1|^\gamma} \tag{6.2}$$

が成り立つから，積分は絶対収束しておりその値は t によらない．故に(6.1)は明らかに $p(D)u=0$ を満たす x の C^∞ 級（実は Gevrey 級）関数を定める．さて $x_1<0$ においては(6.1)で $t\to+\infty$ とすれば $u=0$ が得られる．故に $\mathrm{supp}\,u\subset\{x_1\geqq 0\}$ である．一方(6.1)は $x_2\in \boldsymbol{C}$ に対しても収束し x_2 の整関数となっている．$u(x_1,0)$ の台は $0\leqq x_1\leqq 1$ を含むから解析接続の一意性により $\mathrm{supp}\,u\supset\{0\leqq x_1\leqq 1\}\times\boldsymbol{R}$ となる．

以上の証明において $\varphi(x_1)$ として台が $x_1\geqq 0$ と一致し遠方で $e^{-x_1^2}$ に等しいような Gevrey 級関数をとれば，$\tilde{\varphi}(\zeta_1)$ はやはり整関数となり $\mathrm{Im}\,\zeta_1\leqq 0$ においては(6.2)を満たすことが定理2.6や補題4.7の証明からわかる．故にこのときは $\mathrm{supp}\,u=\{x_1\geqq 0\}$ となる．▌

定理6.1の与える解を Hörmander は作用素 p の特性面 $x_1=0$ に関する**零解**と名づけた．零解の存在は特性面に関して解の一意性が成り立たないことを示している．

§6.2　放物型作用素

既出の楕円型，双曲型に加えて最後に放物型が登場すれば序文に述べた予告は完結するわけである．方程式の分類に関するこれらの名称は，もともと独立変数が2個の2階偏微分方程式の分類と2次曲線を表わす方程式の分類との類比により付けられた．方程式が高階になるとこのような類比は明らかではないが，二つの分類がともに特性根の虚実を根拠にしているという点で当を得た名称であった．

さて放物線とは2次曲線の分類上2次の部分が退化した変数を含む方程式を持つものである．故にこれを一般化すれば

$$p(x,D)=p_0(x)D_1{}^\mu+\sum_{j=0}^{\mu-1}p_{\mu-j}(x,D')D_1{}^j,\qquad p_0(x)\neq 0 \tag{6.3}$$

となる．p の階数は $m>\mu$ であり，したがって全変数については第1項より第2項の方が高階である．$x_1=0$ は特性面であるが，(6.3)の形から§5.1で展開した境界値理論の真似が可能である．すなわち，u を $x_1>0$ における $p(D)u=0$ の解とし $x_1\leqq 0$ まで超関数として延長可能なものとすれば，台が $x_1\geqq 0$ に含まれ

る適当な延長 $[u]^+$ をとるとき

$$p(x, D)[u]^+ = \sum_{j=0}^{\mu-1} {}^t q_{\mu-j-1}(x, D)(\delta(x_1)u_j(x'))$$

という式が成り立ち，係数 $u_j(x')$ が一意に定まる．ここに

$${}^t q_{\mu-j-1}(D) = \frac{1}{i}\sum_{k=0}^{j} p_k(x, D')D_1^{j-k}$$

であり，やはり $x_1=0$ を特性面とする(6.3)の形の作用素である．これも

$$D_1^j u|_{x_1\to+0} = u_j(x'),\ \ j=0, \cdots, \mu-1 \tag{6.4}$$

と書き，u の境界値と呼ぼう．$x_1<0$ からの境界値も

$$p(x, D)[u]^- = -\sum_{j=0}^{\mu-1} {}^t q_{\mu-j-1}(x, D)(\delta(x_1)u_j(x'))$$

により同様に定義する．u が $x_1=0$ の近傍における解ならば

$$p(x, D)([u]^+ + [u]^- - u) = \sum_{j=0}^{\mu-1} {}^t q_{\mu-j-1}(x, D)\{\delta(x_1)(D_1^j u|_{x_1\to+0} - D_1^j u|_{x_1\to-0})\}$$

となるが，(6.3)の形から定理1.5の一意性が適用でき $[u]^+ + [u]^- = u$ となる．したがって両側からの境界値は一致するから，この共通の値を以て制限 $D_1^j u|_{x_1=0}$ の定義とすることができる．

補題 6.1　u を $x_1>0$ における $p(x, D)u=0$ の解とすれば $\varepsilon\downarrow 0$ のとき $n-1$ 変数 x' の超関数の意味で $D_1^j u|_{x_1=\varepsilon} \to D_1^j u|_{x_1\to+0}$ $(j=0, \cdots, \mu-1)$ となる．

証明　非特性境界面の場合(補題5.2)と全く同様である．▮

ν は特性方向なので $D_1^j u|_{x_1=\varepsilon}$ は必ずしも C^∞ 級パラメータの意味の制限とはならないことに注意しよう．それにも拘わらず次の主張が成り立つ．

補題 6.2　u を(6.3)の形の定数係数方程式 $p(D)u=0$ の解とすれば，$n-1$ 変数 C_0^∞ 級関数 $\varphi(x')$ に対し $\int \varphi(x')u(x)dx'$ は x_1 の C^∞ 級関数となる．

証明　1の分解を用いることにより φ の台は十分小さいと仮定できる．簡単のため解 u は原点の近傍で定義されているとし $\mathrm{supp}\,\varphi \subset \{|x'|\leqq\varepsilon\}$ としよう．$\chi(x_1)$ を x_1 の C_0^∞ 級関数とし $\psi(x')$ を x' の C_0^∞ 級関数で $\mathrm{supp}\,\varphi$ の近傍で1に等しいものとする．$E(x)$ を p の正則基本解(3.7)とすれば

$$\begin{aligned}\chi(x_1)\varphi(x')u(x) &= \varphi(x')(\chi(x_1)\psi(x')u(x)) \\ &= \varphi(x')\{(\chi(x_1)\psi(x')u(x)) * p(D)E\} \\ &= \varphi(x')\{p(D)(\chi(x_1)\psi(x')u(x)) * E\}.\end{aligned} \tag{6.5}$$

ここで $p(D)(\chi(x_1)\psi(x')u(x))$ は $\chi(x_1)\psi(x')=1$ なるところでは0だから，この関数の台を細かく分割することにより，一般にコンパクトで凸な台を持つ超関数 v で $\operatorname{supp} v\cap(\{|x_1|\leqq\varepsilon\}\times\operatorname{supp}\varphi)=\phi$ なるものに対し $\int\varphi(x')(v*E)dx'$ が $|x_1|<\varepsilon$ において x_1 の C^∞ 級関数となることを見ればよい．$\operatorname{supp} v\subset\{|x-x^{(0)}|\leqq\varepsilon\}$，$|x^{(0)}|>3\varepsilon$ としよう．たたみ込みの連続性により

$$(6.6)\quad \int\varphi(x')(v*E)dx'=\int\varphi(x')dx'\int v(x-y)E(y)dy$$

$$=\frac{1}{(2\pi)^n}\sum_{\vartheta\in A'}\int_{D_\vartheta}d\xi\frac{1}{2\pi i}\oint_{|\tau|=1}\frac{1}{p(\xi+\tau\vartheta)}\frac{d\tau}{\tau}\int\varphi(x')dx'\int e^{iy(\xi+\tau\vartheta)}v(x-y)dy$$

$$=\frac{1}{(2\pi)^n}\sum_{\vartheta\in A'}\int_{D_\vartheta}d\xi\frac{1}{2\pi i}\oint_{|\tau|=1}\frac{e^{ix_1(\xi_1+\tau\vartheta_1)}}{p(\xi+\tau\vartheta)}\tilde{v}(\xi+\tau\vartheta)\tilde{\varphi}(\xi'+\tau\vartheta')\frac{d\tau}{\tau}$$

となる．ここに

$$(6.7)\quad |\tilde{v}(\zeta)|\leqq C(1+|\zeta|)^M e^{\varepsilon|\operatorname{Im}\zeta|+x^{(0)}\operatorname{Im}\zeta},\qquad |\tilde{\varphi}(\zeta')|\leqq C_N(1+|\zeta'|)^{-N}e^{\varepsilon|\operatorname{Im}\zeta'|}$$

である．ところで付録の例 A. 1 により ζ_1 に関する方程式 $p(\zeta_1,\zeta')=0$ の根 $\tau_j(\zeta')$ $(j=1,\cdots,\mu)$ は $\zeta'\in\boldsymbol{C}^{n-1}$ に対して $|\tau_j(\zeta')|\leqq|\zeta'|^a+C$ の形の評価を満たす．ここで $a\geqq2$ としてよい．故に $|\zeta'|^a\leqq2^{a/2-1}(|\xi'|^a+|\eta'|^a)$ に注意すれば，$\xi'\in\boldsymbol{R}^{n-1}$，$|\xi_1|\geqq2^{a/2+1}|\xi'|^a+2C+3$，$|\eta|\leqq2^{-1}|\xi|^{1/a}$ において

$$|p(\xi+i\eta)|=|p_0|\prod_{j=1}^{\mu}|\zeta_1-\tau_j(\zeta')|$$

$$\geqq|p_0|\prod_{j=1}^{\mu}(|\xi_1|-2^{a/2-1}|\xi'|^a-(|\xi_1|+|\xi'|)/2-C)\geqq|p_0|$$

となる．故に $|\xi_1|\geqq2^{a/2+1}|\xi'|^a+2C+3+\max\{|\vartheta|\,|\,\vartheta\in A'\}$ なる領域では $p(\xi+\tau\vartheta)\neq0$ だから τ に関する積分を留数定理を用いて取り去ることができる．そのあとで ξ に関するこの部分の積分路を複素領域に $\zeta=\xi-ix^{(0)}|\xi|^{1/a}/2|x^{(0)}|$ とずらす．すると(6.7)により被積分関数は $|x_1|\leqq\varepsilon$ において $C\exp\{(3\varepsilon-|x^{(0)}|)|\xi|^{1/a}/2\}$ で評価され，したがって x_1 の C^∞ 級(実は示度 a の Gevrey 級)関数となる．最後に，残りの領域 $|\xi_1|\leqq2^{a/2+1}|\xi'|^a+C'$ 上の積分および積分路変更のために継ぎ目に生じた積分は，指数関数の部分が無視できることに注意すれば(6.7)から

$$|\tilde{v}(\xi+\tau\vartheta)\tilde{\varphi}(\xi'+\tau\vartheta')|\leqq C_N(1+|\xi|)^M(1+|\xi'|)^{-N}$$

$$\leqq C_N'(1+|\xi|)^M(1+|\xi_1|^{1/a}+|\xi'|)^{-N}.$$

故に急減少関数の逆 Fourier 変換としてこれらの積分も x_1 の C^∞ 級関数とな

る．▌

放物型作用素の定義は人により異なり一定していない．ここでは特性境界値問題がうまくゆくものを漠然と指すことにする．そこでまず可解性を調べる．

補題 6.3　(6.3)の形の定数係数作用素 $p(D)$ について次の二つの条件は同値である．

(1)　p には台が $x_1 \geqq 0$ に含まれるような基本解が局所的に存在する．

(2)　任意の境界値(6.4)を達成する $p(D)u=0$ の解が $x_1>0$ において局所的に存在する．

証明　第4章の非特性初期値問題の場合と同様である．▌

定理 6.2　$p(D)$ を(6.3)の形の定数係数作用素とし，ζ_1 に関する代数方程式 $p(\zeta_1, \xi')=0$ の根は $\xi' \in \boldsymbol{R}^{n-1}$ において虚部がすべて下に有界とする．このとき p の基本解で台が $x_1 \geqq 0$ に含まれるものが存在する．

証明　双曲型作用素の場合の定理3.2の証明と全く同様である．実際台が半空間 $x_1 \geqq 0$ に含まれるというだけなら ν が非特性方向である必要はない．▌

定理6.2の条件を満たす $p(D)$ は $x_1>0$ に **Petrovskii の意味で適切**と呼ばれる．これは台が $x_1 \geqq 0$ に含まれるような基本解が存在するための手頃な十分条件ではあるが，必要条件ではない．必要十分条件は Hörmander により知られているが非常に難解なものである．ここでは定理6.2の逆が成り立つ部分的な場合を考えよう．

定理 6.3　$p(D)$ は準楕円型作用素であり，台が $x_1 \geqq 0$ に含まれる基本解を持つとする．このとき ζ_1 に関する代数方程式 $p(\zeta_1, \xi')=0$ の根は $\xi' \in \boldsymbol{R}^{n-1}$ において虚部がすべて下に有界である．

証明　$\chi(x)$ を原点の近傍で1に等しい C_0^∞ 級の関数とすれば

$$p(D)(\chi E) = \delta + v, \qquad v \in C_0^\infty(\boldsymbol{R}^n),\ \operatorname{supp} v \subset \{x_1 \geqq 0\}$$

となる．$D_1 v$ もまた台が $x_1 \geqq 0$ に含まれる C_0^∞ 級の関数だから，$\operatorname{Im}\zeta_1 \leqq 0$ において $\operatorname{supp} D_1 v$ の台数は $\leqq 0$ となる．故に補題2.3より，$\operatorname{Im}\zeta_1 \leqq 0$ において

$$|\zeta_1||\tilde{v}(\zeta)| = |\widetilde{D_1 v}(\zeta)| \leqq C.$$

故に

$$|p(\zeta)\widetilde{\chi E}(\zeta)| = |1+\tilde{v}(\zeta)| \leqq 1 - \frac{C}{|\zeta_1|}$$

となり，$\mathrm{Im}\,\zeta_1<-C$ において $p(\zeta_1,\xi')\neq 0$ となる．▮

例 6.1　熱方程式の作用素 $\partial/\partial t-\triangle$ は準楕円型であり $t>0$ に境界値問題(普通にいう初期値問題)が Petrovskii の意味で適切であるが $t<0$ には適切でない．Schrödinger 方程式の作用素 $i\partial/\partial t+\triangle$ は $\pm t>0$ 両側に適切で初期値問題が考えられる．この作用素は大域的には双曲型に近い振舞いをする．——

次に一意性であるが，定理 6.1 によりこれは局所的には期待できない．応用上は他の境界条件と組み合わされるか(混合問題)，あるいは解の x' に関する増大度制限が付加されて一意性が求められる．これらに関しては詳細な研究があるが，局所理論の枠を越えるのでここでは取り扱わない．本講座"関数解析"などを参照されたい．

問　　題

1　$U\subset \boldsymbol{R}^n$ を滑らかな曲面で囲まれた有界領域とする．$E(t,x)$ を第3章問題の3で与えられた熱方程式の基本解とするとき，第5章問題の9に倣って時間円柱 $[0,T]\times\bar{U}$ 内における熱方程式 $(\partial/\partial t-\triangle)u=0$ の解の表現公式

$$u(T,x)=\int_U E(T,x-y)u(0,y)dy$$
$$+\int_0^T dt\int_{\partial U}\left\{u(t,y)\frac{\partial E}{\partial \boldsymbol{n}}(T-t,x-y)-E(T-t,x-y)\frac{\partial u}{\partial \boldsymbol{n}}(t,y)\right\}dy$$

を導け．(この公式も側面 $[0,T]\times\partial U$ 上のデータに関して無駄がある．)

2　$u(t,x)$ を時間円柱 $(0,T)\times U$ 内における熱方程式の解で境界まで連続なものとする．境界のうち上面を除いた部分 $(0,T)\times\partial U\cup\{0\}\times U$ への u の Dirichlet 境界値が0ならば円柱全体で $u\equiv 0$ となることを示せ．

［ヒント］　$v(t,x)=e^{-ct}u(t,x)$ とおいて新しい方程式 $(\partial/\partial t-\triangle+c)v=0$ に変換し極値問題を考えよ．

付録　代数的準備

§A.1　代数方程式の根の評価

この節では代数方程式の根の評価について，代数学の書物にあまり載っていない初等的な事項を列挙する．いずれも偏微分方程式論では常識に属することばかりである．

補題 A.1　複素係数の1変数代数方程式

$$\tau^m+\sum_{j=1}^{m}a_j\tau^{m-j}=0$$

の根は $|\tau|\leqq 2\max_j |a_j|^{1/j}$ を満たす．

証明　τ の代わりに $\tau/\max_j |a_j|^{1/j}$ を考えれば $|a_j|\leqq 1$ と仮定できる．すると方程式より $|\tau|^m\leqq 1+|\tau|+\cdots+|\tau|^{m-1}$，したがって

$$1\leqq \frac{1}{|\tau|}+\frac{1}{|\tau|^2}+\cdots+\frac{1}{|\tau|^m}+\cdots$$

となり $|\tau|\leqq 2$ でなければならない．∎

例 A.1　ϑ を m 階の定数係数作用素 $p(D)$ の非特性方向とするとき，τ に関する代数方程式 $p(\zeta+\tau\vartheta)=0$ の根 $\tau_j(\zeta)$ は $\zeta\in \boldsymbol{C}^n$ に対し $|\tau_j(\zeta)|\leqq M(|\zeta|+1)$ を満たす．何故なら，τ^{m-j} の係数 $a_j(\zeta)$ は ζ につき j 次の多項式であり，したがって適当な定数 M について $|a_j(\zeta)|\leqq (M(|\zeta|+1))^j$ となるからである．ϑ が非特性方向でない場合も，$p(\zeta+\tau\vartheta)$ の τ に関する最高次の係数が0でない定数ならば，同様の論法である $a>1$ について $|\tau_j(\zeta)|\leqq M(|\zeta|^a+1)$ となる．——

定理 A.1　$\tau_k, \tau_l'\ (k,l=1,\cdots,m)$ をそれぞれ方程式

$$\tau^m+\sum_{j=1}^{m}a_j\tau^{m-j}=0,\qquad \tau^m+\sum_{j=1}^{m}a_j'\tau^{m-j}=0$$

の根とし，定数 $M,\delta>0$ が存在して

$$|a_j|\leqq M^j,\qquad |a_j-a_j'|\leqq M^j\delta,\qquad j=1,\cdots,m$$

となっているとする．このとき，任意の k に対し l を適当にとれば $|\tau_k-\tau_l'|\leqq 2M\delta^{1/m}$ となる．

証明

$$\prod_{l=1}^{m}(\tau_k-\tau_l{}')=\tau_k{}^m+\sum_{j=1}^{m}a_j{}'\tau_k{}^{m-j}=\sum_{j=1}^{m}(a_j{}'-a_j)\tau_k{}^{m-j}$$

だから，係数の仮定と前補題の帰結 $|\tau_k|\leqq 2M$ を用いて

$$\prod_{l=1}^{m}|\tau_k-\tau_l{}'|\leqq\sum_{j=1}^{m}M^j\delta\cdot(2M)^{m-j}\leqq 2^mM^m\delta. \tag{A.1}$$

故にある l について $|\tau_k-\tau_l{}'|\leqq 2M\delta^{1/m}$ でなければならない．∎

τ_k と $\tau_l{}'$ の役割を入れ替えても同じことがいえるから，この定理により代数方程式の根は適当に番号づけすれば係数の $1/m$-Hölder 連続関数となることがわかる．この連続性は一般にはこれ以上良くならないが，よく知られているように単根は係数の解析関数となり，したがって Lipschitz 連続関数となる．実際，方程式 $p(\tau)=0$ において係数が十分小さい領域を動くとき，根の連続性により単根 τ_k を囲む一定の円周 γ で γ 上および γ の内部に τ_k 以外の根が現われないようなものがとれる．故に留数定理により

$$\tau_k=\frac{1}{2\pi i}\oint_\gamma\frac{\tau}{\tau-\tau_k}d\tau=\frac{1}{2\pi i}\oint\frac{\tau p'(\tau)}{p(\tau)}d\tau$$

となるが，最後の辺は明らかに係数の解析関数である．

系　ϑ は m 階の定数係数作用素 p の非特性方向とし p^0 は p の主部とする．$\tau_k(\zeta),\tau_k{}^0(\zeta)\ (k=1,\cdots,m)$ をそれぞれ方程式 $p(\zeta+\tau\vartheta)=0,\ p^0(\zeta+\tau\vartheta)=0$ の対応する根とすれば $|\tau_k(\zeta)-\tau_k{}^0(\zeta)|\leqq M(|\zeta|+1)^{(m-1)/m}$ となる．

証明　両方程式における τ^{m-j} の係数の差は ζ の $j-1$ 次多項式となるから

$$|a_j(\zeta)|\leqq(M(|\zeta|+1))^j,$$
$$|a_j(\zeta)-a_j{}'(\zeta)|\leqq(M(|\zeta|+1))^{j-1},$$

故に定理 A.1 の証明を (A.1) 式の途中から見直せば

$$\prod_{l=1}^{m}|\tau_k(\zeta)-\tau_l{}^0(\zeta)|\leqq\sum_{j=1}^{m}(M(|\zeta|+1))^{j-1}(2M(|\zeta|+1))^{m-j}$$
$$\leqq 2^mM^m(|\zeta|+1)^{m-1},$$

したがって適当に番号付けすれば $|\tau_k(\zeta)-\tau_k{}^0(\zeta)|\leqq 2M(|\zeta|+1)^{(m-1)/m}\ (k=1,\cdots,m)$ となる．∎

定理 A.2　$p(\zeta)$ を n 変数多項式

$$p(\zeta)=p_0(\zeta')\zeta_1{}^\mu+p_1(\zeta')\zeta_1{}^{\mu-1}+\cdots+p_\mu(\zeta'),\qquad p_0(\zeta')\not\equiv 0$$

とし，これを ζ_1 の多項式と見たときの判別式を $\Delta(\zeta')$ とする．このとき次の三つの条件は同値である．

(1)　$\Delta(\zeta')\equiv 0$.

(2)　$p(\zeta)$ と $(\partial/\partial\zeta_1)p(\zeta)$ は ζ_1 を含む共通因子を持つ．

(3)　$p(\zeta)$ は ζ_1 を含む重複因子を持つ．

証明　判別式とは $p(\zeta)$ と $(\partial/\partial\zeta_1)p(\zeta)$ の終結式であり，行列式

$$\Delta(\zeta')=\begin{vmatrix} p_0(\zeta') & p_1(\zeta') & \cdots & p_\mu(\zeta') & & \\ & p_0(\zeta') & & \cdots\cdots & p_\mu(\zeta') & \\ & & \ddots & & \ddots & \\ & & & p_0(\zeta') & \cdots\cdots & p_\mu(\zeta') \\ \mu p_0(\zeta') & (\mu-1)p_1(\zeta') & \cdots & p_{\mu-1}(\zeta') & & \\ & \mu p_0(\zeta') & & \cdots\cdots & p_{\mu-1}(\zeta') & \\ & & \ddots & & \ddots & \\ & & & \mu p_0(\zeta') & \cdots\cdots & p_{\mu-1}(\zeta') \end{vmatrix}$$

で与えられる．

(1)⟹(2)：$q(\zeta)=\sum_{j=0}^{\mu-1}q_j(\zeta')\zeta_1{}^j$，$r(\zeta)=\sum_{k=0}^{\mu-2}r_k(\zeta')\zeta_1{}^k$ が

$$r(\zeta)p(\zeta)=q(\zeta)\frac{\partial}{\partial\zeta_1}p(\zeta) \tag{A.2}$$

を満たすよう q, r の係数を未定係数法で定める．これは係数 q_j, r_k に関する連立1次方程式となり，係数行列式がちょうど上の判別式で仮定により0に等しいから，ζ' の有理関数体において線型代数を適用すれば自明でない解 $q_j(\zeta')$，$r_k(\zeta')$ が求まる．それらは分母を適当に払えば ζ' の多項式にできる．故に(A.2)式と多項式環における素因子分解の一意性により $p(\zeta)$ と $(\partial/\partial\zeta_1)p(\zeta)$ は ζ_1 を含む共通因子を持つ．

(2)⟹(3)：$p(\zeta)$ と $(\partial/\partial\zeta_1)p(\zeta)$ の共通既約因子を $q(\zeta)$ とし，$p(\zeta)=q(\zeta)r(\zeta)$，$q(\zeta)\nmid r(\zeta)$ とすれば

$$\frac{\partial}{\partial\zeta_1}p(\zeta)=q(\zeta)\frac{\partial}{\partial\zeta_1}r(\zeta)+r(\zeta)\frac{\partial}{\partial\zeta_1}q(\zeta)$$

において左辺と右辺第1項は $q(\zeta)$ で割り切れるのに右辺第2項は割り切れず不合理である．

(3)⟹(1)：任意の ζ' に対し ζ_1 に関する方程式 $p(\zeta)=0$ は $\boldsymbol{C}$ において重根

を持つから $\Delta(\zeta')\equiv 0$ となる. ▮

上の定理は係数体が $\boldsymbol{R}$ でも $\boldsymbol{C}$ でも成り立つことに注意せよ.

定理 A.3 $p(\tau,\lambda)$ を 2 変数 τ,λ の多項式とし,

$$p(\tau,\lambda)=a_0(\lambda)\tau^m+\cdots+a_m(\lambda),\qquad a_0(\lambda)\not\equiv 0$$

とする. $\lambda\in\boldsymbol{C}$ の絶対値が十分大きいとき, τ に関する代数方程式 $p(\tau,\lambda)=0$ の各根 $\tau_j(\lambda)$ は λ の Puiseux 級数

$$\text{(A.3)}\qquad \tau_j(\lambda)=\sum_{k=-\infty}^{k_0}c_{jk}\lambda^{k/\mu}$$

に展開される. 右辺は $|\lambda|\geqq R$ の形の領域で一様に絶対収束する.

証明 $p(\tau,\lambda)$ は既約と仮定しても構わない. すると前定理により判別式 $\Delta(\lambda)\not\equiv 0$ であり, したがって十分大きい R をとれば $|\lambda|>R$ において $a_0(\lambda)\Delta(\lambda)\neq 0$ となる. 故に $p(\tau,\lambda)=0$ の m 個の根 $\tau_j(\lambda)$ $(j=1,\cdots,m)$ は $|\lambda|>R$ において互いに異なり多価正則となる. いま一つの根 $\tau_1(\lambda)$ をとり, これを無限遠点のまわりに 1 回解析接続すれば他の根, たとえば $\tau_2(\lambda)$ に変わる. $\tau_2(\lambda)$ をさらに無限遠点のまわりに 1 回解析接続すれば $\tau_3(\lambda)$ となる. この操作は少なくとも m 回の後には初めの根 $\tau_1(\lambda)$ に戻って完結し, 以後は巡回的となる. $\mu\leqq m$ 回目に初めて $\tau_1(\lambda)$ に戻ったとすれば, $\tau_1(\lambda^\mu)$ は $|\lambda|>R$ で 1 価正則となり, しかも補題 A.1 により高々多項式的に増大する. 故に無限遠点は極となり Laurent 展開

$$\tau_1(\lambda^\mu)=\sum_{k=-\infty}^{k_0}c_{1k}\lambda^k$$

が可能である. λ^μ を λ と置き戻せば $\tau_1(\lambda)$ の Puiseux 展開 (A.3) が得られた. 他の根についても同様であるから, μ はこれらのベキの最小公倍数をとれば共通にとれる. ▮

この定理から, 代数方程式の根はパラメータについて有理ベキ的に増大することが理解されるであろう. また, 実根に対しては実係数の Puiseux 展開ができる. 実際展開係数は実軸上 $\lambda\to+\infty$ において漸近展開の係数として次々と定まる.

§A.2 Seidenberg-Tarski の定理

ここでは定理 A.5 の証明を目標とする. 同じく代数方程式の根の評価ではあ

っても，前節と異なり証明には複雑な消去法の補題が必要である．普通偏微分方程式の書物では原論文を引用するのであるが，本書の初等的性格を考えて一応証明を載せることとした．何故こんなに長い証明が要るのかを理解するには，まず初めに問題の1を検討した後自分で証明を試みられるのが良いであろう．

次の定理は実係数代数方程式の実根の存在を判定する Sturm の古典的定理を定性的に拡張したものである．証明を理解するには高木貞治の"代数学講義"程度の知識があれば良い．

定理 A.4 (Seidenberg-Tarski) $P(\xi, \lambda)$ を $\xi=(\xi_1, \cdots, \xi_n)$, $\lambda=(\lambda_1, \cdots, \lambda_m)$ の実係数多項式とする．このとき λ の実係数代数方程式および代数不等式の有限個より成る連立系 $E_1(\lambda), \cdots, E_N(\lambda)$ を適当に選べば，パラメータ λ がこれらの連立系の少なくとも一つを満たすことが，ξ に関する代数方程式 $P(\xi, \lambda)=0$ が実根を持つための必要十分条件となる．——

以下このような多項式 $P(\xi, \lambda)$ を単にパラメータ λ を含む実多項式と呼ぶことにしよう．また λ の実係数代数方程式と代数不等式の連立系を単に λ の条件系と呼ぶことにする．定理の証明はいくつかの補題に分けて行なわれる．長いが一本調子である．

補題 A.2 $P(\xi, \eta, \lambda)$ はパラメータ $\lambda=(\lambda_1, \cdots, \lambda_m)$ を含む2変数 ξ, η の実多項式とする．$Q_j(\lambda)\neq 0$ の形の不等式一つ，あるいはこれと $q_j(\lambda)=0$ の形の等式との連立系より成る λ の条件系 $E_1(\lambda), \cdots, E_N(\lambda)$ と，パラメータ λ を含む ξ, η の実多項式 $P_1(\xi, \eta, \lambda), \cdots, P_N(\xi, \eta, \lambda)$ を適当にとれば，パラメータ空間 $\boldsymbol{R}^m$ はこれらの条件系を満たす λ の集合 $\{\lambda \in \boldsymbol{R}^m \mid E_j(\lambda)\}$ $(j=1, \cdots, N)$ で覆われ，かつこれらの各々において $P_j(\xi, \eta, \lambda)$ は ξ, η の多項式として $P(\xi, \eta, \lambda)$ の相異なる既約因子をちょうど一つずつ掛け合わせたものになっているようにできる．——

因子分解はもちろん実係数の範囲で行なうのである．この $P_j(\xi, \eta, \lambda)$ のように重複既約因子を持たない多項式を被約多項式という．

証明 以下簡単のためしばらくパラメータ λ を書くのを省略しよう．

$$P(\xi, \eta) = \sum_{k=0}^{n} \eta^k c_k(\xi)$$

と書く．$c(\xi)$ を係数 $c_0(\xi), \cdots, c_n(\xi)$ の最大公約式とし

$$P(\xi, \eta) = c(\xi) \bar{P}(\xi, \eta)$$

とおく．$\partial P/\partial\eta=c(\xi)\partial\bar{P}/\partial\eta$ だから，P と $\partial P/\partial\eta$ の η を含む共通因子は $\bar{P}$ と $\partial\bar{P}/\partial\eta$ のそれに等しい．後者の組を ξ の有理関数を係数とする1変数多項式と思って Euclid の互除法を適用し，最大公約式 $\varphi(\eta)$ を作る．$\bar{P}$ を φ で割った商を $\tilde{P}$ とする．$\varphi(\eta)$ を調節することにより $\tilde{P}$ は ξ についても多項式であると思ってよい．もちろん ξ のみを含む因子は持たないとも仮定できる．よく知られているように $\tilde{P}$ は P の η を含む相異なる既約因子をちょうど一つずつ含んでいる．そこで $c(\xi)$ の相異なる既約因子を一つずつ掛け合わせて $\hat{c}(\xi)$ を作り $P_0=\hat{c}\tilde{P}$ とおこう．P_0 は被約多項式で因子の種類はすべて P と共通である．

以上の手続きにおいてパラメータ λ を思い出してみる．P_0 を作り出す互除法の過程で λ を含む多項式 $q_{1j}(\lambda)$ $(j=1,\cdots,N_1)$ で割られる操作が現われるであろう．これらがすべて0でないようなパラメータの値に対しては P_0 は求める答である．故に $Q_1(\lambda)=q_{11}(\lambda)\cdots q_{1N_1}(\lambda)$ とおけば，$Q_1(\lambda)\neq 0$ において求める $P_1(\xi,\eta,\lambda)$ が得られた．しかし，たとえば ν 番目に0が現われればそこから先の操作は違ったものになる．このときは $q_{11}(\lambda)\cdots q_{1,\nu-1}(\lambda)\neq 0$, $q_{1\nu}(\lambda)=0$, そしてそこから先の新たな操作で現われる多項式 $q_{2j}(\lambda)$ $(j=1,\cdots,N_2)$ が消えないような λ について新しい答 $P_2(\xi,\eta,\lambda)$ が得られる．この際，$q(\lambda)\neq 0$ の形の条件式は掛け合わせて一つに，また $r(\lambda)=0$ の形の条件式は2乗の和を作れば一つにまとめることができる．故に，以下同様にしてすべての場合を尽くせば λ の条件系 $E_j(\lambda)$ と求める被約多項式 $P_j(\xi,\eta,\lambda)$ を得る．▌

補題 A.3 $P(\xi,\eta,\lambda)$ をパラメータ λ を含む2変数の実多項式とする．λ の実多項式 $Q_1(\lambda),\cdots,Q_N(\lambda)$ およびパラメータ λ を含む ξ の1変数実多項式 $q_1(\xi,\lambda)$, $\cdots$, $q_N(\xi,\lambda)$ を適当に選んで λ に関する次の二つの条件を同値にできる．

(1) ξ,η の方程式 $P(\xi,\eta,\lambda)=0$ は実根を持つ．

(2) ある j について $Q_j(\lambda)\neq 0$ かつ ξ の方程式 $q_j(\xi,\lambda)=0$ は実根を持つ．

証明 前補題により $P(\xi,\eta,\lambda)$ は被約と仮定できる．何故なら，前補題において $Q(\lambda)\neq 0$, $q(\lambda)=0$ の形のパラメータの範囲においては，以下の証明から求まる $q_j(\xi,\lambda)$ を $q_j(\xi,\lambda)^2+q(\lambda)^2$ でとり替えればよいからである．再び λ を省略して $P(\xi,\eta)$ と書こう．方程式

$$P(\xi,\eta)=0 \tag{A.4}$$

の実根は空集合ではないとする．このとき各点 $(\mu,0)$ に対し曲線(A.4)上に最短

距離の点(ξ_0, η_0)が存在する．$(\mu, 0)$が(A.4)の外にあり，点(ξ_0, η_0)がこの曲線の特異点でなければ，最短距離は法線で実現される．そこで

$$Q_\mu(\xi, \eta) = (\xi - \mu)\frac{\partial P}{\partial \eta} - \eta\frac{\partial P}{\partial \xi}$$

とおけば，(ξ_0, η_0)は連立方程式

$$\text{(A.5)} \qquad \begin{cases} Q_\mu(\xi, \eta) = 0, \\ P(\xi, \eta) = 0 \end{cases}$$

の実根となる．この最後の事実は(ξ_0, η_0)が特異点(すなわちその点で$\partial P/\partial\xi = \partial P/\partial\eta = 0$)の場合も，また$(\mu, 0) = (\xi_0, \eta_0)$の場合も成り立つ．故に(A.5)が実根を持つかどうかは(A.4)に関する同じ問いと同値である．

μを適当にとればQ_μとPは共通因子を持たぬことを示そう．$\mu \neq \mu'$なら$Q_\mu - Q_{\mu'} = (\mu' - \mu)\partial P/\partial\eta$であり，仮定により$P$と$\partial P/\partial\eta$は$\eta$を含む共通因子を持たずまた$P$と$\partial P/\partial\xi$は$\xi$を含む共通因子を持たぬから，$P, Q_\mu, Q_{\mu'}$の三者に共通の因子は存在しない．$P$の既約因子は有限個だから実は有限個を除き$Q_\mu$は$P$と互いに素であることがわかった．そこでそのような$\mu$を一つ選び，対応する$Q_\mu$を$Q_0$と書く．このとき連立方程式

$$\text{(A.6)} \qquad \begin{cases} P(\xi, \eta) = 0, \\ Q_0(\xi, \eta) = 0 \end{cases}$$

の根(α_i, β_i)は複素数まで込めて高々有限個である．故に問題はそれらの中に実のものがあるかどうかを判定することに帰着する．

さて，(A.6)の共通根のξ軸への射影α_iは(A.6)のηに関する終結式の根$R_1(\xi) = 0$で与えられる．重複因子は除くこととし，R_1はξの被約多項式と仮定する．これが実根を持つことはもとの問題の必要条件であるが一般には十分でない．そこで実座標変換

$$\begin{cases} \xi = \xi' + \eta', \\ \eta = t\eta', \qquad t \neq 0 \end{cases}$$

を行なって新しい連立方程式

$$\text{(A.7)} \qquad \begin{cases} P'(\xi', \eta') = 0, \\ Q_0'(\xi', \eta') = 0 \end{cases}$$

に移ろう．この根(α_i', β_i')ともとの根(α_i, β_i)との関係は

$$\begin{cases} \alpha_i' = \alpha_i - \dfrac{1}{t}\beta_i, \\ \beta_i' = \dfrac{1}{t}\beta_i \end{cases}$$

となっている．故に，各複素根(α_i, β_i)について$\mathrm{Im}(\alpha_i - \beta_i/t) \neq 0$であるように$t$を選んでおけば，$\alpha_i'$が実であることが$(\alpha_i, \beta_i)$が実であることの必要十分条件となる．そこで

$$P(t) = \prod_{i \neq j,\ k \neq l} \left(t - \frac{\beta_k - \beta_l}{\alpha_i - \alpha_j}\right)$$

とおこう．積は(A. 6)の複素根のξ軸への射影全体(すなわち$R_1(\xi)=0$の根の全体)α_iおよびη軸への射影全体(すなわち(A. 6)のξに関する終結式$R_2(\eta)=0$の根の全体)β_jに渉る．対称式の基本定理により$P(t)$はR_1, R_2の係数の有理式で表わされる．0でない実数tが$P(t)=0$の根でなければ上の条件が満たされることを見よう．実際各複素根(α_i, β_i)について，これらが実係数方程式の根であることから$\alpha_j = \overline{\alpha_i}$，$\beta_k = \overline{\beta_i}$なる$\alpha_j, \beta_k$が存在するから$\alpha_i - \beta_i/t \neq \alpha_j - \beta_k/t$より$\mathrm{Im}(\alpha_i - \beta_i/t) \neq 0$．そこで$P(\xi, \eta)$の最高次の部分を$P^0(\xi, \eta)$とし，

$$P(t)P^0(1, t) = c_0 + c_1 t + \cdots + c_{k-1}t^{k-1} + t^k$$

とする．(簡単のため$P^0(1, t)$の最高次の係数を1に規格化しておく.) 例えば$t = t_0 = 1 + \sum_{j=0}^{k-1}(1 + c_j^2)$ととれば，この多項式の零点にならない．(この評価は補題A. 1よりは大部粗いが，t_0の値がパラメータλの多項式となるように選んである.) このtの値を用いて先の座標変換を行なえば$P^{0\prime}(0, 1) = P^0(1, t_0) \neq 0$より，$\eta'$に関する(A. 7)の終結式$R(\xi')$は恒等的には消えず，$R(\xi')=0$が実根を持つことがもとの問題の必要十分条件となる．

最後に前補題と同様パラメータのことを思い出そう．初めに注意したように，$q(\lambda)=0$の形の条件は今度は$q_j(\xi, \lambda)$をとり替えることにより吸収できるから上の補題が得られる．∎

系 $P(\xi, \eta, \lambda)$はパラメータλを含む2変数ξ, ηの実多項式とし，$Q(\xi, \lambda)$はパラメータλを含む1変数ξの実多項式とする．λの実多項式$Q_1(\lambda), \cdots, Q_N(\lambda)$および$\lambda$を含む$\xi$の1変数実多項式$q_1(\xi, \lambda), \cdots, q_N(\xi, \lambda)$を適当に選んで$\lambda$に関する次の二つの条件が同値となるようにできる．

(1) ξ, η の方程式 $P(\xi, \eta, \lambda)=0$ は条件 $Q(\xi, \lambda)\neq 0$ を満たす実根を持つ.

(2) ある j に対し $Q_j(\lambda)\neq 0$ かつ ξ の方程式 $q_j(\xi, \lambda)=0$ は実根を持つ.

証明 まず第1に $P(\xi, \eta, \lambda)$ と $Q(\xi, \lambda)$ は共通因子を持たないと仮定してよい. もしも共通因子があったらそれを $P(\xi, \eta, \lambda)$ の方から除いておけばよいからである. 第2に $P(\xi, 0, \lambda)$ と $Q(\xi, \lambda)$ は共通零点を持たないと仮定できる. もしそうなっていなければ η 座標を次のようにとり替えればよい. P と Q の ξ に関する終結式を $R(\eta, \lambda)$ とおく. 第1の仮定により R は恒等的には0でない.

$$R(\eta, \lambda) = c_0+c_1\eta+\cdots+\eta^k$$

としよう. η 座標を

$$\eta = \eta'+\eta_0, \qquad \eta_0 = 1+\sum_{j=0}^{k-1}(1+c_j{}^2)$$

と平行移動すれば, $R(\eta_0, \lambda)\neq 0$ だから第2の仮定が満たされた. そこで

$$P_1(\xi, \eta', \lambda) = P(\xi, \eta' Q(\xi, \lambda), \lambda)$$

とおこう. 上の仮定により方程式 $P_1(\xi, \eta', \lambda)=0$ が実根を持つのは方程式 $P(\xi, \eta, \lambda)=0$ が条件 $Q(\xi, \lambda)\neq 0$ を満たす実根を持つときであり, かつそのときに限る. 故に P_1 に補題A.3を適用すればよい. ▌

補題 A.4 $P(\xi, \lambda)$ をパラメータ λ を含む $\xi=(\xi_1, \cdots, \xi_n)$ の実多項式とする. λ の実多項式 $Q_1(\lambda), \cdots, Q_N(\lambda)$ および λ を含む1変数 η の実多項式 $q_1(\eta, \lambda), \cdots, q_N(\eta, \lambda)$ を適当に選んで λ に関する次の二つの条件を同値にできる.

(1) ξ の方程式 $P(\xi, \lambda)=0$ は実根を持つ.

(2) ある j について $Q_j(\lambda)\neq 0$ かつ η の方程式 $q_j(\eta, \lambda)=0$ は実根を持つ.

証明 n に関する帰納法による. $n=0$ または1のときは自明, $n=2$ のときは補題A.3そのものである. $n=k$ まで正しいとする. 方程式

$$P(\xi_1, \cdots, \xi_{k+1}, \lambda) = 0 \tag{A.8}$$

を考えよう. ξ_{k+1} をパラメータとみなして帰納法の仮定を適用すれば, 多項式 $Q_1(\xi_{k+1}, \lambda), \cdots, Q_N(\xi_{k+1}, \lambda)$, $q_1(\eta, \xi_{k+1}, \lambda), \cdots, q_N(\eta, \xi_{k+1}, \lambda)$ を適当に選んで, (A.8)が実根を持つための必要十分条件が, ある j について

$$Q_j(\xi_{k+1}, \lambda) \neq 0, \qquad q_j(\eta, \xi_{k+1}, \lambda) = 0$$

が実数解を持つことであるようにできる. これに上の系を適用して ξ_{k+1} を消去すれば求める条件および方程式が得られる. ▌

定理 A.4 の証明 上の補題により結局1変数の場合に証明すればよいことがわかる．1変数の方程式 $P(\xi,\lambda)=0$ に対しては Sturm の定理が適用できる．すなわち Euclid の互除法を用いて作った Sturm 関数列：

$$P_0(\xi,\lambda)=P(\xi,\lambda),\quad P_1(\xi,\lambda)=\frac{\partial}{\partial\xi}P(\xi,\lambda),\quad P_2(\xi,\lambda),\ \cdots,\quad P_M(\xi,\lambda)$$

($P_j(\xi,\lambda)$ $(j\geqq 2)$ は $P_{j-2}(\xi,\lambda)$ を $P_{j-1}(\xi,\lambda)$ で割った余りの符号を変えたもの) の区間 $(-\infty,\infty)$ の両端における符号，$\mathrm{sgn}\,P_j(-\infty,\lambda)$ $(j=0,\cdots,M)$ および $\mathrm{sgn}\,P_j(+\infty,\lambda)$ $(j=0,\cdots,M)$ を見る．両者の組み合わせの中から符号変化数に差の生ずる場合をすべて拾い出す．それらは $P_j{}^0(\xi,\lambda)$ を $P_j(\xi,\lambda)$ の最高次の部分とするとき，$P_j{}^0(\pm 1,\lambda)\gtreqqless 0$ の形の条件式の連立系で表現される．もちろん Sturm 関数列を構成する際すでにパラメータの値による分類が必要で，そこからも条件式が加わる．これらを総合したものが答である．∎

定理 A.5 (Hörmander) $p(\xi,\lambda), q(\xi,\lambda), r(\xi,\lambda), s(\xi,\lambda)$ を $n+1$ 変数 ξ,λ の実係数多項式とし，集合

$$T_\lambda=\{\xi\in \boldsymbol{R}^n\,|\,q(\xi,\lambda)=0, r(\xi,\lambda)\geqq 0, s(\xi,\lambda)>0\}$$

は λ が十分大きいとき空でないとする．このとき

$$\tau(\lambda)=\sup_{\xi\in T_\lambda}p(\xi,\lambda)$$

は十分大きい λ について $\tau(\lambda)\equiv+\infty$ であるか，または有理数 a が存在して

$$\tau(\lambda)=c\lambda^a(1+o(1)),\qquad \lambda\to+\infty \tag{A.9}$$

となる．

証明 $\tau(\lambda)$ は次の代数方程式および不等式の連立系が実数解 ξ を持つような λ の上限である：

$$p(\xi,\lambda)=\tau,\qquad q(\xi,\lambda)=0,\qquad r(\xi,\lambda)\geqq 0,\qquad s(\xi,\lambda)>0. \tag{A.10}$$

新たに変数 μ,ν を導入すれば，これは ξ,μ,ν の一つの方程式

$$(p(\xi,\lambda)-\tau)^2+q(\xi,\lambda)^2+(r(\xi,\lambda)-\mu^2)^2+(\nu^2 s(\xi,\lambda)-1)^2=0$$

に書き直される．故に Seidenberg-Tarski の定理 A.4 を適用すれば τ,λ の有限個の条件系 $E_1,\cdots,E_N$ が存在し，パラメータ τ,λ がこれらのうち少なくとも一つを満たすことが (A.10) に実数解が存在するための必要十分な条件となる．いま $E_1,\cdots,E_N$ の各条件式の不等号や等号をすべて等号でおき換え，こうして得られ

る方程式の τ に関する実根のうち異なるものをすべて拾い出す．これらの根の λ に関する実係数 Puiseux 展開を $\tau_k(\lambda)$ $(k=1, \cdots, L)$ とし $\lambda>\lambda_0$ において $\tau_1(\lambda)<\tau_2(\lambda)<\cdots<\tau_L(\lambda)$ であるとする．一つの条件系 E_j が $\lambda>\lambda_0$, $\tau_k(\lambda)<\tau<\tau_{k+1}(\lambda)$ なる τ, λ の一組により満たされるならば，$\lambda>\lambda_0$ なるすべての λ とこの区間に属するすべての τ について満たされることは明らかである．同様に $\tau=\tau_k(\lambda)$ についても各 E_j は $\lambda>\lambda_0$, $\tau=\tau_k(\lambda)$ なる τ, λ で恒等的に満たされるか，決して満たされないかのどちらかである．故に許される τ の値の上限は $\lambda>\lambda_0$ において $+\infty$ かまたはある $\tau_k(\lambda)$ と一致する．故に定理 A.3 より (A.9) を得る．▌

上の定理において q, r, s の形の条件式がそれぞれいくつあっても，また一つも無くても証明の仕方や結果に変わりないことは明らかであろう．

例として §3.2 の準非特性方向の定義に出て来た場合を考えよう．錐 Γ° は円錐と仮定しても一般性を失わないから，条件 $\xi\in\Gamma^\circ$ は代数不等式で例えば $\varepsilon(\xi\cdot\xi^{(0)})^2\geqq\xi^2-(\xi\cdot\xi^{(0)})^2$ と書ける．$d(\xi)=\inf\{|\xi-\zeta|\,|\,\zeta\in \boldsymbol{C}, p(\zeta)=0\}$ だから

$$\tau(\lambda)=\sup\{-|\xi-\zeta|^2\,|\,\lambda=\xi^2, p(\zeta)\overline{p(\zeta)}=0, \varepsilon(\xi\cdot\xi^{(0)})^2\geqq\xi^2-(\xi\cdot\xi^{(0)})^2\}$$

において ζ の実部と虚部をそれぞれ別々に実パラメータとみなせば定理 A.5 が適用できる．故に $\tau(\lambda)=-c\lambda^a(1+o(1))$，したがって

$$\text{(A.11)}\qquad d(\xi)=c'|\xi|^a(1+o(1)),\qquad |\xi|\to\infty.$$

系 $\xi^{(0)}$ が p の準非特性方向ならば，$\xi^{(0)}$ を内部に含む閉錐 Γ° を適当に選ぶとき，正定数 a, δ, C, c が存在して

$$\xi\in\Gamma^\circ,\ |\xi|\geqq C,\ |\eta|\leqq\delta|\xi|^a \implies |p(\xi+i\eta)|\geqq c|\xi|^{ma}$$

となる．

証明 $d(\xi)\to+\infty$ だから (A.11) における指数 $a>0$ である．いま $\eta^{(0)}\in S^{n-1}$ を p の非特性方向とし，$p(\zeta+it\eta^{(0)})=0$ の根を $\tau_j(\zeta)$ $(j=1, \cdots, m)$ とすれば

$$p(\xi+i\eta+it\eta^{(0)})=i^m p^0(\eta^{(0)})\prod_{j=1}^m(t-\tau_j(\xi+i\eta)),$$

ここに p^0 は p の主部である．(A.11) から，C を十分大きくとれば，$\xi\in\Gamma^\circ$, $|\xi|\geqq C$, $|\eta|\leqq c'|\xi|^a/4$ のとき $|t|\leqq c'|\xi|^a/4$ では $p(\xi+i\eta+it\eta^{(0)})\neq0$．したがってこの範囲の ξ, η については $|\tau_j(\xi+i\eta)|\geqq c'|\xi|^a/4$ である．故に上の式で $t=0$ とおけば

$$|p(\xi+i\eta)|\geqq|p^0(\eta^{(0)})|\left(\frac{c'}{4}|\xi|^a\right)^m.$$

▌

問 題

1 多項式 $p(\xi)=\{(\xi_1{}^{4a}\xi'^2-1)^2+\xi_1{}^2\}^b(\xi^2+1)^m$ は実零点を持たないが，$\min_{|\xi|=\rho} p(\xi)=O(\rho^{-b/a+2m})$ となり，ベキ $-b/a+2m$ は整数 a, b, m の選び方により任意の有理数にできる.

2 ϑ を p の非特性方向とし，$\tau_j(\xi)$ $(j=1, \cdots, m)$ を $p(\xi+\tau\vartheta)=0$ の根とする. 有理数 a，定数 c が存在して $\sup_{|\xi|=\rho}\max_j \mathrm{Im}\,\tau_j(\xi)=c\rho^a(1+o(1))$ となる. 特に $\max_j \mathrm{Im}\,\tau_j(\xi)\leqq C\cdot\log(1+|\xi|)$ ならば $\max_j \mathrm{Im}\,\tau_j(\xi)\leqq C'$ となる.

［ヒント］ 定理 A. 5 の系にならって同じ定理を適用.

3 $p^0(\xi)$ は m 次同次多項式で $p^0(\vartheta)\neq 0$ かつ τ に関する方程式 $p^0(\xi+\tau\vartheta)=0$ は任意の $\xi\in \boldsymbol{R}^n$ に対し相異なる m 実根を持つとする. このとき任意の $m-1$ 次多項式 $q(\xi)$ に対し $p^0(\xi)+q(\xi)$ は ϑ 方向に双曲型となる.

［ヒント］ $p^0(\xi+\tau\vartheta)+q(\xi+\rho\tau\vartheta)/\rho^m=0$ の根は ρ が十分大きいとき単根となり，したがってパラメータ ρ につき Lipschitz 連続となる.

■岩波オンデマンドブックス■

岩波講座 基礎数学
解析学(II) v
定数係数線型偏微分方程式

1976年 9月2日 第1刷発行
1988年 5月2日 第3刷発行
2019年 5月10日 オンデマンド版発行

著 者 金子 晃(かねこ あきら)

発行者 岡本 厚

発行所 株式会社 岩波書店
〒101-8002 東京都千代田区一ツ橋 2-5-5
電話案内 03-5210-4000
https://www.iwanami.co.jp/

印刷/製本・法令印刷

ISBN 978-4-00-730883-3 Printed in Japan